ŒUVRES D'HISTOIRE NATURELLE ET DE PHILOSOPHIE DE CHARLES BONNET

TOME 5

Elibron Classics
www.elibron.com

Elibron Classics series.

ISBN 0-543-94963-X (paperback)
ISBN 0-543-94962-1 (hardcover)

This Elibron Classics Replica Edition is an unabridged facsimile of the edition published in 1779 by Samuel Fauche, Neuchatel.

COLLECTION

COMPLETTE

DES ŒUVRES

DE CHARLES BONNET.

TOME CINQUIEME.

ŒUVRES
D'HISTOIRE NATURELLE
ET DE
PHILOSOPHIE
DE CHARLES BONNET,

De l'Académie Impériale Léopoldine, & de celle de St. Pétersbourg; des Académies Royales des Sciences de Londres, de Montpellier, de Stockholm, de Copenhague, de Lyon; des Acad. de l'Institut de Bologne, de Harlem, de Munich, de Sienne, des Curieux de la Nature de Berlin; Correspondant de l'Académie Royale des Sciences de Paris.

TOME CINQUIEME.

CORPS ORGANISÉ'S. Ire. PARTIE.

A NEUCHATEL,
Chez SAMUEL FAUCHE, Libraire du ROI.

MDCCLXXIX.

SECOND SUPPLÉMENT AU LIVRE *SUR L'USAGE DES FEUILLES* DANS LES PLANTES (*)

I.

Sur la Rosée. Précis des expériences de M. du Fay *& de la théorie de M. le* Roi.

†† JE disois art. II de mon Livre, *l'expérience*

(*) Le quatrieme volume étoit déja imprimé, quand l'Auteur nous a fait parvenir ce second supplément : c'est ce qui nous a obligé, à le placer à la tête de ce cinquieme volume. (*Note de l'Editeur.*)

†† On se rappellera que ce signe indique les additions que l'Auteur a faites à cette édition de ses *Oeuvres.*

démontre que la rosée s'éleve de la terre : j'ajoutois ; „ la surface inférieure des feuilles auroit-„ elle été principalement destinée à pomper „ cette vapeur & à la transmettre dans l'inté-„ rieur de la Plante ? La position des feuilles „ relativement à la terre & le tissu de leur sur-„ face inférieure semblent l'indiquer ". Cette ingénieuse conjecture qui m'avoit été proposée par un excellent Physicien, avoit été la base ou l'origine de mes Recherches sur l'usage des feuilles dans les Plantes ; & cette conjecture reposoit elle-même, comme on le voit, sur les expériences qui avoient été tentées sur la *rosée*. Je ne faisois que les indiquer, & je renvoyois en marge aux *Mémoires* de l'Académie des Sciences de Paris de 1736, où elles étoient racontées en détail. On comprend assez que je parlois de celles du célebre du Fay, qui avoit été précédé dans cette nouvelle carriere par Gersten, Physicien Allemand. Je n'entreprendrai pas ici de donner une idée des curieuses expériences du Physicien Francois : il suffira à mon but que je transcrive un passage de l'illustre Historien de l'Académie, qui en présente le résultat général.

„ En Physique, dit agréablement notre His-„ torien, dès qu'une chose peut être de deux „ façons, elle est ordinairement de celle qui est

„ la plus contraire aux apparences... La rosée
„ peut également tomber d'une certaine région
„ de l'air, ou s'élever de la terre, comme une
„ vapeur, jusqu'à cette région. Tout le monde
„ juge qu'elle tombe; c'est un don du ciel, il en
„ favorise la terre, &c. Il n'en est rien, la rosée
„ s'éleve de la terre, du moins ce qu'on appelle
„ proprement *rosée*, ces gouttes d'eau imper-
„ ceptibles chacune à part, mais qui se peu-
„ vent aisément ramasser, que l'on trouve le
„ matin jusqu'à une certaine heure sur les
„ Plantes, sur le linge, &c...... M. du FAY
„ a constaté d'abord que la rosée s'éleve de la
„ terre qui a été échauffée par la chaleur du
„ jour. Ce n'est pas que la rosée ne s'éleve aussi
„ pendant le jour, & plus abondamment, se-
„ lon l'apparence; mais elle est en même tems
„ dissipée, évaporée. M. du FAY ayant posé
„ au milieu d'un jardin, dans le mois d'Oc-
„ tobre & dans de beaux jours, une grande
„ échelle double, haute de plus de trente-deux
„ pieds, y a mis sur des planches à plusieurs
„ hauteurs différentes, des carreaux de vitres,
„ de sorte qu'ils ne s'ombrageassent point
„ les uns les autres, & se présentassent à la
„ rosée avec un avantage égal: il y en avoit
„ un dès le pied de l'échelle. Que falloit-il qu'il
„ arrivât, en cas que la rosée s'éleve? Il falloit

„ que le carreau du pied de l'échelle fût humecté
„ le premier, & ne le fût d'abord qu'en deſſous;
„ qu'enſuite & un peu plus tard, il le fût auſſi
„ en-deſſus, mais moins, & que le carreau
„ immédiatement ſupérieur le fût en-deſſous
„ preſqu'en même temps, & qu'enfin la roſée
„ continuat toujours juſqu'au haut de l'échelle
„ cette marche réguliere, & c'eſt préciſément
„ ce qui eſt arrivé."

En renvoyant à ces expériences de M. du Fay, je laiſſois penſer avec cet Académicien, que toute la roſée vient de la terre. Cette opinion n'eſt cependant pas vraie: M. le Roi, de la ſociété royale de Montpellier, l'a démontré. On connoît ſon intéreſſant écrit *ſur l'élévation & la ſuſpenſion de l'eau dans l'air* (1). Suivant cet habile Phyſicien, l'air diſſout l'eau, comme l'eau diſſout les ſels. L'eau que l'air a diſſoute fait corps avec lui & peſe avec lui. Et comme l'eau diſſout d'autant plus de ſel qu'elle eſt plus chaude; l'air diſſout auſſi d'autant plus d'eau qu'il eſt plus chaud; il en diſſout d'autant moins, qu'il eſt plus froid. Le degré de *ſaturation* de l'air eſt donc proportionnel à ſon degré de chaleur. Dès que l'air vient à ſe refroidir, il laiſſe précipiter une partie de l'eau qu'il tenoit en diſſolution.

(1) *Mélanges de Phyſique & de Médecine*: Paris 1771.

Ce fluide délié n'eſt jamais entiérement privé d'eau ; toujours il en tient une certaine quantité en diſſolution. Ce qu'il en laiſſe échapper à l'approche de la nuit & juſqu'au lever du ſoleil, dans les jours calmes & ſereins, ſe montre à nos yeux ſous la forme de gouttelettes plus ou moins abondantes. C'eſt-là une de ces eſpeces de *roſées* que M. le Roi a caractériſées dans ſon écrit. Elle s'attache à la ſurface de différens corps, qui paroiſſent l'attirer : elle s'y raſſemble ou s'y condenſe. Si l'air eſt aſſez froid pour que cette roſée ſe gèle, elle formera ce qu'on nomme la *gelée blanche* : ce ſera, en quelque ſorte, une *cryſtalliſation* de l'eau.

Cette eſpece de roſée ne s'éleve donc pas de la terre. L'air la porte dans ſon ſein ; & il en eſt à la fois le réſervoir & le véhicule. Les feuilles des Plantes attirent cette roſée comme le font d'autres corps, elles l'abſorbent & la font paſſer dans les tuyaux ſéveux.

Mais il eſt une autre eſpece de roſée qui ne doit pas être confondue avec celle dont je viens de parler. La roſée dont il s'agit à préſent, eſt cette vapeur qui s'exhale le jour & la nuit de tous les terreins un peu humides. Dans la belle ſaiſon, elle eſt plus abondante pendant le jour,

& paroît l'être moins ; c'eſt que l'air étant plus chaud pendant le jour, la diſſout en entier, & ne lui laiſſe pas le tems de s'attacher aux corps qu'on lui préſente (1). Mais l'air devenant moins chaud à l'approche de la nuit, ne peut plus diſſoudre une auſſi grande quantité de la vapeur : la partie ſurabondante s'attache donc aux feuilles des Plantes, & aux différens corps qui ſe rencontrent ſur ſa route. Cette évaporation continue pendant la nuit, parce que la terre dont la vapeur s'exhale, ne ſe refroidit pas auſſi promptement que l'air.

C'EST par ces remarques fort ſimples que M. le ROI rend raiſon des expériences de M. du FAY. Comme l'air ne ſe refroidit que par degrés inſenſibles, il ne peut parvenir ſubitement au degré de froid qui occaſione la précipitation de ſon eau. Ainſi, la vapeur qui s'éleve de la terre doit s'attacher à la face inférieure du carreau de verre qui eſt le plus proche de la ſurface du terrein, & non aux faces des carreaux ſupérieurs ; car l'air étant encore aſſez

(1) Ainſi, lorſque j'ai dit dans l'*Eſquiſſe* de mon Livre ſur les feuilles, page 18, que *la roſée s'éleve de la terre au coucher du ſoleil*, cela ne doit s'entendre que de cette partie de la roſée que la fraîcheur de l'air rend alors plus ou moins ſenſible, & qui commence à ſe raſſembler en gouttelettes ſur la ſurface de différens corps & en particulier ſur celle des feuilles.

chaud pour diſſoudre la vapeur, ne lui permet pas encore de s'attacher à ces carreaux ſupérieurs, &c.

On voit par cette légere eſquiſſe de la théorie de M. le Roi, que ce que j'ai dit dans mon Livre ſur la ſuccion de la roſée par les feuilles peut ſubſiſter en entier; puiſqu'il n'en demeure pas moins vrai que les feuilles ſont conſtruites, dirigées & arrangées de la maniere la plus favorable pour pomper cette vapeur nourriciere & la faire paſſer dans l'intérieur de la Plante.

I I.

Obſervations de l'Auteur ſur la ſtructure des feuilles. Idée de celles de M. de Saussure. *Divers rapports de ces obſervations avec l'uſage des feuilles.*

Je ſuis revenu plus d'une fois dans mon livre à parler du luſtre de la ſurface ſupérieure des feuilles des Arbres & Arbuſtes. Je l'ai comparé à celui des vernis, & j'ai dit que cette ſurface paroît enduite d'un vernis naturel. J'ai reconnu qu'il eſt dû à une membrane fine, liſſe, tranſparente & griſâtre ou blanchâtre, qui revêt une ſorte de parenchyme, d'un verd toujours mat & d'une teinte plus ou moins forte.

C'eſt ce verd vu à travers la membrane qui recouvre le parenchyme, & qui eſt modifié plus ou moins par cette membrane, qui produit la couleur & le luſtre propres aux feuilles de différentes eſpeces. Je comparois ce petit procédé de la nature à celui dont elle ſe ſert pour opérer la riche dorure de certaines chryſalides (1).

Ce fut ſur des feuilles de Charme ou des Inſectes *mineurs* (2) s'étoient fort multipliés, que je fis pour la premiere fois en Août 1760, cette obſervation qui me plut beaucoup, par les diverſes conſéquences qui me parurent en découler. En ſe logeant adroitement entre la membrane & le parenchyme, les mineurs les avoient ſéparés l'un de l'autre, & cette ſéparation, que je n'aurois pas ſçu exécuter auſſi bien, me donnoit une grande facilité d'obſerver la membrane & le parenchyme. J'enlevois ſans peine la membrane avec la pointe d'un cure-dent; je mettois ainſi entiérement à découvert la partie du parenchyme qu'elle recouvroit; j'obſervois la couleur matte du parenchyme, & en y appliquant de nouveau la portion de la membrane que j'avois détachée,

(1) *Oeuvres* Tom. II, *Obſ. div. ſur les Inſectes.* Obſ. XII. *Contemplat. de la Nat. Part. V*, Chap. XI.

(2) Voyez *Obſ. diverſes ſur les Inſ.* Obſ. XLIV: *Oeuvres*, Tom. II.

je voyois avec plaisir que je rendois à cet endroit de la feuille son lustre naturel.

J'ai répété depuis cette expérience sur les feuilles de plusieurs autres Plantes : mais il n'en est point où il soit plus facile de la faire que sur celles de cette espece de *Joubarbe*, dont la tige s'éleve assez souvent à la hauteur d'un pied & demi ou plus. Les feuilles de cette Plante sont très-charnues. On peut, sans beaucoup d'adresse, les dépouiller de leur membrane en tout ou en partie. On met alors à découvert un parenchyme, d'un très-beau verd, qui a un œil velouté, & qui est tout parsemé de points brillants. En replaçant la membrane sur le parenchyme l'on en change beaucoup la nuance & l'on rend sur le champ à la feuille sa couleur & son lustre ordinaires.

J'ai essayé d'appliquer d'assez grandes portions de cette membrane de la Joubarbe, sur des *pétales* de fleurs jaunes & de fleurs bleues : la couleur de ces pétales en a été aussi-tôt fort dégradée. Sans doute, que le plus ou le moins d'épaisseur de la membrane dont il s'agit, contribue à varier les nuances dans différentes especes. Quand elle est aussi fine qu'elle peut l'être, elle ne modifie que très-peu la couleur propre au parenchyme.

Je n'ai pas remarqué de différences ſenſibles dans la Joubarbe, entre la membrane de la ſurface inférieure des feuilles & celle de la ſurface oppoſée. J'ai fait la même remarque à l'égard du parenchyme : auſſi ces deux ſurfaces ſe reſſemblent-elles beaucoup ; ce qui n'a pas lieu dans la plupart des Plantes ; car la ſurface ſupérieure eſt pour l'ordinaire plus liſſe, plus luſtrée & d'un verd plus vif que la ſurface inférieure.

Plus j'ai conſidéré les feuilles de la Joubarbe, & plus j'ai été convaincu, que leur examen microſcopique & anatomique pourroit répandre un grand jour ſur la ſtructure & ſur l'uſage des feuilles en général. Je me ſuis appliqué dans mes *Recherches* à découvrir l'uſage des deux ſurfaces des feuilles. J'ai montré que la ſurface ſupérieure, toujours tournée vers le ciel ou vers le plein air, eſt principalement deſtinée à ſervir d'abri à la ſurface oppoſée, qui renferme les principaux organes de la *ſuccion* & de la *tranſpiration*. En eſſayant de dépouiller proprement, ſinon en tout, du moins en partie, des feuilles de différentes Plantes, les unes de la membrane ſupérieure, les autres de l'inférieure, d'autres enfin des deux membranes ; & en plongeant le pédicule de toutes ces feuilles dans des tubes de verre calibrés & pleins d'eau, l'on parviendroit peut-être à déterminer avec une certaine précision les changemens que ces divers procédés occasioneroient, soit à l'égard de la succion soit à l'égard de la transpiration. On pourroit tenter des expériences analogues sur des feuilles ainsi dépouillées qu'on appliqueroit sur l'eau, les unes par leur surface supérieure, les autres par leur surface inférieure, comme je l'ai décrit dans le I Mémoire de mes *Recherches* (III). Je ne puis trop exhorter les Physiciens à tenter ces expériences. Je sens bien qu'ils ne pourront se flatter de réussir à leur gré à dépouiller entiérement les feuilles de l'une ou de l'autre membrane; & moins encore de toutes les deux ensemble : mais toujours conviendra-t-il d'essayer en ce genre tout ce que l'art peut opérer.

M. de SAUSSURE, Professeur de Philosophie dans l'Académie de Geneve, est du petit nombre de ces Physiciens nés pour perfectionner tous les sujets qu'ils manient. Il s'est sur-tout attaché à approfondir la structure des feuilles des Plantes; & il a fait sur ce sujet presque neuf, une multitude d'observations qui ont beaucoup ajouté à nos connoissances. Il les avoit décrites avec autant de clarté que d'exactitude dans un petit Ouvrage (1) qu'il publia à Geneve

(1) *Obs. sur l'écorce des feuilles & des Pétales*, in-12.

en 1762 & dont je ne puis trop recommander la lecture à ceux qui s'occuperont de l'ufage des feuilles dans les Plantes.

NOTRE habile Obfervateur a beaucoup plus étudié que je n'avois pu le faire, cette fine membrane dont j'ai parlé, & que je n'avois d'abord regardée que comme un fimple *épiderme*. Sa fineffe & fa tranfparence m'avoient trompé, comme elles avoient trompé des Botaniftes célebres. M. de SAUSSURE s'eft affuré, que cette membrane fi fine, eft une véritable *écorce*, & il lui en a donné le nom. Il a vu qu'elle étoit adhérente au parenchyme, & qu'elle avoit un épiderme auquel elle adhéroit plus fortement. Il a fait diverfes obfervations microfcopiques fur les mailles de cette écorce, fur leur figure, fur leurs proportions & fur les vaiffeaux plus ou moins tranfparens & plus ou moins déliés qui compofent ces mailles ou ce qu'il appelle le *réfeau cortical*. Les *Mineurs* n'attaquent point ce réfeau, & ils ne le féparent point de fon épiderme. Mais il eft dans les feuilles un autre réfeau, qu'il nomme *parenchymateux*, placé immédiatement au-deffous du premier, & qui n'avoit pas échappé aux recherches des MALPIGHI & des GREW. Ses mailles font ordinairement plus grandes que celles du réfeau cortical, & fes vaiffeaux font plus gros & plus droits.

J'AI parlé dans mon Ouvrage, Art. XVIII d'une *membrane réticulaire* obſervée par M. CALANDRINI dans des feuilles de *Pied-de-Veau*, qui avoient commencé à s'altérer par la macération; j'ai fait mention encore dans le même article d'une membrane très-fine qui ſe détachoit d'elle-même de deſſus des feuilles appliquées ſur l'eau par l'une ou l'autre de leurs ſurfaces: cette membrane, que je nommois improprement un *épiderme*, & la membrane réticulaire de M. CALANDRINI étoient manifeſtement le *réſeau cortical* de M. de SAUSSURE.

COMME les feuilles des Arbres paroiſſent être une ſimple expanſion & un applatiſſement des branches ou des rameaux dont elles partent, il y a lieu de préſumer qu'elles contiennent en petit les divers ordres de vaiſſeaux, & les différentes enveloppes qu'on obſerve dans les branches ou les rameaux. On pourroit donc en inférer avec fondement, que les feuilles n'ont pas ſeulement un épiderme & une véritable écorce ou un réſeau cortical; mais qu'elles ont encore un *réſeau ligneux* analogue au *corps ligneux* des branches; & ce réſeau ligneux ſeroit celui que M. de SAUSSURE a nommé *parenchymateux*. Dans des parties auſſi applaties, auſſi minces que le ſont les feuilles, l'écorce

& le bois ne ſauroient ſe montrer que comme des réſeaux très-fins. On ſait que les *trachées* ou les vaiſſeaux *ſpiraux* ne ſe trouvent que dans le bois ; & les feuilles ont leurs trachées, qu'on découvre facilement à l'œil nud en déchirant avec précaution des feuilles de roſier ou de vigne : les feuilles ont donc une enveloppe analogue au *corps ligneux* des branches & du tronc (1). J'ai regret que M. de SAUSSURE n'ait pas cherché des vaiſſeaux ſpiraux dans ſon réſeau parenchymateux : au moins ne trouve-je dans ſon écrit aucune obſervation ſur ces vaiſſeaux.

J'AI parlé ci-deſſus des points brillants dont le parenchyme de la Joubarbe m'avoit paru parſemé, & qui avoient ſouvent fixé mon attention : les ménagemens que je devois à mes yeux ne me permettoient pas de m'occuper de ſi petits objets ; & j'étois bien éloigné de ſoup-

(1) Je diſois Art. CVII, en parlant des greffes accidentelles qui s'operent entre deux feuilles ou entre deux folioles de la même feuille : „ toutes ces greffes ne concourent-elles „ pas à prouver qu'il y a dans les feuilles deux ſubſtances „ analogues à la ſubſtance *corticale* & à la ſubſtance *ligneuſe* „ qu'on obſerve dans les branches & dans la tige ? On ſait, „ que c'eſt de l'expanſion en tout ſens de la ſubſtance corticale „ ſur la ſubſtance ligneuſe, que dépend l'union de la greffe „ avec le *ſujet*. "

çonner les faits ſinguliers qu'ils ont offerts à M. de SAUSSURE, & qui ont été le fruit de ſes longues & curieuſes recherches.

IL s'eſt aſſuré, que ces corpuſcules brillans, qui ne ſont point propres à la Joubarbe, & qu'on retrouve dans les feuilles de toutes les eſpeces, ſont d'une nature ſi inaltérable, qu'ils réſiſtent à l'eau bouillante, à l'eſprit-de-vin, à l'acide vitriolique, & à la plus grande ſécheresse (1). Il en a conclu; qu'ils ne ſont ni gommeux, ni réſineux, ni ſalins. Que ſont donc ces ſinguliers corpuſcules, ſi brillans, ſi généralement répandus, & ſi dignes des plus profondes recherches du ſcrutateur de la Nature? Le ſage Obſervateur, qui les avoit tant étudiés, s'eſt abſtenu de former aucune conjecture ſur leur nature; parce que ſes nombreuſes obſervations ne l'éclairoient point encore aſſez. Au reſte, ces très-petits corpuſcules brillans s'obſervent auſſi dans le réſeau cortical; mais ils abondent beaucoup plus dans le parenchyme.

CE tiſſu délicat, ce réſeau cortical qui enveloppe les feuilles, eſt doué d'une élaſticité

(1) *Obſ. ſur l'écorce des feuilles*, &c. page 57.

très-marquée, & qui se manifeste à l'œil par des effets très-sensibles. Il se roule aussi-tôt sur lui-même dès qu'on le détache de la feuille. M. de SAUSSURE fait remarquer (1), que les deux écorces supérieure & inférieure des feuilles tendent toujours à se rouler en sens contraire. Lorsque le ressort de l'une domine sur le ressort de l'autre, la feuille devient concave du côté le plus foible. Elle demeure plane, lorsque les deux écorces ou les deux réseaux sont en équilibre. Notre ingénieux Observateur ajoute: „ qu'il y a donc dans l'écorce des feuilles „ deux systêmes de vaisseaux qui tendent à „ agir en sens contraire: les uns analogues „ aux cordes de *chanvre*, se tendent à l'hu„ midité, les autres semblables aux cordes de „ *boyau* se tendent à la sécheresse". On a vu dans l'article LIII de mon Livre, que j'avois soupçonné l'existence de ces deux systêmes de vaisseaux, & que j'avois tenté d'expliquer ainsi quelques-uns des phénomenes que nous présentent certains mouvemens naturels des feuilles. J'avois même essayé de construire d'après cette idée des feuilles *artificielles*, qui me parurent imiter le jeu des feuilles naturelles.

(1) *Obs. sur l'écorce des feuilles, &c.* page 12.

Le réſeau cortical eſt pourvu de très-petites glandes, qui lui ſont propres, & qui y ſont diſſéminées en ſi grand nombre qu'elles en ont pris le nom de glandes *milliaires*. Ces glandes ſont ſphériques ou ovales, & fort tranſparentes. Elles ſont environnées à leur baſe d'un petit vaiſſeau tranſparent auquel vont s'aboucher pluſieurs autres vaiſſeaux. L'état de ces très-petites glandes eſt toujours en rapport avec l'état de ſanté ou de maladie des feuilles. Dans les feuilles vertes & en pleine vigueur, les glandes ont beaucoup de tranſparence. Lorſque les feuilles commencent à jaunir, les glandes commencent à perdre de leur tranſparence, & pluſieurs deviennent plus ou moins opaques. Toutes le deviennent en entier, lorſque les feuilles ſont près de leur chûte.

M. de Saussure, à qui nous devons ces obſervations ſur les glandes *milliaires*, & bien d'autres que je ſupprime pour abréger, recherche quel peut être le principal uſage de ces très-petits organes; & ce qu'il dit à ce ſujet a trop de rapport avec mes expériences ſur les feuilles pour que je ne le tranſcrive pas ici.

„ Ce qui me porteroit à croire, dit-il,

„ que les glandes milliaires ou corticales font
„ des vaiſſeaux *abſorbans* (1), c'eſt le rapport
„ que j'ai obſervé entre la poſition de ces
„ glandes & les expériences qu'a faites M.
„ BONNET ſur la nutrition des Plantes par
„ leurs feuilles. Les réſultats les plus géné-
„ raux de ces expériences ſont; que les *Plan-*
„ *tes herbacées* pompent à-peu-près autant
„ d'humidité par la ſurface ſupérieure que par
„ la ſurface inférieure de leurs feuilles, mais
„ que les Arbres & Arbuſtes en pompent in-
„ comparablement plus par la ſurface inférieure
„ que par la ſurface oppoſée. D'un autre côté,
„ j'ai obſervé que preſque toutes les Plantes
„ *herbacées* ont des glandes corticales dans l'une
„ & dans l'autre ſurface de leurs feuilles,
„ moins à la vérité dans la ſupérieure; au lieu
„ que les Arbres & Arbuſtes n'en ont jamais
„ que dans la ſurface inférieure. . . . Il paroît
„ donc que le degré d'aptitude à pomper les
„ ſucs eſt dans les ſurfaces des feuilles à-peu-
„ près en raiſon de la quantité des glandes
„ corticales de ces ſurfaces. Il faudroit pour
„ donner du poids à cet argument, faire un
„ grand nombre d'expériences analogues à celles
„ de M. BONNET, dans leſquelles on compa-

(1) *Obſ. ſur l'écorce des feuilles*, page 79, &c.

„ rât entr'elles, rélativement à leur aptitude à „ pomper l'humidité, des feuilles inégalement „ riches en glandes corticales. Si l'on trouvoit „ que toutes choses d'ailleurs égales, celles „ qui ont le plus de glandes absorbent le plus, „ ou se conservent vertes le plus long-temps, „ il deviendroit très-probable que ces glandes „ sont des vaisseaux aspirans ".

M. de SAUSSURE essaye ensuite de prouver par les observations qu'il a faites sur les feuilles du *Nénufar* ou *Lys d'eau*, que les glandes corticales peuvent aussi servir aux excrétions; mais il faut encore que je le laisse parler lui-même.

„ M. BONNET, dit-il (1), a prouvé par un „ grand nombre d'expériences, que la surface „ inférieure des feuilles transpire plus dans „ un temps donné que la surface supérieure: „ or à quoi peut-on attribuer cette diffé- „ rence, si ce n'est à la quantité des glandes „ corticales, toujours plus grande auprès de „ cette surface qu'auprès de la surface oppo- „ sée. Il y a quelques Plantes dans lesquelles „ cet organe paroît être le seul auquel on

(1) *Obs. sur l'écorce des feuilles*, page 83, &c.

„ puiſſe attribuer les excrétions néceſſaires à
„ leur conſervation. Le *Nénufar* ou *Lys d'eau*
„ entr'autres en donne un exemple frappant :
„ cette Plante aquatique a toujours, comme
„ on ſait, la ſurface inférieure de ſes feuilles
„ appliquée immédiatement ſur l'eau, tandis
„ que leur ſurface ſupérieure eſt expoſée à
„ l'air libre. Il paroît bien naturel que la tranſ-
„ piration ſe faſſe par la partie expoſée à l'air
„ libre ; il faut donc que la partie ſupérieure
„ des feuilles ſoit chargée de cette fonction ;
„ mais cette ſurface eſt liſſe & brillante, on
„ n'y voit aucun poil, aucune éminence que
„ l'on puiſſe prendre pour un organe excré-
„ toire : n'eſt-ce pas pour ſuppléer à cela que
„ la Nature a pourvu cette ſurface d'un nom-
„ bre prodigieux de petites glandes corticales ?
„ Elle n'en a point placé dans la ſurface infé-
„ rieure ; on voit aſſez qu'elles y auroient été
„ inutiles à ces excrétions. J'ai eu beaucoup
„ de peine à découvrir les glandes de cette
„ feuille ; on ne les voit point lorſque la feuille
„ eſt entiere, &c. "

Ces remarques de notre ingénieux Naturaliſte ſur les glandes corticales du *Nénufar*, ne paroiſſent pas s'accorder avec les expériences que j'ai tentées ſur les feuilles de cette Plante,

& que j'ai rapportées, Art. I de mon premier *Supplément*. On a vu qu'il résulte de ces expériences, que les feuilles du *Nénufar* qui avoient été appliquées sur l'eau par leur surface supérieure, ont péri presque aussi promptement que celles qui avoient été laissées sans nourriture; tandis que des feuilles égales & semblables appliquées sur l'eau par leur surface inférieure ont vécu plus de quinze jours. Les glandes corticales qui sont à la surface supérieure des feuilles du *Nénufar* sont donc incapables de s'acquitter des fonctions propres aux organes absorbans; & puisque notre habile Observateur s'est assuré, qu'il n'y a point de glandes corticales à la surface inférieure des feuilles de cette Plante, ne sommes-nous pas fondés à en inférer au moins, que les glandes dont il s'agit, ne sont pas les seuls organes *absorbans* que la Nature ait placés à la surface inférieure des feuilles.

M. de SAUSSURE conjecture (1), que les glandes corticales, ou du moins les vaisseaux qui les entourent, ont quelque communication immédiate avec les vaisseaux ou les utricules du parenchyme: il fonde sa conjecture sur

(1) *Obs. sur l'écorce des feuilles, &c.* page 85, 86.

deux obſervations. 1°. Il a vu que dans la plupart des Plantes, le parenchyme reſtoit plus ſouvent adhérent aux glandes corticales qu'aux autres parties du réſeau. 2°. Il n'a preſque point apperçu de glandes corticales dans les parties du réſeau qui recouvrent immédiatement les nervures des feuilles : ce qui ſembleroit indiquer qu'il n'y a pas de communication immédiate entre les glandes corticales & les vaiſſeaux ſéveux & aeriens qui forment les nervures.

TOUT ceci exigeroit de nouvelles recherches. Il s'en faut de beaucoup que nous ſoyons aſſez éclairés ſur le ſecret de la ſtructure des feuilles; & en particulier, ſur les communications médiates ou immédiates qui exiſtent entre les différentes parties qui les compoſent. J'eſpérois de plus grandes lumieres de ces injections colorées qui nous ont déja été ſi utiles ; mais il faudroit trouver une liqueur colorée qui n'altérât point le tiſſu délicat des feuilles, & qui fût aſſez ſubtile pour s'inſinuer dans les vaiſſeaux les plus déliés. Ne déſeſpérons de rien. Nous ſommes déja aſſurés, que certaines teintures colorent les feuilles, & même les parties ſexuelles (1) : mais on n'avoit pas obſervé au

(1) Voyez mon livre Art. XVIII, XC.

microſcope les portions colorées, pour tâcher de découvrir à l'aide de cette coloration, les communications les plus ſecrettes. Je n'ai pu faire que quelques pas dans cette belle carriere, & j'ai regretté vivement qu'il ne me fût pas permis de m'y enfoncer. Je ne regrette pas moins que les occupations actuelles de M. de SAUSSURE ne lui permettent pas de reprendre ſon travail ſur les feuilles: que n'aurions-nous point à attendre de ſa patience & de ſa ſagacité!

IL termine ſes belles obſervations par une concluſion générale que je ne puis m'empêcher de tranſcrire, parce qu'elle préſente un précis clair & ſuccinct de l'idée qu'il s'eſt formée de l'*économie végétale*.

„ TOUS ces faits, dit-il (1), ne confirment-„ ils pas que les ſucs imbibés par les racines, „ pompés par le tronc, portés par les branches „ juſqu'aux pédicules des feuilles, & diſtribués „ de-là à toutes les nervures de ces feuilles, „ paſſent de ces nervures dans les réſeaux du „ parenchyme & de l'écorce, y reçoivent leur „ derniere élaboration, s'y dépouillent de leurs „ parties ſuperflues, qui paſſent dans les orga-

(1) *Obſ. ſur l'écorce des feuilles*, page 88.

„ nes excrétoires ; & que ces réſeaux devenant „ à leur tour premieres voies des alimens, re„ çoivent & préparent ceux qu'ont puiſé dans „ l'air les organes abſorbans ? "

Je ne puis paſſer ici ſous ſilence une autre découverte importante de M. de Saussure, qui concerne les pétales ou les feuilles des fleurs. Il ne leur a point trouvé de *glandes corticales*, & ce nouveau caractere eſt bien propre à les diſtinguer des autres feuilles des Plantes. Il faut rapprocher cette obſervation de M. de Saussure des expériences que j'ai faites ſur les *pétales*, & qui ſont rapportées, Art. VIII de mon Livre. Je n'en tirerai aucune conſéquence, parce que mes expériences ſur les pétales n'ont point été aſſez multipliées.

III.

Nouvelles Expériences pour prouver que la ſurface inférieure des feuilles des Arbres ne ſauroit réſiſter à l'action continuée du ſoleil comme la ſurface oppoſée. Altération ſinguliere que le coton imbibé d'eau produit dans les branches & dans les feuilles.

Il me ſemble que j'ai aſſez bien prouvé dans mon Livre, que la ſurface inférieure des feuilles des Arbres n'eſt pas ſeulement deſtinée à pomper l'humidité qui s'éleve de la terre & celle qui eſt répandue dans l'air ; mais qu'elle eſt encore le principal organe de cette tranſpiration inſenſible & très-abondante, qui n'eſt pas moins néceſſaire que la ſuccion à la vie de la Plante. Cette ſurface qui exerce des fonctions ſi importantes, n'a rien néanmoins qui frappe les yeux du ſpectateur. Elle n'a point ce beau luſtre, ce vernis brillant qui pare tant la ſurface ſupérieure, & qui eſt un des grands ornemens de la Nature. Mais l'uſage de ces vernis ſi luſtrés ne ſe borne point à réjouir nos yeux: il m'a paru avoir des utilités plus réelles ; car par-tout dans la Nature l'utile eſt joint à l'agréable: j'ai cru m'être aſſuré qu'il ſervoit principalement à défendre les feuilles contre les ardeurs du ſoleil, & que la ſurface ſupérieure étoit ainſi une ſorte d'abri à l'ombre duquel la ſurface inférieure exerçoit en ſûreté ſes diverſes fonctions. Auſſi la ſurface ſupérieure eſt-elle toujours tournée vers le plein air ; & ſi par quelque accident cette direction naturelle des feuilles vient à changer, elles ſavent la reprendre d'elles-mêmes par un mouvement qu'on diroit ſpontané. Ainſi la ſurface inférieure n'eſt pour l'ordinaire que peu ou point expoſée au ſoleil : elle regarde ordinairement le terrein ou l'intérieur de la Plante.

J'AI été curieux de m'aſſurer par une expérience directe, s'il étoit, en effet, bien vrai que la ſurface inférieure n'étoit pas capable de réſiſter long-temps à l'action immédiate du ſoleil. J'avois donc ajuſté des feuilles de Prunier de maniere que leur ſurface inférieure fût toujours expoſée au ſoleil, & qu'elles ne puſſent jamais ſe retourner. J'ai raconté, Art. XCIV, le ſuccès de cette expérience, qui avoit pleinement répondu à mes vues. J'ai dit que la ſurface inférieure s'étoit inſenſiblement altérée ; qu'elle avoit changé peu-à-peu de couleur, qu'elle avoit pris un œil livide, & qu'elle m'avoit paru ſe deſſécher. J'en avois conclu, qu'il étoit donc bien important à l'économie végétale, que les feuilles puſſent ſe retourner d'elles-mêmes pour reprendre leur direction naturelle & garantir ainſi leur ſurface inférieure de l'action trop long-temps continuée de l'aſtre du jour.

CETTE expérience étoit bien du nombre de celles qui méritoient le plus d'être répetées. Je l'ai donc répetée dans l'Eté de 1777, à l'occaſion de la réimpreſſion de mon Livre ; & pour le faire avec plus de facilité, j'y ai employé des planchettes de bois ſemblables à celle qui eſt repréſentée, Pl. XIX de mon ouvrage. Ces planchettes mobiles ſur leur pied ſont très-commodes pour l'Obſervateur, parce qu'il peut les élever ou les abaiſſer à volonté, ſelon que l'exigent la hauteur & la poſition des branches.

Je me ſuis d'abord adreſſé aux feuilles qui avoient fait le ſujet de ma premiere expérience, je veux dire, à celles du *Prunier* : & comme il s'agiſſoit d'expoſer la ſurface inférieure de ces feuilles à la plus grande ardeur du ſoleil, j'ai choiſi un Prunier tourné au midi. Mais craignant avec fondement que le bois de la planchette ne s'échauffât trop, & qu'il ne nuiſît ainſi aux feuilles que j'y appliquerois immédiatement, je me ſuis aviſé d'étendre une couche de coton ſur la planchette, & ç'a été ſur ce coton que j'ai appliqué les feuilles par leurs ſurfaces ſupérieures. Pour y parvenir, je n'ai eu qu'à coucher ſur la planchette, ſituée horiſontalement, la petite branche qui portoit les feuilles que je voulois mettre en expérience. J'ai ajuſté ces feuilles de part & d'autre de la branche, de maniere qu'elles ne ſe recouvroient point, & je les ai retenues dans cette poſition à l'aide d'un fil délié, qui en faiſant pluſieurs circonvolutions autour de la planchette, a ſervi de bride aux feuilles & les a empêché de se retourner.

J'AI commencé cette expérience le 14 de Juillet. Pendant le reste du mois & tout le mois suivant, la chaleur a été très-considérable. Le thermometre placé à l'ombre, a marqué souvent le vingt-deuxieme, le vingt-troisieme, le vingt-quatrieme degré. Il s'est même élevé deux fois jusqu'au vingt-cinquieme, & un peu plus; & la sécheresse a été constante. Je ne pouvois donc rencontrer une saison plus favorable à ce genre d'expérience.

AU bout de deux jours, j'ai apperçu une altération très-sensible dans la surface inférieure des feuilles. Elle paroissoit tendre au desséchement: mais ce qui m'a le plus frappé, c'est que la branche elle-même paroissoit souffrir beaucoup: elle tendoit aussi au desséchement; & ce qui étoit plus remarquable encore, elle avoit commencé à noircir, & sembloit comme brûlée çà & là, dans toute la portion de sa longueur qui reposoit sur la couche de coton. La sommité de la branche, qui débordoit le coton, ne montroit aucune altération, non plus que les feuilles qui tenoient à cette sommité.

Le 17 de Juillet, & les jours ſuivans, l'altération a fait de nouveaux progrès, ſoit dans la branche, ſoit dans les feuilles. Celles-ci ont paru ſe deſſécher de plus en plus; & même dans leurs deux ſurfaces. Les pédicules ont noirci. Toute la partie de la branche qui repoſoit ſur le coton, a pris une teinte de noir plus foncée: les fibres de l'écorce ſe ſont montrées ſous l'aſpect de petites rides longitudinales. Mais, ce qu'il importe le plus que je faſſe remarquer; c'eſt que ces altérations ſi conſidérables de la branche & des feuilles, étoient exactement renfermées dans l'étendue de la couche de coton. Tout ce qui débordoit cette couche paroiſſoit ſain. Il faut même que l'altération de la branche ne fût pas profonde, puiſque les feuilles de ſa ſommité ne ſembloient point du tout ſouffrir. Au reſte, j'avois laiſſé ces jeunes feuilles à elles-mêmes, & je n'avois aſſujetti ſur le coton que celles qui étoient parvenues, ou à-peu-près à leur parfait accroiſſement.

Je ne pouſſerai pas plus loin le récit de cette expérience. Il me ſuffira de dire, que dans le cours des mois d'Août & de Septembre, le dépériſſement de la branche & des feuilles a augmenté graduellement. La branche eſt tombée enfin dans une ſorte de maraſme ; il en a été de même de la plupart des feuilles, & pluſieurs ſe ſont détachées de la branche. Mais le mal ne s'eſt point propagé vers l'origine de la branche, & n'a point outrepaſſé de ce côté-là le bord de la couche de coton.

Le jour que j'avois commencé cette expérience ſur les feuilles de Prunier, j'en avois commencé une ſemblable ſur les feuilles de l'*Abricotier*.

Le 16, ces feuilles ne montroient encore aucune altération ſenſible non plus que la jeune branche qui les portoit. Je ferai remarquer ici au ſujet des feuilles de l'*Abricotier*, que leur ſurface inférieure n'eſt point inégale comme celle des feuilles du Prunier ; elle eſt très-unie, très-liſſe, & un peu luſtrée ; mais elle ne l'eſt pas à beaucoup près autant que la ſurface oppoſée, & ſa couleur eſt plus ou moins pâle.

Les jours ſuivans, j'ai commencé à appercevoir quelque altération dans les feuilles qui repoſoient ſur le coton : cette altération a accrû graduellement, & m'a offert des particularités qui ont fort excité mon attention. J'ai remarqué ſur les feuilles des taches oblongues, plus ou moins conſidérables, & qui étoient bordées d'une bande noire. La feuille paroiſſoit comme deſſéchée au centre de chaque tache; elle y avoit pris une couleur feuille morte. Ces taches reſſembloient beaucoup à celles qu'on voit ſi fréquemment ſur les feuilles de la vigne qui ont ſouffert l'altération que les cultivateurs nomment *fouine* ou *brûlure*.

Ce genre ſingulier d'altération a fait journellement de nouveaux progrès : il a auſſi attaqué la branche elle-même, qui a un peu noirci çà & là, mais moins que celle du Prunier : & dans la branche & les feuilles de l'Abricotier comme dans celles du Prunier, l'altération a été conſtamment renfermée dans l'étendue de la couche de coton.

Je n'ai pas tardé à attribuer au coton la cauſe ſecrette de ces diverſes altérations. Je le trouvois toujours plus ou moins humecté par la roſée, lorſque je venois le matin obſerver mes feuilles. J'ai donc conjecturé, que l'eau dont il étoit imbibé, étant échauffée & réduite en vapeur par le ſoleil, produiſoit ces différentes altérations. Cet effet remarquable, que je n'avois pas prévu, nous conduit à tenter en ce genre de nouvelles expériences, qui très-probablement ne feroient pas inutiles à l'agriculture. Je ne les négligerai pas, si mes circonstances me le permettent. Elles pourroient nous conduire à découvrir la véritable cause de la maladie qui fait souvent bien des ravages dans la vigne, & les meilleurs moyens de l'en préserver.

Persuadé de plus en plus que je devois attribuer au coton imbibé des vapeurs de la nuit, la cause secrette des altérations que j'observois; j'ai imaginé de le renfermer entre deux doubles de fort papier blanc; & ç'a donc été immédiatement sur le papier que j'ai couché d'autres jeunes branches de Prunier & d'Abricotier. J'ai commencé cette expérience le 19 de Juillet.

J'ai eu bientôt la preuve de la vérité de ma conjecture. Les branches & leurs feuilles n'ont jamais noirci, & ne m'ont jamais offert les mêmes genres d'altération que j'avois observés dans celles de l'expérience précédente. Mais sur la fin du mois, la couleur de la surface inférieure des feuilles de Prunier a commencé à changer sensiblement. Ce changement me frappoit davantage, lorsque je comparois ces feuilles avec celles qui les avoisinoient & qui avoient

été

été laiſſées en liberté. Je ne pouvois point encore définir ce changement : je croyois entrevoir çà & là ſur la ſurface expoſée au ſoleil une teinte jaunâtre. Mais, vers le 15 d'Août, l'altération de cette ſurface eſt devenue facile à caractériſer. Elle m'offroit cà & là des taches plus ou moins grandes, de couleur livide ou plombée, & telles que celles dont j'ai parlé, Art. XCIV de mon Livre. Ces taches ont augmenté par degrés inſenſibles, & les feuilles où je les obſervois ont paru s'animer. Des taches jaunes répondoient dans la ſurface ſupérieure aux taches livides de la ſurface oppoſée.

Ce n'a été pourtant qu'au bout d'un temps conſidérable que la ſurface inférieure des feuilles de Prunier a paru fort altérée : il n'en réſulte pas moins de cette expérience comme de celle de l'Art. XCIV, que cette ſurface ne ſauroit réſiſter à l'action immédiate du ſoleil comme la ſurface ſupérieure. Il étoit donc bien eſſentiel que les feuilles puſſent ſe retourner pour mettre leur ſurface inférieure à l'abri du ſoleil.

Les feuilles de l'Abricotier, dont la ſurface inférieure eſt, comme je l'ai déja remarqué, un peu luſtrée, n'ont pas ſouffert autant de l'action du ſoleil, que celles du Prunier ; elles l'ont ſoutenue beaucoup plus long-temps ſans paroître en ſouffrir ; & il en iroit apparemment de même des feuilles de toutes les eſpeces dont la ſurface inférieure eſt plus ou moins liſſe ou un peu luſtrée. Il faudroit donc étendre cette expérience à un certain nombre d'eſpeces différentes, & je ne ſaurois trop y inviter les Amateurs. Je les invite ſur-tout à obſerver au microſcope les portions de l'écorce inférieure que le ſoleil rend livides, & en particulier l'état des glandes corticales renfermées dans ces portions.

I V.

Sur la chaleur directe du ſoleil en Eté, comparée à celle qu'on éprouve à l'ombre. Expériences de M. Bon *& celles de l'Auteur.*

En traitant, Art. LIII, des cauſes du retournement des feuilles & du repliement des tiges & des branches, j'ai fait remarquer, que la chaleur directe du ſoleil a beaucoup plus d'influence ſur ces mouvemens, en apparence ſpontanés, que celle de l'air. J'ai cité à ce ſujet des expériences du Préſident Bon, de la ſociété de Montpellier, par leſquelles ce ſavant Naturaliſte avoit prétendu prouver que la chaleur directe du ſoleil en Eté eſt ordinairement double de celle qu'on éprouve à l'ombre. Je vais rapporter le précis de ces expériences d'après le sécretaire de la société.

De toutes les expériences de M. Bon, dit M. de Ratte (1), il résulte en général : „ qu'à
„ Montpellier, pendant l'Eté, la chaleur du
„ soleil fait monter ordinairement la liqueur
„ du thermometre de M. de Reaumur à une
„ hauteur double de celle qu'un pareil thermo-
„ metre marque à l'ombre, en comptant du
„ point de la congelation ; c'est-à-dire, que si
„ un thermometre à l'ombre & à l'air libre,
„ marque quinze, vingt, trente degrés au-dessus
„ de la congelation, il en marquera trente,
„ quarante, soixante, ou à très-peu de chose
„ près, lorsqu'il sera exposé au soleil depuis
„ midi jusqu'à trois heures ".

M. de Ratae ajoute : *qu'il est très-rare que pendant l'Eté la chaleur du soleil soit plus grande que le double de la chaleur qu'on éprouve à l'ombre*. Il n'en cite qu'un seul exemple : „ le
„ 30 de Juillet 1705, dit-il, le thermometre
„ de M. Amontons marquoit à l'ombre cin-
„ quante-huit pouces, quatre lignes & demie,

(1) *Assemblée publique de la Société Royale de Montpellier*, du 2 Décembre 1745.

„ ce qui revient à trente-un degrés de M. de „ REAUMUR ; & au ſoleil ſoixante-treize pou„ ces, ou quatre-vingt degrés de REAUMUR, „ terme de l'eau bouillante ".

„ IL en va tout autrement pendant l'Hiver, „ continue l'Hiſtorien : la chaleur directe du ſoleil „ eſt beaucoup plus grande, par rapport à celle „ qu'on éprouve à l'ombre : elle eſt exprimée „ par un nombre de degrés au moins triple, „ quelquefois ſextuple de celui que le thermo„ metre marque à l'ombre ".

TEL eſt le réſultat général des expériences thermométriques de M. BON : mais une choſe bien eſſentielle manque entiérement au récit de l'Hiſtorien : il ne nous dit point les précautions que l'Obſervateur avoit priſes pour faire l'expérience. On ſe borne à nous dire, „ qu'il „ avoit expoſé directement un thermometre de „ REAUMUR aux rayons du ſoleil dans un beau „ jour d'Eté, & qu'il avoit comparé le degré „ que marquoit ce thermometre à celui que „ marquoit un pareil thermometre expoſé à „ l'ombre, à l'air libre, & tourné vers le nord ". Or, on ne ſauroit douter aujourd'hui que l'Obſervateur n'eût oublié la précaution la plus importante, celle d'iſoler parfaitement la boule de ſes thermometres. Si l'on prend cette précaution, on aura des réſultats qui ne s'accorderont point avec ceux de M. BON, & qui en différeront conſidérablement. Les thermometres expoſés au ſoleil ne ſe tiendront pour l'ordinaire en Été, que deux, trois ou quatre degrés plus haut que ceux qui ſeront expoſés à l'ombre. L'expérience en a été faite par pluſieurs bons Phyſiciens, & je l'ai répétée moi-même très-ſouvent. Je l'avois faite autrefois à Thonex ſans uſer de cette précaution : mon thermometre expoſé aux rayons du ſoleil étoit couché horiſontalement ſur une plate-bande de jardin, & j'eus le même réſultat que M. BON. Ce thermometre s'éleva à cinquante deux degrés, tandis que celui qui étoit à l'ombre ne ſe tenoit qu'aux environs du vingt-ſixieme. Mes thermometres étoient d'eſprit-de-vin, & je ferai remarquer à cette occaſion, que M. de RATTE ne nous dit point non plus quelle étoit la liqueur des thermometres de M. BON. Il y a lieu de préſumer qu'ils étoient d'eſprit-de-vin ; car ſes expériences datent de 1737, & les thermometres que conſtruiſoit alors M. de REAUMUR, étoient d'eſprit-de-vin.

M. de LUC, mon célebre compatriote, eſt de tous les Phyſiciens celui qui a le plus approfondi cette matiere, & donné les meilleures régles pour procéder bien dans les expériences thermométriques. Consultez en particulier les paragraphes quatre cent trente-trois & suivans de son important ouvrage, *sur les modifications de l'Atmosphere*, publié à Geneve en 1772. On sait combien la patience, l'adresse & la sagacité de l'Auteur brillent dans cet écrit, honoré d'ailleurs de l'approbation d'une des plus illustres Académies de l'Europe.

Je placerai ici quelques observations thermométriques que j'ai moi-même faites pendant l'Eté de 1777, dans la vue de comparer exactement la chaleur directe du soleil avec celle qu'on éprouve à l'ombre. Elles suffiront pour prouver combien M. Bon s'étoit trompé dans ses résultats. Mes thermometres, construits sur les principes de M. de Reaumur, sont de mercure, bien calibrés & bien purgés d'air. Le tube est appliqué sur une planchette de bois de sapin, & son extrêmité inférieure déborde celle de la planchette d'environ huit à dix lignes. La boule est donc parfaitement isolée, & ne sauroit participer le moins du monde à la chaleur que contracte le bois. De pareils thermometres ont été mis en expérience sur deux faces opposées d'un grand If taillé en pyramide, & planté au milieu de la terrasse de ma maison à Genthod. Et afin que les thermometres ne reposassent pas immédiatement contre l'If, & ne participassent que le moins qu'il seroit possible à la chaleur qu'il pouvoit refléchir, j'ai fiché horisontalement dans son épaisseur, à la hauteur de cinq à six pieds au-dessus du terrein, de petites tringles de bois d'environ un pied & demi ou deux de longueur, & ç'a été à l'extrémité de ces tringles que j'ai suspendu mes thermometres. Les uns étoient exposés au midi, & au soleil direct; les autres au nord, & à l'ombre. Un coup-d'œil jetté sur la table suivante, fera juger des résultats.

	Juill. 17. 1 h. th.	à l'omb.	25 deg. 1 tiers.	
		au sol.	27 . . . 2 tiers.	
Barom. 26. p. 11. lig.	19. 1 h. . . .	à l'omb.	23	
		au sol.	24	
	22. 3 h. . . .	à l'omb.	21 . . . & demi.	
		au sol.	24	
	23. 1 h. . . .	à l'ombr.	21	
		au sol.	26	

Août 8. 1 h. à l'ombr. 20 deg. 1 tiers.
au sol. 25 ... 2 tiers.

Barom. 27. p.

12. 2 h. à l'ombr. 23
au sol. 29

13. 1 h. à l'omb. 23 ... 1 tiers.
au sol. 27 ... 2 tiers.

On voit par cette table, que le 23 de Juillet, le thermometre placé à l'ombre se tenoit cinq degrés plus bas que celui qui étoit exposé au soleil, & que le 12 d'Août, la différence entre les deux thermometres alloit jusqu'à six degrés. Je savois néanmoins que de bons Observateurs n'avoient trouvé cette différence que de deux à trois degrés. J'en conclus donc, que malgré les précautions que j'avois prises pour isoler mes thermometres, la chaleur de l'If se faisoit encore sentir au thermometre exposé au midi. Je pris donc un troisieme thermometre que je suspendis à un fil sur la même terrasse, & à deux toises de l'If, & que je laissai exposé au soleil direct pendant cinq à six minutes, & à la même élévation au-dessus du terrein. La table qui suit, présente les résultats de ces nouvelles observations.

Aout 13. 1 h. th. à l'omb. 23 deg. 1 tiers.
Barom. 27. p. au fol. 27 . . . 2 tiers.
1 l. 3 quarts. au fol. plus ifolé. 25

14. 1 h. . . . . à l'omb. 23 . . . 1 tiers.
au fol. 27 . . . & demi.
au fol. plus ifolé. 25 . . . & demi.

. . 2 h. . . . . à l'omb. 24
au fol. 28 . . . & demi.
au fol. plus ifolé 25 . . . & demi.

AINSI la chaleur directe du foleil en Eté ne differe que très-peu dans nos contrées de celle qu'on éprouve à l'ombre; & l'on peut juger par cette derniere table, combien on doit fe rendre attentif dans les obfervations thermométriques, à l'influence fecrette des abris. Un If ne paroît gueres propre à réfléchir à un pied & demi une chaleur fenfible; & pourtant on voit par mes tables qu'il influoit bien plus qu'on ne l'eût foupçonné fur l'élévation du thermometre. Ceci me donne lieu de propofer aux Phyficiens d'inftituer une fuite d'expériences directes pour déterminer d'une maniere plus ou moins précife, le degré d'influence des abris & de différens abris fur l'élévation du thermometre. Je dirai comment je conçois qu'on devroit procéder dans ces expériences. Il faudroit ſe procurer un certain nombre de thermometres bien calibrés & exactement comparatifs ; les ranger tous ſur la même ligne & à la même hauteur, à l'expoſition du midi, & placer derriere ces thermometres à différentes diſtances déterminées, des planchettes de bois de ſapin bien uni, les unes verticales, les autres plus ou moins inclinées en divers ſens, & tenir un régiſtre exact des degrés de tous ces thermometres : & parce que la nature particuliere des abris peut influer ſur le degré de chaleur comme leur poſition & leur diſtance ; je voudrois qu'on plaçât derriere les thermometres des planchettes de différens bois plus ou moins durs, & plus ou moins polis. Je voudrois encore qu'on employât des planchettes de matieres plus dures que le bois, & ſuſceptibles d'un plus beau poli, comme les pierres & les métaux. Des vernis de différentes qualités pourroient encore donner des réſultats intéreſſans. De ſemblables expériences ne ſont pas indifférentes au perfectionnement de l'Agriculture & de la Phyſique générale, & il ſeroit poſſible qu'elles nous manifeſtaſſent dans certains corps des propriétés ſecrettes qu'on n'y avoit pas ſoupconnées.

V.

Feuille de Chicorée *qui offroit une* monſtruoſité *remarquable.*

LES *monſtruoſités végétales* ne ſont pas moins dignes de l'examen réfléchi du Phyſicien que les *monſtruoſités animales* ; & les unes comme les autres peuvent répandre beaucoup de jour ſur la théorie de la génération. J'ai produit dans les Art. LXXI, LXXII, LXXIII, LXXIV, LXXV, CVII, CVIII, un grand nombre d'exemples plus ou moins frappans de monſtruoſités végétales, & je me ſuis arrèté quelque temps à les décrire. J'ai préſumé que les Phyſiciens qui s'occupent de l'origine des corps organiſés, & ſur-tout de la grande queſtion de la formation des *Monſtres*, me ſauroient gré de ces détails. Je me ſuis étendu en particulier ſur une monſtruoſité fort remarquable, qui n'eſt pas bien rare dans les feuilles du *Chou-fleur* (LXXII, CVIII), & qui conſiſte principalement dans de petites feuilles façonnées en maniere de cornet ou d'entonnoir qui végétent ſur la feuille principale.

EN Juin 1776, j'ai obſervé ſur une feuille de *Chicorée* de jardin, une monſtruoſité d'un genre analogue à celui des monſtruoſités du

Chou-fleur, & qui mérite bien que je la décrive.

La feuille principale [*Pl. XXXII, Fig.* 1. *FFF.*] avoit environ huit pouces de longueur ſur trois de largeur. Vers le milieu de ſa longueur, & du milieu de l'épaiſſeur de la groſſe nervure [*NN.*] ſur la ſurface inférieure partoit une petite feuille façonnée en maniere d'entonnoir. [*E*] Cet entonnoir étoit porté, par un pédicule effilé [*P.*], cylindrique, long de ſeize lignes. L'ouverture de l'entonnoir étoit elliptique : le grand diametre avoit ſix lignes un tiers ; le petit quatre lignes trois quarts ; il étoit coupé obliquement : ſa plus grande longueur étoit de douze lignes ; la moindre de ſix. Le tiſſu de ſon extérieur [*e*] imitoit celui de la ſurface inférieure de la feuille principale : le tiſſu de ſon intérieur [*i*] reſſembloit à celui de la ſurface ſupérieure de la même feuille. Les nervures étoient donc en relief ſur l'extérieur de l'entonnoir, & en creux dans l'intérieur. Il y avoit encore, relativement à la couleur, entre le dehors & le dedans de l'entonnoir, la même différence qu'on obſervoit entre la couleur de la ſurface inférieure de la grande feuille & celle de la ſurface oppoſée. Au reſte, le pédicule de la feuille en entonnoir formoit un angle aſſez aigu avec la groſſe nervure de la principale feuille, & cet angle regardoit l'extrémité ſupérieure de celle-ci.

Je ferai ici une remarque qui ne paroîtra pas indifférente aux Naturaliſtes qui s'occuperont de la figure des feuilles. Grew avoit apperçu le premier, que dans les feuilles rondes ou à-peu-près rondes, le pédicule étoit cylindrique, & qu'il étoit plus ou moins applati dans les feuilles plus ou moins alongées. Notre petite feuille en entonnoir ſuivoit bien la même loi; car les contours de l'entonnoir approchoient fort de la figure circulaire. Les feuilles en entonnoir du Chou-fleur [Art. LXXII.], étoient auſſi portées ſur une tige cylindrique.

Je ne ſuis pas plus éclairé aujourd'hui ſur l'origine de ces monſtruoſités ſingulieres que je ne l'étois en 1752. Nous avons vu, Art. LXXVIII, que les feuilles des herbes peuvent dans certaines circonſtances pouſſer des racines, & même en très-grand nombre: elles peuvent donc pouſſer auſſi d'autres feuilles. Mais d'où vient la forme aſſez biſarre de ces feuilles qui naiſſent ſur la feuille principale dans le Chou-fleur & la Chicorée: pourquoi affectent-elles aſſez conſtamment la forme de cornet ou d'entonnoir? On apperçoit bien que cette forme si singuliere peut dépendre de celle du pédicule : mais pourquoi le pédicule est-il cylindrique, & comment arrive-t-il encore qu'il produit en s'épanouissant, une feuille en cornet, au lieu de produire une feuille ronde & applatie? On ne va pas loin dans la Physique organique sans rencontrer nombre de petits faits donc l'explication se refuse à nos connoissances actuelles. Ne nous pressons pas de chercher des explications avant que d'avoir rassemblé assez de faits analogues. Ce sera du rapprochement & de la comparaison des faits que jailliront les traits de lumiere qui nous éclaireront sur les causes secrettes de ces faits.

V I.

*Continuation des expériences sur l'*étiolement. *Branches de Vigne & de Cerisier qui avoient crû dans des tubes de fer blanc. Haricots qui végétoient sous l'eau sans y donner aucun signe d'étiolement. Expériences de M.* MÉESE *sur le même sujet.*

L'ÉTIOLEMENT est un autre fait de Physique végétale, dont l'explication seroit d'autant plus à desirer qu'il tient par des rapports plus directs à la Physique générale. J'avois déja assez prouvé, Art. LXXIX, CXIII, que l'*étiolement* dépend principalement de l'obſcurité plus ou moins profonde dans laquelle on éleve les Plantes. Je ſuis revenu de nouveau à étudier ce curieux phénomene végétal pour tâcher de découvrir par quelle voie la lumiere influe ſur la couleur & les proportions des végétaux ; & dans cette vue, j'ai fait en 1776 & 1777 bien des expériences que je renvoie à publier, parce qu'elles n'ont pas encore été pouſſées aſſez loin. Je dirai ſeulement, que leurs réſultats les plus eſſentiels ont été conformes à ceux de mes anciennes expériences, & qu'ils ont concouru à établir, que l'étiolement eſt d'autant plus conſidérable que l'obſcurité eſt plus parfaite. J'ai employé dans ces nouvelles expériences des papiers & des verres différemment colorés. Il m'avoit paru intéreſſant de ſavoir quels changemens réſulteroient du paſſage de la lumiere par des milieux qui la modifieroient ou l'intercepteroient plus ou moins. J'avois déja indiqué aux Phyſiciens ce procédé dans un Mémoire en forme de Lettre (1),

(1) Lettre ſur les moyens de conſerver diverſes eſpeces d'Inſectes & de Poiſſons dans les cabinets d'Hiſtoire Naturelle ; ſur le bel azur dont les Champignons ſe colorent à l'air ; & ſur les changemens de couleur de divers corps par l'action de l'air ou de la lumiere.

que j'avois publié en Avril 1774, dans le *Journal de Physique* de l'Abbé ROZIER. Je ne détacherai actuellement de mes Journaux que deux ou trois expériences qui n'exigent pas d'être répétées pour qu'on soit assuré de la certitude des résultats particuliers qui en découlent.

J'AI rendu compte dans mon Livre, Art. LXXIX, d'une expérience que j'avois tentée sur un bouton de vigne introduit avant la pousse dans un tube de fer blanc, ouvert par le bout supérieur, &c. J'ai dit qu'il étoit sorti de ce bouton une tige fort droite, d'un blanc tres-vif, & qui portoit à son extrémité supérieure de très-petites feuilles d'un verd jaunâtre, &c.

SUR la fin de Mars 1776, j'ai répété cette expérience en variant un peu les procédés. J'ai fait construire une suite de tubes de fer blanc qui pouvoient s'emboîter les uns dans les autres comme des tuyaux de lunettes. Leur diametre étoit d'un pouce & demi. J'ai pratiqué sur les côtés de ces tubes des fenêtres d'un pouce & demi en quarré, que j'ai garnies d'un verre fort transparent. Chaque tube avoit sur une de ses faces une pareille fenêtre, & j'ai éte été le maître d'augmenter ou de diminuer à volonté le nombre de ces fenêtres, & de les diriger relativement à mon but. Je l'ai été aussi de prolonger le tube proportionnellement à l'accroissement de la Plante. J'ai eu soin de le recouvrir de Mousse, afin qu'il ne contractât pas une trop grande chaleur par l'action du soleil ; & je l'ai assujetti fortement contre une perche plantée au pied du sep. Ç'a été sous un semblable tube que j'ai introduit trois boutons de vigne plusieurs semaines avant leur épanouissement. L'extrémité supérieure du tube est toujours demeurée ouverte ; je n'ai pas voulu intercepter toute communication avec l'air extérieur.

Au bout de six mois (1), j'ai levé l'appareil pour examiner attentivement l'état du sep. D'un des trois boutons étoit sorti un jet principal de dix pieds cinq pouces de longueur, sur dix-huit lignes de circonférence à son origine. Il avoit poussé çà & là des feuilles qui s'étoient détachées d'elles-mêmes de la Plante, à l'exception de celles qui couronnoient sa sommité. Ces dernieres étoient jeunes encore : leur couleur étoit un verd tendre, très-lustré, &

(1) Le 23 Septembre.

précifément femblable à celui des jeunes pouffes du Printemps. Dans la plus grande partie de fa longueur le jet lui-même étoit d'un verd jaunâtre : il ne s'étoit point endurci, & préfentoit des caracteres plus ou moins marqués d'étiolement. Mais, ce qu'il offroit de plus remarquable, c'étoit la forte coloration de fon écorce dans les endroits qui répondoient aux fenêtres. Ces endroits étoient d'un verd-brun foncé, qui tranchoit fortement avec la couleur pâle des parties voifines. J'ai mefuré avec un compas ces endroits fi fortement colorés, & j'ai trouvé qu'ils égaloient précifément la hauteur des fenêtres [*Pl. XXXII*, *Fig.* 2, *a*, *b*.]. On ne pouvoit donc méconnoître ici l'influence de la lumiere.

Ce jet m'a offert une autre particularité non moins remarquable : il étoit coloré d'un rouge affez vif dans fa partie inférieure, fur une longueur de vingt-fix pouces ; & ce qui étoit bien fingulier, cette belle couleur rouge ne s'obfervoit que fur le côté du jet qui répondoit à la face du tube que j'avois recouverte de Mouffe : car je dois faire remarquer ici, que je n'avois appliqué la Mouffe que fur la face du tube qui étoit expofée au foleil : les autres faces étoient à l'abri de fes rayons par un mur contre lequel le tube étoit appuyé dans toute ſa longueur.

Des deux autres boutons étoient ſortis deux petits jets beaucoup plus étiolés que le précédent. Le plus long n'avoit que quatre pieds de longueur, ſur ſept lignes de circonférence à ſon origine. Leur couleur étoit un jaune pâle; mais ils étoient colorés de verd dans les endroits qui répondoient aux fenêtres. Un de ces jets étoit d'un aſſez beau rouge dans ſa partie inférieure, & ſur une hauteur de trois pouces. Cette teinte régnoit également de tous côtés. Le plus petit jet, qui étoit fort grêle, n'étoit point coloré en rouge à ſa baſe. Ils avoient tous deux pouſſé des feuilles qui étoient tombées, & il n'en reſtoit plus que deux ou trois à la ſommité.

Je ne me ſuis pas borné à répéter ſur la *Vigne* l'expérience que je viens de rapporter: je l'ai tentée encore ſur le *Ceriſier*. Préciſément dans le même temps, c'eſt-à-dire, ſur la fin de Mars 1776, j'ai choiſi deux branches de l'année précédente, dont les boutons m'ont paru bien conditionnés; & j'ai introduit l'extrémité de chaque branche dans un tube de fer blanc ſemblable au précédent, qui a été maintenu dans une ſituation verticale à l'aide d'une perche, & que j'ai recouvert de même en grande partie de Mouſſe, pour que le ſoleil ne l'échauffât pas trop.

Le 24 de Septembre, j'ai enlevé les tubes, & obſervé avec ſoin l'état des branches qui avoient crû dans cette priſon. Je déſignerai par les lettres A & B, les deux Ceriſiers qui ont fait le ſujet de cette troiſieme expérience, & qui n'avoient été tranſplantés que depuis deux ans.

A, avoit pouſſé ſous le tube une branche d'un pied de longueur, & d'un pouce de circonférence à ſon origine. Sa couleur étoit un verd jaunâtre. Sa ſommité étoit noire, & elle avoit ſouffert une *décurtation* d'un pouce & demi. Elle avoit pouſſé divers boutons, qui paroiſſoient bien nourris, & qui n'étoient diſtans les uns des autres que d'environ douze à quinze lignes. Le Ceriſier avoit pouſſé hors du tube ou en pleine liberté, ſix maîtreſſes branches, dont la plus longue avoit un pied neuf pouces, ſur dix-neuf lignes de circonférence, & la diſtance entre les boutons étoit la même que dans la branche étiolée. Le tube ſous lequel cette derniere avoit pris ſon accroiſſement n'avoit qu'une ſeule fenêtre, & l'écorce étoit bien colorée vis-a-vis de cette fenêtre: ſa couleur étoit là d'un verd-brun.

B, deux branches s'étoient développées ſous le tube, dont la plus longue avoit treize pouces, ſur neuf lignes de circonférence à ſa baſe. Leur couleur étoit la même que celle de A. Leur ſommité avoit pareillement noirci, & ſouffert une décurtation qui alloit ici à trois pouces. Les boutons étoient également bien nourris, mais ils étoient en plus petit nombre. Quatre maîtreſſes branches s'étoient développées hors du tube: la plus longue avoit un pied ſept pouces, & dix-neuf lignes de circonférence.

Je ne dis rien des feuilles qu'avoient pouſſé les branches que j'avois forcées à croître ſous les tubes; parce que toutes s'étoient détachées de leur ſujet.

Les deux branches de Ceriſier ſur leſquelles j'avois tenté cette expérience, avoient été taillées récemment; j'ai cru devoir la répéter ſur des branches de même eſpece & de même âge, qui n'euſſent point été taillées. Dans cette vue j'ai choiſi au commencement d'Avril 1777, ſur un jeune Cerisier deux branches bien garnies de boutons dans toute leur longueur. J'ai introduit ces deux branches dans deux tubes de fer blanc semblables à ceux que j'ai décrits ci-dessus. Une des branches a été laissée dans sa situation verticale; l'autre a été inclinée en embas. J'ai recouvert en entier les tubes d'une épaisse couche de Mousse, & j'ai bouché toutes les fenêtres au moyen d'une enveloppe de toile cirée noire. L'extrémité supérieure du tube vertical a été de même recouverte de deux doubles de forte toile cirée, qui en bouchoit entiérement l'ouverture; mais le tube est demeuré ouvert par le bas. Les deux ouvertures de l'autre tube, du tube incliné, ont été bouchées exactement par deux ou plusieurs doubles de la même toile cirée. La branche emprisonnée dans ce tube n'avoit donc aucune communication avec l'air extérieur ni avec la lumiere.

Vers la mi-Juillet, j'ai enlevé les tubes pour reconnoître l'état des branches. J'ai vu qu'elles avoient poussé çà & là un grand nombre de petites feuilles qui avoient noirci, & qui s'étoient desséchées sur la branche. La branche verticale avoit été rompue par accident, & il étoit sorti du bout supérieur un peu de gomme. Elle paroissoit s'être desséchée à ce bout.

La branche inclinée avoit souffert une décurtation qui s'étendoit à plusieurs pouces. Là le bois étoit sec; mais il étoit plein de vie dans le reste de la branche, & avoit commencé à pousser quelques petits boutons d'un blanc vif.

Je ne me presserai pas de tirer des conclusions générales des expériences que je viens de rapporter: elles n'ont été ni assez répétées, ni assez variées; mais je dirai bien, qu'il est assez remarquable, que la branche qui avoit été privée de toute communication avec l'air extérieur, & qui avoit été renfermée dans une prison si étroite, n'ait pas laissé d'y faire des productions.

Toutes les expériences sur l'étiolement que j'ai tentées en 1776 & 1777, ont eu pour principal but de découvrir le *comment* du phénomene. J'avois assez insinué dans mon Livre, Art. LXXIX, qu'il paroissoit dépendre, au moins en partie de la diminution de la transpiration insensible, d'où résultoit *l'excès de ductilité des fibres*; car la surabondance de la partie aqueuse devoit non-seulement entretenir cette ductilité; mais encore l'accroitre plus ou moins (1). Ceci n'est pas difficile à comprendre:

(1) M. Duhamel, dans sa *Physique des Arbres*, Liv. IV.

l'interpoſition de l'eau s'oppoſe au rapprochement & à l'union des élémens ou des atômes nourriciers ; & c'eſt de ce rapprochement & de cette union que dépend le degré de conſiſtance ou d'endurciſſement de la Plante. Or on ſait, que les Plantes fort étiolées n'ont que peu ou point de conſiſtance, & qu'elles ont beaucoup moins de ſaveur que celles qui croiſſent en liberté. En méditant de nouveau ſur ces faits, j'avois été conduit à envisager l'étiolement comme une enfance prolongée, & la lumiere comme une ſorte de *deſſicatif*. Je prie néanmoins qu'on ne prenne pas à la rigueur cette derniere expreſſion (1). La lumiere peut

Chap. VI, Art. II, a inſiſté ſur cette conjecture, en rendant compte de mes expériences d'après les détails du Livre *ſur l'uſage des feuilles*. „ L'auteur, dit-il, penſe que l'étiolement „ des Plantes eſt principalement produit par la privation de „ la lumiere. Ne pourroit on pas ajouter que les expériences „ rapportées à l'occaſion de la tranſpiration des feuilles, „ prouvent que les Plantes renfermées dans les tuyaux de „ bois tranſpirent beaucoup moins que celles qui ſont dans „ les tuyaux de verre ? Ce défaut de tranſpiration les doit „ entretenir plus tendres, plus herbacées, plus ductiles ; ce „ qui fait que ſe prêtant davantage au mouvement de la „ ſeve, elles s'étendent beaucoup en longueur, & ne prennent point de groſſeur. Mais cette idée auroit beſoin d'être „ appuyée de preuves ".

(1) Je voulois exprimer par ce mot l'effet qui pouvoit réſulter de l'action de la lumiere ſur les organes excrétoires.

agir ici de bien des manieres différentes, que nous ne saurions encore déterminer. Il seroit possible, par exemple, qu'elle s'incorporât immédiatement au tissu des Plantes, & que leur coloration dépendît en partie de cette incorporation. Quoiqu'il en soit, il m'a paru intéressant d'imaginer quelque procédé qui influât assez sur la transpiration insensible, pour qu'on pût juger avec certitude si l'étiolement tient en effet au défaut de cette transpiration : voici donc l'expérience que j'ai tentée à ce sujet.

En Août 1777, j'ai semé dans un vase plein de terre & sous une boîte de sapin très-mince, quatre feves de *Haricot*. Elles ont germé, & les Haricots se sont fort étiolés. Lorsqu'ils ont atteint la hauteur d'environ onze pouces, j'ai enlevé la boîte & mis à découvert les quatre Plantes. Les tiges étoient d'un beau blanc argenté, & les feuilles d'un beau jaune foncé. Il n'y avoit que les premieres feuilles ou les feuilles *séminales* qui se fussent développées ; & elles ne l'étoient pas à beaucoup près autant que les feuilles séminales d'une autre Plante de Haricot, semée dans le même vase, mais qui avoit crû en liberté.

Le 28 du même mois, sur les sept heures

du matin, j'ai fait entrer dans un grand poudrier de verre blanc, de dix pouces de hauteur, sur trois pouces de largeur, deux des Haricots étiolés; en les coudant de maniere que leur sommité a été inclinée en embas dans l'intérieur du poudrier. J'ai ensuite rempli d'eau claire ce même poudrier, & j'ai ainsi submergé toute la partie supérieure des deux Plantes. Les deux autres Plantes qui avoient crû auprès de celles-ci ont été laissées à l'air; mais j'ai pris la précaution de les assujettir contre une baguette avec un fil lâche, pour qu'elles ne fussent pas exposées à se renverser sur elles-mêmes, comme il arrive ordinairement aux Plantes fort étiolées, parce qu'elles n'ont pas assez de force pour se soutenir.

J'AI placé mon petit appareil dans un lieu où mes Plantes n'étoient pas trop exposées à la chaleur du soleil. Cette précaution étoit fort nécessaire; car les Plantes qui ont crû dans l'obscurité, & qu'on expose subitement à un soleil un peu ardent, ne manquent pas de périr.

DÈS le 29 au soir, les Haricots laissés à l'air avoient commencé à sentir l'influence de la lumiere: leurs feuilles montroient une teinte de verd très-sensible. Cette teinte s'est renforcée le 30, & ce même jour, les feuilles étoient déja d'un affez beau verd.

Il n'en alloit pas de même des feuilles des Haricots plongées fous l'eau : le jaune dominoit toujours dans leur couleur.

Le 31, les feuilles féminales des Haricots laiffés à l'air, avoient pris une teinte de verd encore plus foncée. Ils avoient pouffé de nouvelles feuilles d'un verd brun; mais les tiges étoient encore d'un beau blanc.

Les Haricots plongés fous l'eau étoient à-peu-près comme le 30; & ils n'ont commencé à pouffer de nouvelles feuilles que le premier de Septembre. Mais, ce qui mérite beaucoup d'attention; ces nouvelles feuilles ne montroient aucun des caracteres de l'étiolement. Elles étoient d'un verd très-agréable, ainfi que les nouvelles tiges qui les portoient. Ce verd étoit feulement plus clair que celui des jeunes pouffes qui s'étoient développées en plein air.

A l'égard des feuilles féminales des Haricots fubmergés, elles n'ont pris qu'une très-légere teinte de verd; & vers la mi-Septembre la pourriture avoit déja fait de grands progrès, & dans ces feuilles & dans les ſommités des tiges, qui avoient conſervé leur blancheur native.

A cette même date, les tiges des deux Plantes laiſſées à l'air, conſervoient encore une forte teinte de blanc.

On voit bien quelle étoit ma maniere de raiſonner dans cette expérience: je ſuppoſois, que l'eau étant moins favorable que l'air à la tranſpiration inſenſible, les nouvelles productions qu'y feroient les Plantes étiolées ſe reſſentiroient plus ou moins de la diminution de cette tranſpiration, & qu'elles m'offriroient des caracteres plus ou moins marqués d'étiolement. C'eſt pourtant ce qui n'eſt point arrivé: les Plantes continuellement ſubmergées, ont pouſſé de nouvelles tiges & de nouvelles feuilles, & ces tiges ni ces feuilles ne m'ont offert aucun des ſignes qui caractériſent l'étiolement.

Nous voyons néanmoins par cette expérience, que l'eau intercepte juſqu'à un certain point l'action de la lumiere; puiſque les feuilles ſéminales des Plantes ſubmergées n'ont pris qu'une très-légere teinte de verd; tandis que celles des Plantes qui n'étoient point ſubmergées, avoient pris en moins de deux jours une forte teinte de cette couleur.

Je ne dois pas négliger de faire obſerver que le ſoleil donnoit le matin pendant quelques heures ſur toutes les Plantes. La ſaiſon étoit fort chaude: le thermometre s'étoit élevé le 31 d'Août à plus de vingt-cinq degrés, & il s'étoit tenu juſqu'au 16 de Septembre, entre le 15 & le 20.

Maintenant, il s'agiroit de déterminer par une expérience directe le degré de diminution de la tranſpiration inſenſible que l'eau occaſione dans les Plantes qu'on y tient plongées. La choſe ne me paroît pas facile; car ce ne feroit pas un bon moyen d'y parvenir que de peſer les Plantes qui auroient été ſubmergées pendant un certain temps, & de comparer leur poids à celui de ſemblables Plantes laiſſées à l'air: on ſent bien que l'eau doit pénétrer extérieurement les Plantes qu'on y tient plongées, & accroître ainſi leur poids. Il faudroit donc encore avoir un moyen d'évaluer la quantité d'eau que les Plantes imbibent de cette maniere, &c. Mais il paroît toujours aſſez évident que les Plantes doivent moins tranſpirer ſous l'eau que dans l'air ; & ſi les Plantes terreſtres qu'on force à végéter ſous l'eau, n'y donnent aucun ſigne marqué d'étiolement, il ſemble qu'il faille en conclure, ou que l'eau ne diminue pas aſſez la tranſpiration inſenſible, ou que l'étiolement ne dépend pas principalement d'une certaine diminution de cette tranſpiration. Ne voyons-nous pas d'ailleurs, que les Plantes aquatiques végétent ſous l'eau ſans s'étioler ?

J'AVOUERAI donc, que malgré mes nombreuſes expériences ſur l'étiolement, je ne ſuis pas plus éclairé aujourd'hui ſur le *comment* du phénomene, que je ne l'étois quand je commencai à m'en occuper il y a vingt-ſept ans. La ſeule vérité qui m'ait paru ſubſiſter au milieu des variétés que j'ai remarquées dans le cours de mes expériences, c'eſt que l'étiolement eſt toujours en rapport plus ou moins direct avec le degré d'obſcurité dans lequel croiſſent les Plantes. Mais on jugera mieux de tout ceci quand je publierai le détail de mes diverſes tentatives. En attendant je renvoie mon lecteur aux nombreuſes expériences de l'ingénieux M. MÉESE, dont nous avons fort à regretter la mort prématurée. L'habile Profeſſeur (1) qui avoit excité le jeune Obſervateur à s'occuper d'après moi de l'influence de la lumiere ſur les Plantes, a rendu compte au public des tentatives multipliées de ſon eſtimable Eleve, dans une ſuite de Mémoires inſérés dans le *Journal de Phyſique* de 1775 & 1776. En parcourant ces Mémoires, on reconnoîtra que les expériences de M. MÉESE s'accordent avec les miennes pour l'eſſentiel, & qu'elles concourent toutes à confirmer ce que j'avois établi touchant l'influence de la lumiere ſur les Plantes. Mais le jeune Phyſicien avoit ſu porter ſon attention ſur des côtés de l'objet, que je n'avois point encore conſidérés, & qui méritoient de l'être. Il avoit adopté ma premiere conjecture ſur la cauſe de l'étiolement : il l'attribuoit à un défaut de tranſpiration inſenſible ; & il avoit déja fait quelques expériences qui lui paroiſſoient favorables à cette opinion. On les trouvera dans le troiſieme Mémoire (2). Mais je me propoſe d'en faire de plus directes, & qui nous éclaireront da-

(1) M. VAN-SWINDEN, Profeſſeur de Philoſophie dans l'Univerſité de Francker en Friſe, auſſi recommandable par ſon mérite perſonnel que par ſes grandes lumieres & l'eſprit vraiment philoſophique qui brille dans ſes productions.

(2) *Journal de Phyſique*, Mars 1776, pag. 197 & ſuiv.

vantage. Au reſte, M. Méese ne tente point d'expliquer comment la lumiere influe ſur la tranſpiration : ce point de Phyſique générale eſt aſſurément le plus difficile à éclaircir. Il ſeroit poſſible que la lumiere n'agît pas ſeule dans la production du phénomene, & qu'elle ſe combinât avec l'air, le phlogiſtique ou quelqu'autre principe à nous inconnu.

Tom. II

PL. XXXII.

2.d Supplem. aux Recherch. Sur les feuilles.

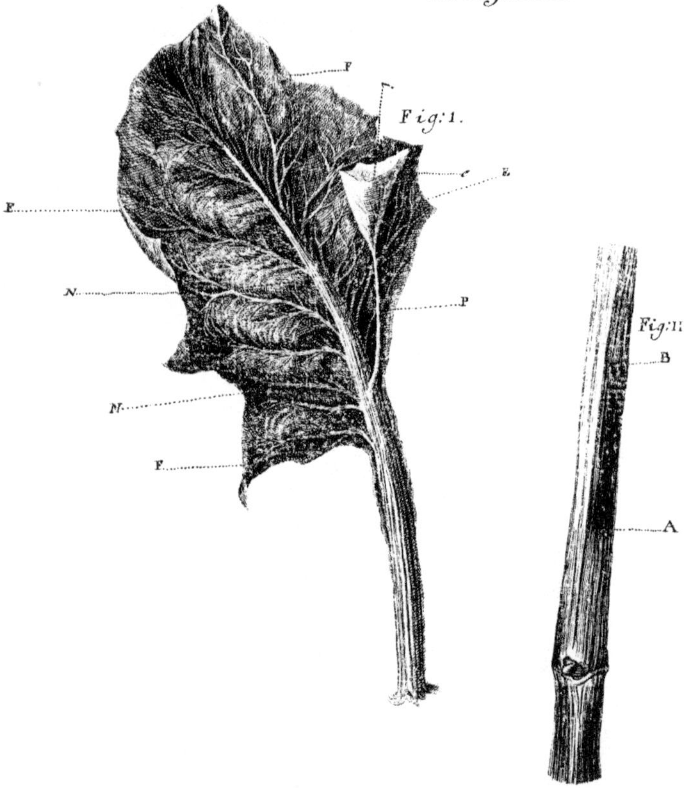

R. B... Sculp.

EXPLICATION DES FIGURES.

PLANCHE XXXII.

LA Figure 1 repréſente au naturel une grande feuille de *Chicorée* de jardin, F F F, dont on n'a deſſiné qu'une partie.

N N, la principale nervure de cette feuille, de laquelle part une petite feuille façonnée en maniere d'entonnoir.

E, cet entonnoir. *e*, l'extérieur de l'entonnoir. *i*, ſon intérieur.

p, pédicule effilé & cylindrique qui porte l'entonnoir.

LA Figure 2 repréſente au naturel une portion d'un jet de *Vigne*, qui avoit crû dans un tube de fer blanc, ſur une des faces duquel avoit été pratiquée une fenêtre.

a, *b*, indique l'endroit du jet qui correſpondoit à la fenêtre. Cet endroit eſt fortement ombré pour exprimer la forte coloration que l'action de la lumiere avoit produite dans cette partie de l'écorce.

CONSIDÉRATIONS
SUR LES
CORPS ORGANISÉS.

PRÉFACE.

APRÈS avoir tenté d'analyser les facultés de notre Ame (1), j'ai essayé d'analyser l'origine, le développement & la génération des Corps organisés. On ne présumera pas que j'aie prétendu découvrir le mystere de la génération : il est encore voilé aux yeux des plus grands Physiciens ; j'ai seulement cherché à ramener cette belle partie de l'Histoire naturelle à des principes plus philosophiques, que ceux qu'on a tâché de leur substituer dans ces derniers temps.

LES huit premiers Chapitres de ces *Considérations*, sont la production de ma jeunesse. Je les ai détachés d'un plus grand ouvrage, que j'avois intitulé *Contemplation de la Nature*, & qui n'étoit qu'une suite de méditations philosophiques sur la Nature. Il étoit déja fort avancé, lorsque je l'interrompis pour travailler

(1) *Essai Analytique sur les facultés de l'Ame.* A Copenhague, chez les freres Philibert, 1760, in-4°.

à mes *Recherches ſur l'uſage des feuilles dans les Plantes*, que je publiai en 1754 (1). Engagé depuis dans des méditations d'un tout autre genre, j'oubliai ma Contemplation de la Nature. De temps en temps néanmoins, je ſongeois à en détacher l'Ecrit ſur la *Génération*, & à le ſoumettre au jugement du Public ; mais j'étois toujours retenu par le ſentiment de ſon imperfection. Je pris donc le parti de différer la publication de cet Ecrit, & d'attendre de nouvelles lumieres des expériences dont la Phyſique s'enrichit chaque jour.

J'AVOIS admis l'*évolution*, comme le principe le plus conforme aux faits & à la ſaine Philoſophie. Je ſuppoſois que tout Corps organiſé préexiſtoit à la fécondation, & que celle-ci ne faiſoit que procurer le développement du Tout organique deſſiné auparavant en miniature dans la graine ou dans l'œuf. J'eſſayois d'expliquer comment la fécondation opéroit cet effet, & à meſure que j'analyſois, je me perſuadois de plus en plus qu'on démontreroit un jour la préexiſtence du Germe dans la femelle, & que l'eſprit féminal n'engendroit rien.

(1) A Leide, chez Elie Luzac, in 4°. avec Figures.

MAIS, je ne faiſois qu'entrevoir, & je voulois voir pour raiſonner plus ſolidement. Quelques faits me paroiſſoient équivoques : d'autres faits m'étoient contraires en apparence, & quoique je ſentiſſe bien qu'il y auroit des moyens de les concilier avec mes idées, je n'étois pas content de mes tentatives en ce genre. Je ne ceſſois pas un inſtant de penſer qu'il n'y avoit point de génération proprement dite, & que tout ſe réduiſoit à un ſimple développement. J'avois en main divers faits qui ſembloient concourir à le prouver. Je tâchois d'approfondir ces faits; je les comparois entr'eux, je les décompoſois; j'oppoſois mon hypotheſe à celle qu'un célebre Académicien venoit de publier, & ce parallele, qui ne m'étoit pas défavorable, achevoit de me confirmer dans mes premiers principes. Cependant il reſtoit toujours à démontrer que le Germe appartenoit à la femelle, qu'il préexiſtoit ainſi à la fécondation, & que l'évolution étoit la loi univerſelle des êtres organiſés.

ENFIN cette découverte importante que j'attendois & que j'avois oſé prédire, me fut annoncée en 1757, par M. le Baron de HALLER, qui la tenoit de la Nature elle-même. J'avois dit dans mon écrit (1), en répondant à une objection qu'on pouvoit tirer des observations de MALPIGHI sur le Poulet, *qu'on vouloit juger du temps où les parties d'un Corps organisé ont commencé d'exister, par celui où elles ont commencé de devenir sensibles. On ne considere point*, ajoutois-je, *que le repos, la petitesse & la transparence de quelques-unes de ces parties, peuvent nous les rendre invisibles, quoiqu'elles existent réellement.* La découverte de M. de HALLER démontroit rigoureusement cette grande vérité. Elle prouvoit encore d'une maniere incontestable, que le Poulet appartenoit originairement à la Poule, & qu'il préexistoit à la *conception*. Ses beaux Mémoires sur la formation du Poulet, que cet illustre Physicien m'envoya bientot après, me donnerent tous les détails que je demandois. Je me hâtai de lui en témoigner ma juste gratitude & ma satisfaction, dans la Lettre suivante, datée de Geneve le 30 d'Octobre 1758.

(1) Voy. l'Art. CXXV.

Vos Poulets m'enchantent : je n'avois pas eſpéré que le ſecret de la génération commenceroit ſitôt à ſe dévoiler. C'eſt bien vous, Monſieur, qui avez ſu prendre la Nature ſur le fait. J'avois tenté, il y a une dixaine d'années, de la deviner, & j'ai été bien agréablement ſurpris, lorſque j'ai vu vos Obſervations s'accorder ſi parfaitement avec mes conjectures, & votre hypotheſe avec la mienne. Si vous avez gardé mes Lettres, & ſi vous prenez la peine de parcourir celles que j'ai eu l'honneur de vous écrire depuis quatre ans, vous y trouverez les premiers rudimens de cette hypotheſe. Elle fait le ſujet d'un écrit que je compoſai en 1747 ; & que j'avois quelque deſſein de rendre public. D'autres occupations m'étant ſurvenues, je n'ai pu le retravailler : mais j'ai bien envie de le ſoumettre, tel qu'il eſt, à vôtre jugement, &c.

M. de HALLER voulut bien me témoigner de l'empreſſement à voir mes méditations. Je les lui envoyai donc, en les faiſant précéder d'une Lettre qui en contenoit l'hiſtoire, & dont je place ici la copie.

A Geneve, le 4 de Décembre 1758.

Vous voulez donc, Monsieur, que je vous ennuie en vous donnant à lire mes méditations sur la formation des Corps organisés. J'obéis : les voilà donc en original, telles que je les ai écrites ou dictées, il y a dix à onze ans. Je n'y ai pas changé un seul mot, afin que vous puissiez mieux juger quelles ont été mes premieres idées sur ce sujet intéressant, & quelle a été la marche de mon esprit dans ces routes ténébreuses.

Vous reconnoîtrez aux numéros des Chapitres, des paragraphes & des pages, que ce Manuscrit fait partie d'un ouvrage, dont voici en deux mots l'histoire. L'étude des Insectes m'ayant extrêmement fatigué la vue, je fus forcé de me sévrer d'un plaisir si vif pour moi ; mais mon esprit naturellement très-actif, ne put se livrer à un repos absolu ; je me mis donc à méditer sur toutes les parties de la Nature. J'arrangeai mes méditations dans un certain ordre ; j'en formai une espece de systême harmonique que j'intitulai CONTEMPLATION DE LA NATURE. *Insensiblement mon ouvrage grossit, & dans peu d'années je me trouvai un Volume de médita-*

tions de plus de neuf cents pages. C'étoit une ſuite de Tableaux auſſi variés que la Nature. Mes yeux ne me permettant pas toujours d'écrire moi-même, je condamnai mon cerveau à retenir ce qu'il avoit compoſé, juſqu'à ce que quelqu'ami vint me prêter ſa main, & écrire ſous ma dictée. De-là cette diverſité de caractères que vous trouverez dans le Manuſcrit que je vous envoie.

Cependant je n'étois pas au bout du plan que je m'étois tracé. La multitude des objets que j'avois encore à conſidérer, m'effrayoit : mes Recherches ſur l'uſage des Feuilles étant ſurvenues, je ſuſpendis mon grand ouvrage; & lorſque je l'eus ſuſpendu pendant un temps, je n'eus plus la force de m'y remettre. Je le laiſſai donc dormir dans mon cabinet, après l'avoir lu en entier à une Société de gens de Lettres, qui en fut plus contente que je n'avois oſé l'eſpérer. Pendant que cet ouvrage dormoit, il me venoit de temps en temps en penſée, d'en détacher quelques parties pour les donner au Public. Mais les imperfections que je découvrois dans ces productions, la juſte défiance où je ſuis de mes talens & de mes lumieres, détournoient toujours cette idée de mon eſprit.

Enfin, vos admirables Obſervations ſur le Poulet ont paru : je les ai lues avec avidité ; & j'ai été agréablement ſurpris de la conformité de quelques-unes de vos idées avec les miennes ; j'ai commencé à me ſentir un peu réchauffé pour cet ouvrage infortuné que j'avois abandonné à la pouſſiere de mon cabinet. J'ai donc pris le parti de vous écrire ſur ce qui m'avoit roulé ſi long-temps dans l'eſprit ; mais je l'ai fait en fort peu de mots : vos réponſes ont achevé de me convaincre que nous avions les mêmes idées ſur la génération. Aujourd'hui vous avez la bonté de vouloir vous occuper de la ſuite de mes méditations ; ce deſir eſt très-flatteur pour moi : je ſoumets donc mon Manuſcrit à votre jugement. S'il avoit le bonheur de vous plaire, je ſerois très-récompenſé de mon travail. S'il vous plaiſoit aſſez pour qu'il vous parût mériter d'être publié, une des principales raiſons qui m'engageroient à y conſentir, ſeroit l'extrême impatience que j'ai de me parer auprès du Public de l'amitié dont vous m'honorez, Monſieur, &

le lui apprendre à quel point je vous eſtime & je vous reſpecte.

En liſant ce Manuſcrit, veuillez vous ſouvenir qu'il a été composé, comme le reſte de l'ouvrage, tantôt dans un jardin, tantôt dans la campagne, tantôt dans un bois, à pied, à cheval, en carroſſe. La partie qui ſuit immédiatement celle-ci, eſt un parallele des Plantes & des Animaux, dans lequel j'ai raſſemblé en petit tout ce que ces deux claſſes d'êtres organiſés offrent de plus intéreſſant. Quand j'ai lu ce que l'on a écrit avant vous, Monſieur, ſur la formation des Corps organiſés, j'en ai été peu ſatiſfait, & j'étois preſque tenté de préférer mes idées à celles des Auteurs qui m'avoient précédé. Au moins il me ſembloit que j'approfondiſſois un peu plus la matiere qu'ils ne l'avoient fait.

En me renvoyant mon Manuſcrit, M. de Haller m'honora d'une réponſe, qu'il me permit de rendre publique, & que je produits ici, parce qu'il me ſemble que la véritable modeſtie ne conſiſte pas à taire l'approbation d'un grand homme; mais qu'elle conſiſte à ne la regarder que comme un encouragement. Il faut bien d'ailleurs que le Public ſache les motifs qui m'ont engagé à ne pas ſupprimer les prémices d'un travail, que j'ai tâché dans la ſuite de perfectionner.

A Roche le 5 de Janvier 1759.

Je vous ſuis très-obligé, Monſieur, de la lecture agréable & instructive que vous m'avez procurée. Elle eſt venue bien à point dans un accès de goutte qui m'a tenu depuis quinze jours, & dont quelques momens ont été des plus douloureux. Je vous le renvoie, votre Manuſcrit, en vous priant avec le zele d'un Coſmopolite, de le publier. Je ſerois charmé ſi je pouvois contribuer à tirer du cabinet un ouvrage auſſi bien penſé que le vôtre. Il y a deux claſſes de Savans : il y en a qui obſervent, ſouvent ſans écrire; il y en a auſſi, qui écrivent ſans obſerver. On ne ſauroit trop augmenter la premiere de ces claſſes, ni peut-être trop diminuer la ſeconde. Une troiſieme claſſe eſt plus mauvaiſe encore, c'eſt celle qui obſerve mal.

Je cédai à une invitation ſi preſſante & ſi propre à me raſſurer ſur le jugement du Public, & immédiatement après avoir achevé mon *Eſſai Analytique* ſur l'Ame, je repris mes recherches ſur les *Corps organiſés*. Je ne ſongeois d'abord qu'à compoſer un nouveau Chapitre, qui contiendroit un précis des découvertes de M. de Haller: mais, dès que j'eus commencé à exécuter ce projet, je prévis que je ſerois appellé à creuſer divers ſujets, que je n'avois qu'effleurés dans mon premier écrit. Je ne voyois point encore juſqu'où ces nouvelles méditations me conduiroient: je ne ſentois que la néceſſité de perfectionner mes recherches, & je la ſentois fortement.

Voila comment j'ai été acheminé à remanier mon ſujet, à développer & à rectifier mes premieres idées, & à préſenter au Public une nouvelle ſuite de faits, de conſéquences & d'analyſes.

Je n'ai pas parcouru tous les Auteurs qui ont écrit ſur les Corps organiſés; le nombre en étoit trop grand. Je me ſuis borné à conſulter ceux qui m'ont paru les plus originaux, & j'ai rendu leurs Obſervations avec toute l'exactitude & la préciſion dont j'étois capable.

J'ai eu un grand avantage; j'ai moi-même obſervé. Cela m'a donné plus de facilité à ſaiſir & à extraire les Naturaliſtes que je conſultois. J'ai cru qu'on me permettroit de faire uſage de mes propres Obſervations, & je l'ai fait lorſque j'y ai été appellé.

Je n'ai tiré des faits que les conſéquences qui me ſembloient en découler le plus naturelement. J'ai ſouhaité que mon Livre fût une eſpece de *Logique*. Je n'ai donc pas mis les conjectures à la place des faits; mais j'ai fait enſorte qu'elles réſultaſſent des faits comme de leurs principes. Ceux de mes Lecteurs qui ne voudront que juger de ma marche & de ma théorie, liront ſeulement le Chapitre XII de ce Volume, & les Chapitres I, II, VII, VIII, du Tome ſixieme.

Parmi les faits variés & multipliés qui s'offroient à mon examen, j'ai choiſi ceux que j'ai jugés les plus certains & les plus intéressans. Peut-être même qu'il n'a point encore paru d'ouvrage sur la *Génération*, qui en contint davantage que celui-ci, & sur la vérité desquels on pût élever moins de doutes. . .

J'AI vu de bonne heure que mon Livre seroit, en quelque sorte, une Histoire naturelle en raccourci. Je n'ai pas craint qu'il en fût moins goûté dans un siecle qu'on pourroit nommer le siecle des Observateurs.

SI j'ai relevé quelques opinions hasardées, c'a été assurément sans aucune intention de choquer ceux qui les adoptent. Je n'ai voulu que prémunir mes Lecteurs contre l'impression de la célébrité.

Je prie qu'on ne juge pas de mon travail sur la lecture des huit premiers Chapitres de ce Volume; j'ai assez dit qu'ils ne sont que des ébauches, & je les aurois même supprimés entiérement, si M. de HALLER ne les avoit honorés de son approbation. Ce que je ne saurois trop répéter, c'est que je serai toujours prêt à abandonner mes opinions pour des opinions plus probables. Mon amour pour le vrai eſt ſincere, & je n'aurai jamais de peine à avouer publiquement mes erreurs. J'ai toujours penſé qu'un *j'ai tort*, valoit mieux que cent repliques ingénieuſes.

A Geneve, le premier de Mars 1762.

CONSIDÉRATIONS SUR LES CORPS ORGANISÉS.

CHAPITRE PREMIER.

Des Germes, principes des Corps organisés.

I. *Fondement de l'existence des Germes.*

LA Philosophie ayant compris l'impossibilité où elle étoit d'expliquer méchaniquement la formation des Êtres organisés, a imaginé heureusement qu'ils existoient déja en petit, sous la forme de *Germes*, ou de *Corpuscules organiques*. Et cette idée a produit deux hypotheses qui plaisent beaucoup à la raison.

II. *Deux hypotheses sur les Germes.*

LA premiere suppose, que les Germes de

tous les Corps organiſés d'une même eſpece, étoient renfermés les uns dans les autres, & ſe ſont développés ſucceſſivement.

La ſeconde hypotheſe répand ces Germes par-tout, & ſuppoſe qu'ils ne parviennent à ſe développer, que lorſqu'ils rencontrent des *Matrices* convenables, ou des Corps de même eſpece, diſpoſés à les retenir, à les fomenter & à les faire croître.

III: *L'emboîtement.*

La premiere hypotheſe eſt un des grands efforts de l'eſprit ſur les ſens. Les différens ordres d'*infiniment petits* abîmés les uns dans les autres, que cette hypotheſe admet, accablent l'imagination ſans effrayer la raiſon. Accoutumée à diſtinguer ce qui eſt du reſſort de l'entendement, de ce qui n'eſt que du reſſort des ſens, la raiſon enviſage avec plaiſir la graine d'une Plante ou l'œuf d'un Animal, comme un petit monde peuplé d'une multitude d'Êtres organiſés, appellés à ſe ſuccéder dans toute la durée des ſiecles.

Les preuves qui établiſſent la diviſion de la matiere à l'*indéfini*, ſervent donc de baſe à la théorie des *enveloppemens*.

LE ſoleil, un million de fois plus grand que la Terre, a pour extrême un globule de lumiere, dont pluſieurs milliards entrent à la fois dans l'œil de l'Animal vingt-ſept millions de fois plus petit qu'un Ciron.

MAIS la raiſon perce encore au-delà. De ce globule de lumiere elle voit ſortir un autre Univers, qui a ſon ſoleil, ſes planetes, ſes végétaux, ſes animaux, & parmi ces derniers un animaleule, qui eſt à ce nouveau monde, ce que celui dont je viens de parler, eſt au monde que nous habitons.

IV. *La Diſſémination.*

LA ſeconde hypotheſe, en ſemant les Germes de tous côtés, fait de l'air, de l'eau, de la terre, & de tous les Corps ſolides, de vaſtes & nombreux magaſins, où la Nature a dépoſé ſes principales richeſſes.

LA ſe trouve en raccourci, toute la ſuite des générations futures. La prodigieuſe petiteſſe des germes, les met hors de l'atteinte des cauſes qui opérent la diſſolution des mixtes Ils entrent dans l'intérieur des Plantes & des Animaux: ils en deviennent même parties composantes, & lorsque ces composés viennent à subir la loi des dissolutions, ils en sortent, sans altération, pour flotter dans l'air ou dans l'eau, ou pour entrer dans d'autres Corps organisés.

Il n'y a que les germes qui contiennent des Touts organiques, de même espece que celui dans lequel ils se sont introduits, qui s'y développent. Portés dans l'écorce d'un Arbre, ils s'y arrêtent, ils y grossissent peu à peu, & donnent ainsi naissance aux boutons, aux racines, aux branches, aux feuilles, aux fleurs, & aux fruits. Portés dans les ovaires de la femelle ou dans les vésicules séminales du mâle, ils y sont le principe de la génération du Fœtus.

CHAPITRE II.

De l'accroissement des Corps organisés en général.

V. *Difficulté du sujet.*

La maniere dont s'opére l'accroissement des Corps organisés, est un point de Physique très-obſcur. Lorſque nous aurons une fois bien conçu, comment une ſimple fibre groſſit & s'étend, nous comprendrons comment une graine devient un Arbre, ou comment un œuf produit un Animal.

On peut faire bien des expériences pour découvrir les loix que les Corps organiſés obſervent dans leur accroiſſement. On peut dreſſer des échelles exactes de leur extenſion reſpective. On peut obſerver juſqu'à un certain point, la ſtructure intérieure de ces Corps, & le jeu des organes qui ſéparent & diſtribuent les ſucs nourriciers. On peut encore ramener au calcul l'action des vaiſſeaux, & la vîteſſe des liqueurs qui y circulent. Toutes ces connoiſſances, quoique précieuſes, ne ſuffiſent point pour diſſiper les ténebres qui couvrent la méchanique de l'accroiſſement. Eſſayons d'y ſuppléer, en poſant des principes qui nous conduiſent à une hypotheſe raiſonnable.

VI. *Principes ſur l'accroiſſement.*

La Nature ne va point par ſauts. Tout a ſa *raiſon ſuffiſante*, ou ſa cauſe prochaine & immédiate. L'état actuel d'un Corps eſt la ſuite ou le produit de ſon état antécédent; ou pour parler plus juſte, l'état actuel d'un Corps eſt déterminé par ſon état antécédent.

VII. *Gradations univerſelles.*

Il eſt une gradation entre les Êtres, il en eſt une auſſi dans leur accroiſſement. Tous parviennent, par degrés inſenſibles, à la perfection qui leur eſt propre. C'eſt ce qui ſe nomme *développement* dans les Corps organiſés.

VIII. *Développemens.*

Les Plantes & les Animaux que nous voyons aujourdhui, ont donc paſſé ſucceſſivement par tous les degrés de grandeur compris entre celui où ils ont commencé d'etre viſibles pour nous, & celui où nous les voyons maintenant.

Si nous obſervons au microſcope la graine d'une Plante ou l'œuf d'un Animal, nous nous convaincrons que le Corps organiſé qui en doit naître, y exiſte déja en petit, avec toutes ſes parties eſſentielles.

Nous admirons la ſagacité du Naturaliſte qui a ſu le premier découvrir le Papillon ſous l'enveloppe de Chenille.

IX. *La nutrition, cause du développement.*

Le développement insensible de toutes les parties du Corps organisé, se fait par la *nutrition.*

X. *Alimens.*

Les alimens sont un mêlange d'air, d'eau, de terre, de sels, d'huiles, de soufres & de plusieurs autres principes différemment combinés.

XI. *Leur préparation.*

Pour être rendu propre à faire Corps, ce mêlange passe par divers genres de vaisseaux, qui diminuent graduellement, & dont il éprouve l'action.

Les uns le reçoivent, d'autres le préparent; de troisiemes le distribuent préparé à toutes les parties.

XII. *Trois opérations des vaisseaux.*

L'action des vaisseaux suppose donc trois opérations principales.

La séparation du superflu; la décomposition d'une partie des principes, & la réunion de plusieurs dans une même masse, analogue à la nature du Corps organisé.

XIII. *Composition des vaisseaux.*

Les vaisseaux, ainsi que tous les autres organes, sont originairement formés de *fibres simples*, c'est-à-dire, qui ne sont pas elles-mêmes composées d'autres fibres, ce qui iroit à l'infini, mais d'*élémens* particuliers.

La nature, la forme & l'arrangement de ces élémens déterminent l'espece du Corps organisé.

XIV. *Distribution & assimilation des sucs nourriciers.*

L'extrait nourricier se distribue aux fibres simples, & l'extension de celles-ci en tout sens, fait le développement du Tout organique.

Les élémens des fibres sont le fond qui reçoit les particules du fluide nourricier.

L'affinité de ces particules avec les élémens, les rend propres à s'unir à eux.

La conformation & l'arrangement des élémeus leur permet de s'étendre en tout ſens jusqu'à un certain point, & de céder ainſi à l'impreſſion du fluide nourricier.

On peut ſe repréſenter une fibre ſimple comme une eſpece d'ouvrage *à réſeau.*

Les atomes nourriciers s'inſinuent dans les mailles, & les agrandiſſent peu à peu en tout ſens.

Les vaiſſeaux qui reçoivent l'aliment groſſier qui vient du dehors, & ceux qui le préparent, ſont nourris par d'autres vaiſſeaux plus petits, deſtinés à répandre cet aliment par-tout.

Ces vaiſſeaux verſent le précieux extrait dans les interſtices que les fibres laiſſent entre elles, d'où il paſſe enſuite dans les mailles de ces dernieres par une ſorte de ſuccion ou d'imbibition.

Et comme les petits vaiſſeaux ont eux-mêmes beſoin d'être nourris, on peut ſuppoſer qu'ils ſe nourriſſent par eux-mêmes du ſuc qu'ils contiennent, ou de celui qu'ils rencontrent entre les divers paquets de fibres qu'ils parcourent.

XV. *Limites de l'accroissement.*

Enfin, lorsque les mailles d'une fibre simple se sont autant agrandies que la nature & l'arrangement de leurs principes ont pu le permettre, cette fibre cesse de croître, & ne reçoit plus que la nourriture destinée à remplacer celle que la transpiration & les mouvemens intestins dissipent (1).

CHAPITRE III.

De la génération des Corps organisés. Des Monstres & des Mulets en général. Principes & conjectures sur leur formation.

XVI. *Introduction.*

Tous les Corps organisés multiplient : & pendant que la loi des dissolutions exerce son empire destructif sur la masse des Êtres vivans,

(1) †† Telles furent mes premieres méditations sur l'*accroissement*. J'ai tâché d'approfondir un peu plus ce sujet ténébreux dans quelques autres Ecrits, & en particulier dans la *Palingénésie philosophique*, Part. XI. C'est là qu'on verra des Observations directes & très curieuses d'un habile Académicien, qui confirment les principes que je m'étois faits dans ma jeunesse sur la méchanique secrette de l'*accroissement*.

la loi des générations préſide à la conſervation des eſpeces, & leur aſſure l'immortalité.

XVII. *La génération eſt un myſtere qu'on découvrira peut-être un jour.*

La génération eſt un de ces ſecrets que la Nature ſemble s'être reſervé. Je crois cependant qu'on le lui arrachera quelque jour. J'en juge principalement par le nombre & la nature des découvertes dont on a déja enrichi cette matiere. Les vérités Phyſiques, fruits de l'obſervation & de l'expérience, ſe multiplieront & ſe perfectionneront ſans ceſſe. Les vérités métaphyſiques, plus indépendantes des ſens & des machines, & liées à un petit nombre d'idées abſtraites, ne ſe multiplieront pas, ſans doute, en même proportion. Une intelligence qui connoîtroit à fond les forces de l'eſprit humain pourroit tirer l'horoſcope des ſciençes, & prédire le degré de perfection où chacune d'elles parviendra. Je ſerois fort porté à penſer que la deſtruction de notre globe n'arrivera que lorſque les hommes auront épuiſé la connoiſſance des productions qu'il renferme. Mais cet événement tient à d'autres qui ne paroiſſent pas plus prochains.

XVIII. *Deux hypotheses sur le lieu de l'Embrion.*
1°. *Les œufs ou les graines prolifiques.*

Le Germe existoit-il déja dans la graine, ou dans l'œuf, avant la fécondation? La poussiere des étamines, ou la liqueur que le mâle fournit, n'est-elle que le principe de son développement?

XIX. 2°. *L'Embrion dans la liqueur séminale.*

Ou la matiere séminale est-elle le véhicule du Germe, & la graine ou l'œuf, le logement destiné à le recevoir?

Ce sont là deux hypotheses qui se disputent la préférence, & leur combat n'est pas près de finir.

XX. *Animaux spermatiques.*

Une découverte imprévue, faite par le microscope dans le dernier siecle, a paru donner de la supériorité à la seconde hypothese sur la premiere. Je veux parler de la découverte des *Animalcules spermatiques.*

Ces Animaux, d'une petitesse extrême, ont paru nager dans presque toutes les semences qu'on a ſoumiſes à cet examen. On a comparé leur forme à celle du *Têtard:* leur tête eſt groſſe & arrondie, & le reſte de leur corps eſt tres-effilé. La plus petite goutte de ſemence en renferme un nombre prodigieux. On les voit s'y jouer avec une agilité merveilleuſe, comme les Poiſſons dans un lac.

Les ſujets qui ne ſont pas encore en état d'engendrer, ceux qui ſont avancés en âge ou attaqués de maladies vénériennes, n'offrent point de ces Animaux.

XXI. *Syſtêmes auxquels ces Animaux ont donné naiſſance.*

Sur ces faits réels ou apparens, on a imaginé que les Animalcules ſpermatiques étoient les auteurs immédiats de la génération. On a ſuppoſé ingénieuſement qu'ils ſubiſſoient des métamorphoſes analogues à celles des Inſectes ou du *Têtard.* Mais on s'eſt partagé ſur la maniere de la fécondation.

Les uns ne voulant point reconnoître d'ovaires dans les femelles des Animaux vivipares, ont cru que l'animalcule s'attachoit à quelque endroit particulier de la *matrice*, d'où il tiroit la nourriture destinée à le faire croître.

Les autres, partisans déclarés des *ovaires*, veulent que le *Ver spermatique* s'introduise dans la *vésicule*, qui, selon eux, se détache de l'o-*vaire*, & tombe par la trompe dans la *matrice*; & que ce soit dans cette vésicule qu'il prenne ses premiers accroissemens.

XXII. *Application d'un de ces systêmes a la génération des Plantes.*

Ces Physiciens appliquent aux grains de la *poussiere des etamines*, ce qu'ils disent des *Animaux spermatiques*.

Ils regardent chaque grain renfermé dans un globule des *étamines*, comme un petit œuf, qui contient le Germe de la Plante future. Ils nous font remarquer, que la graine, avant la fécondation, n'est qu'une vésicule pleine d'une liqueur limpide, dans laquelle les meilleurs microscopes ne nous découvrent aucune trace d'embryon; mais que si l'on examine cette même graine apres la fécondation, on y appercevra un point verdâtre, fort ressemblant à un grain de la poussiere des étamines.

XXIII

XXIII. *Doutes & difficultés sur le systême des Animaux spermatiques.*

Le systême des Vers *séminaux* est assurément ingénieux, & il semble au premier coup-d'œil, n'être pas destitué de probabilité. Quelques observations cependant le rendent au moins douteux, pour ne rien dire de plus.

On n'a pu découvrir de ces Vers dans la semence de quelques animaux.

On a découvert dans celle du *Calmar*, de petits corps à ressort, qui paroissent être analogues aux Vers spermatiques, & qui pourroient faire douter que ces Vers soient de véritables animaux (1).

En les supposant tels, il y auroit lieu de penser, qu'il en est de la liqueur séminale comme de tant d'autres especes de liqueurs, que l'Auteur de la Nature a jugé à propos de peupler de différentes especes d'habitans.

Enfin, on croit avoir apperçu de sembla-

(1) *Nouvelles découvertes faites avec le microscope*, par T. Needham. Leide, Luzac 1747, Chap. V.

bles Vers dans la ſemence de quelques femelles de Quadrupedes.

QUELLE place aſſignera-t-on à ces Vers ; quel rôle leur fera-t-on jouer dans le ſyſtème dont nous parlons ?

IMAGINERA-T-ON qu'ils s'accouplent avec ceux qui habitent la ſemence du mâle, & que de ces accouplemens naiſſent les Germes, auteurs de la génération ? Ce feroit reculer la difficulté d'un degré.

CONJECTURERA-T-ON qu'ils ſe greffent, ou s'uniſſent les uns aux autres, pour former différens Touts individuels ?

XXIV. *Réflexions ſur les nouvelles conjectures qu'on peut imaginer pour expliquer la génération.*

OSEROIS-JE joindre ici mes conjectures ſur la génération, à celles de tant de ſavans Phyſiciens qui ont traité cette matiere ? Une réflexion que je crois juſte, m'enhardit à le faire.

ON ne ſauroit avoir trop de conjectures ſur un ſujet obſcur. Ce ſont autant de fils qui peuvent nous conduire au vrai par différentes routes, ou nous donner lieu de découvrir de nouvelles terres. Les conjectures ſont les étincelles, au feu deſquelles la bonne Phyſique allume le flambeau de l'expérience. Je loue la modeſte timidité des Phyſiciens, qui s'en tiennent aux faits; mais je ne ſaurois blamer la hardieſſe ingénieuſe de ceux qui entreprennent quelquefois de pénétrer au delà. Laiſſons agir l'imagination; mais que la raiſon tienne toujours la bride de ce courſier dangereux. Tournons-nous de tous les côtés: formons de nouvelles conjectures; enfantons de nouvelles hypotheſes; mais ſouvenons-nous toujours que ce ne ſont que des conjectures & des hypotheſes, & ne les mettons jamais à la place des faits.

C'EST dans cet eſprit que je haſarde de publier mes ſonges ſur la génération.

XXV. *Principe fondamental ſur la génération*

TOUT Corps organiſé croît par développement.

AU moment où il commence d'être viſible, on lui voit, très-en petit, les mêmes parties eſſentielles qu'il offrira plus en grand dans la ſuite.

QUELQU'EFFORT que nous faſſions pour expliquer méchaniquement la formation du moindre organe, nous ne ſaurions en venir à bout.

NOUS ſommes donc conduits à penſer, que les Corps organiſés qui exiſtent aujourd'hui, exiſtoient avant leur naiſſance dans des germes ou corpuſcules organiques.

XXVI. *Que la génération n'eſt qu'un développement.*

L'ACTE de la génération peut donc n'être que le principe du développement des germes.

XXVII. *Que ce développement s'opere par la nutrition.*

LE développement s'opere par la nutrition.

LA nutrition n'eſt proprement que l'incorporation des ſucs nourriciers dans les mailles des fibres élémentaires.

CES principes poſés, je demande :

XXVIII. *Liqueur séminale, suc nourricier du Germe?*

LA poussiere des étamines & la liqueur séminale ne contiendroient-elles point les sucs nourriciers, destinés par leur subtilité & par leur activité extrêmes à ouvrir les mailles du Germe, & à y faire naître un développement, que des sucs moins fins & moins élaborés n'avoient pu commencer, mais qu'ils peuvent continuer & amener à son dernier terme?

XXIX. *Application aux principaux phénomenes de la génération.*

ÉTENDONS un peu cette conjecture, & tâchons de l'appliquer aux différens cas que renferme la matiere qui nous occupe.

ON peut les réduire à trois principaux:

LA ressemblance des enfans au pere & à la mere, les *Monstres*, & les *Mulets*.

FIXONS-NOUS à l'hypothese qui admet des œufs dans les femelles vivipares, & qui reconnoît ces œufs pour le lieu des Germes, je veux dire, pour *prolifiques.*

XXX. *Des Monſtres.*

On nomme *Monſtre* toute production organiſée, dans laquelle la conformation, l'arrangement, ou le nombre de quelques-unes des parties ne ſuivent pas les regles ordinaires.

XXXI. *Quatre genres de Monſtres.*

De là, quatre genres de Monſtres.

Le premier renferme ceux qui ſont tels par la conformation extraordinaire de quelques-unes de leurs parties.

Le ſecond genre comprend les Monſtres qui ont quelques-uns de leurs organes, ou de leurs membres autrement diſtribués que dans l'état naturel.

Le troiſieme genre embraſſe les Monſtres qui ont moins de parties qu'il n'en a été donné à l'eſpece.

Le quatrieme genre renferme ceux qui ont, au contraire, plus de parties que l'état naturel ne le comporte, ſoit que ces parties ne ſoient pas propres à l'eſpece, ſoit que lui étant propres, elles s'y trouvent en plus grand nombre.

XXXII. *Des Mulets.*

Les *Mulets* sont des especes de Monstres, qui proviennent de l'accouplement de deux individus d'especes différentes, & qui participent ainsi de la nature de l'un & de l'autre.

La ressemblance des Mulets avec les individus dont ils tirent leur origine, ne se manifeste pas d'une maniere uniforme dans toutes les especes; c'est-à-dire, qu'elle n'a pas lieu constamment dans les mêmes parties. On croit cependant avoir remarqué, qu'en général le corps du Mulet tient plus de la femelle que du mâle, & que les extrêmités tiennent plus du mâle que de la femelle.

XXXIII. *Questions sur la génération dans l'hypothese de l'Auteur.*

Si les germes sont contenus originairement dans les ovaires de la femelle, & si la matiere séminale n'est qu'une espece de fluide nourricier, destiné à devenir le principe du développement, d'où viennent les divers traits de ressemblance des enfans avec ceux qui leur ont donné le jour? Pourquoi les Monstres? Comment se forment les Mulets?

Laissons le premier cas, comme moins frappant, & toujours un peu équivoque. Attachons-nous aux deux derniers, plus susceptibles de détermination & d'analyse.

XXXIV. *Tentatives pour résoudre quelques-unes de ces questions.*

On expliqueroit assez heureusement par l'hypothese proposée, le premier, le troisieme & quatrieme genre de Monstres, en supposant pour le premier & le troisieme, que la marche ou l'opération du fluide séminal, a été troublée ou modifiée par quelqu'accident : & en admettant pour le quatrieme genre, que deux germes se sont développés à la fois, dont l'un a fourni à l'autre par une espece de greffe, une ou plusieurs parties surnuméraires.

Le second genre est beaucoup plus difficile à expliquer ; & il ne me paroît pas qu'on en puisse rendre raison qu'en recourant à l'hypothese des germes originairement monstrueux : refuge heureux ; mais qui ne plaît pas également à tous les Physiciens.

Les rapports des Mulets avec les especes auxquelles ils doivent la naissance, peuvent être rangés ſous pluſieurs genres. Nous ne conſidérerons ici que les rapports de couleur, & les rapports de forme.

Les rapports de couleur s'expliquent facilement par l'hypotheſe de la liqueur ſéminale, conſidérée comme fluide nourricier. On ſait combien la qualité des alimens influe ſur la couleur des Corps organiſés. La *Garance* rougit les os des animaux qui s'en nourriſſent. On varie les nuances des végétaux en leur faiſant pomper différentes eſpeces de teintures. Et c'eſt, pour le dire en paſſant, un genre d'expériences qui eſt bien digne de l'attention des Phyſiciens. Il ſeroit très-propre à perfectionner l'Hiſtoire de la végétation, & à nous découvrir la véritable deſtination des principaux organes (1).

Mais, dira-t-on, les couleurs que le fluide ſéminal imprime au Germe devroient s'altérer peu a peu, & s'effacer enfin entiérement.

Je réponds que la diſpoſition à réfléchir certaines couleurs, dépend de la nature & de l'arrangement des parties; or, cette nature &

(1) Voyez mes *Recherches ſur l'uſage des feuilles dans les Plantes*, Mémoire V. Leide, 1754, in-4°. *Oeuvres*, Tome IV, de l'in-8°.

cet arrangement étant une fois déterminés, il paroît très-possible qu'ils se conservent, & que les nouveaux sucs, qui surviennent, s'accommodent à cette détermination, comme nous l'entreverrons bientôt.

La nourriture influe encore beaucoup sur les proportions de toutes les parties : & cette vérité si connue nous conduit aux rapports de forme.

Deux objets principaux s'offrent ici, à notre méditation; le Germe, & le fluide séminal. Analysons ces deux idées autant que nous en sommes capables.

XXXV. *Idée qu'on doit se faire du Germe.*

On dit que le Germe est une ébauche ou une esquisse du Corps organisé. Cette notion peut n'être pas assez précise : ou il faut entreprendre d'expliquer méchaniquement la formation des organes, ce que la bonne Philosophie reconnoît être au-dessus de ses forces : ou il faut admettre que le Germe contient actuellement en raccourci toutes les parties essentielles à la Plante ou à l'Animal qu'il représente.

XXXVI. *Conſéquence de cette idée.*

La principale différence qu'il y a donc entre le Germe & l'Animal développé; c'eſt que le premier n'eſt compoſé que des ſeules particules élémentaires, & que les mailles qu'elles forment y ſont auſſi étroites qu'il eſt poſſible; au lieu que dans le ſecond, les particules élémentaires ſont jointes à une infinité d'autres particules que la nutrition leur a aſſociées, & que les mailles des fibres ſimples y ſont auſſi larges qu'il eſt poſſible qu'elles le ſoient, relativement à la nature & à l'arrangement de leurs principes.

XXXVII. *Autre conſéquence tirée de la variété des parties.*

La variété qui regne entre toutes les parties de l'Animal, ſoit à l'égard des proportions, ſoit à l'égard de la conſiſtance, indique dans les élémens une variété relative dont celle-là dépend. Ainſi les fibres élémentaires des os ont originairement plus de conſiſtance, & ſont moins ſuſceptibles d'extenſion, que celles des vaiſſeaux ou des membranes.

XXXVIII. *Rapports de la liqueur séminale à ces variétés.*

Le degré d'extenſion de chaque organe eſt de plus relatif à la puiſſance qui l'a produit. Cette puiſſance eſt ici, le fluide nourricier ou la liqueur ſéminale. Il y a donc entre ce fluide & le Germe, certains rapports qui déterminent la conſiſtance & l'extenſion de chaque partie. Ces rapports, ſi nous voulons raiſonner ſur des idées connues, ne ſauroient être que des rapports de forme, de proportion, de mouvement, de chaleur, &c.

XXXIX. *Suppoſitions de l'Auteur.*

A ces réflexions générales, je joindrai quelques ſuppoſitions particulieres. Je ſuppoſe. 1°. qu'il y a dans la liqueur ſéminale autant d'eſpeces d'élémens qu'il en entre dans la compoſition du Germe.

2°. Que les élémens d'une même eſpece, ſont plus diſpoſés à s'unir, que ceux d'eſpeces différentes.

3°. Que les mailles de chaque partie obſervent une certaine proportion avec les molécules relatives de la ſemence.

4°. Que l'efficace de la liqueur féminale dépend du degré de son mouvement & de sa chaleur, & du nombre des particules élémentaires de chaque espece.

XL. *Essai d'explication du Mulet.*

Ces principes posés, la génération des Mulets semble s'éclaircir jusqu'à un certain point. De l'accouplement d'un Ane avec une Jument naît le Mulet proprement dit.

Cette production existoit déja en petit, mais sous la forme d'un Cheval dans les ovaires de la Jument.

Comment ce Cheval a-t-il été métamorphosé ? D'où lui viennent en particulier ces longues oreilles ? Pourquoi la queue est-elle si peu fournie de crins ? L'éclaircissement de ces deux points achevera de développer ma pensée.

Je dis donc, que les élémens de la liqueur féminale répondant à ceux du germe, la semence de l'Ane contient plus de particules propres à fournir au développement des oreilles que n'en contient celle du Cheval, & que d'un autre côté, elle a moins de particules propres à développer la queue, que n'en a cette derniere.

De-la l'excès d'alongement dans les mailles des oreilles, & l'oblitération d'une partie de celles de la queue.

XLI. *Objections & réponses.*

On m'objectera sans doute que les semences & les germes d'une même espece doivent se répondre exactement, & que par conséquent il n'y a que la semence du Cheval qui puisse faire développer les germes contenus dans les ovaires de la Jument.

Je réponds, qu'on peut supposer sans aucune absurdité, que dans le rapport de la semence & du germe, il est une certaine latitude, qui permet à la liqueur séminale d'un Animal de développer les germes d'un autre qui n'en differe pas extrêmement en forme & en grandeur.

On m'objectera encore que les notions que je donne de la liqueur séminale & du germe sont trop composées, vu la multitude des élémens que j'y fais entrer, & la diversité des combinaisons qu'elles supposent.

Je réponds, que nous ne ſaurions nous faire de trop grandes idées de l'art qui regne dans les ouvrages de la Nature, & ſur-tout dans la ſtructure des Corps organiſés.

Une autre objection beaucoup plus conſidérable, eſt celle qui ſe tire de certains *Mulets*, dans leſquels on obſerve des parties qui ne tiennent abſolument que du mâle.

Tel eſt ce Mulet qui provient de l'accouplement du Coq avec la femelle du Canard, & qu'on aſſure avoir des pieds parfaitement reſſemblans à ceux du Coq.

J'avoue que je ne ſaurois ſatisfaire à cette objection, ſi le fait eſt tel qu'on le rapporte; mais je doute de la parfaite reſſemblance de ces pieds avec ceux du Coq: j'en appelle donc à un examen plus approfondi.

XLII. *Importance des expériences ſur les Mulets.*

Je ſouhaiterois fort auſſi qu'on multipliât les expériences ſur la génération des Mulets. Rien ne ſeroit plus propre à répandre du jour ſur cette matiere ténébreuſe. Les végétaux pourroient beaucoup fournir en ce genre.

Je desirerois sur-tout qu'on s'assurât, si dans les petits qui proviennent d'individus de même espece, & dans ceux qui proviennent d'individus d'especes différentes ; il est constamment des parties qui tiennent plus du mâle, & d'autres qui tiennent plus de la femelle, & si cette ressemblance est toujours uniforme, ou si elle varie ?

Dans l'un & l'autre cas, on pourroit faire intervenir la liqueur séminale de la femelle, & raisonner sur cette liqueur comme j'ai fait sur celle du mâle.

On pourroit conjecturer avec quelque vraisemblance pour le premier cas, que la semence de la femelle contient les élémens particuliers à une ou plusieurs parties, & celle du mâle ceux qui sont propres aux autres.

Pour le second cas, on admettroit que ces combinaisons changent dans différentes especes.

A l'aide de ces conjectures on pourroit parvenir à rendre raison des divers traits de ressemblance qu'on croit observer entre les enfans & ceux auxquels ils doivent la naissance, mais il faudroit toujours établir pour principe, que les

les deux ſemences ne ſauroient agir l'une ſans l'autre.

On pourroit encore avec le ſecours de la même hypotheſe, expliquer la formation de quelques *Monſtres.*

Par exemple, ſi deux Animaux dont les ſemences ne contiendroient que les élémens propres au développement du tronc, venoient à s'unir, ce qui en proviendroit ſeroit une maſſe oblongue, un tronc ſans extrémités.

XLIII. *Principe de la circulation dans le germe.*

La génération renferme un autre point auſſi intéreſſant qu'il eſt obſcur. Je veux parler du principe de la circulation dans le germe.

Voici comment je concois la choſe. Je ne penſe pas qu'il ſe faſſe aucune circulation dans le germe non fécondé. Je crois plutôt que tout y eſt dans un repos parfait, & que les ſolides ne contiennent alors aucune liqueur (1); mais pendant la fécondation, la liqueur ſéminale eſt

(1) †† Je me trompois: j'ai donné ailleurs des idées plus juſtes de cette matiere, & en particulier dans le Chap. VII, de la ſeconde partie de cet ouvrage.

portée dans les organes de la circulation du germe. Elle les dilate, & cette dilatation étant naturellement ſuivie de la réaction du vaiſſeau ſur la liqueur, la circulation commence à s'opérer. Le fluide ſéminal porté par cette voie à toutes les parties, ouvre les mailles des fibres ſimples, & les met en état de recevoir les ſucs que la matrice leur envoie. Elles continuent ainſi à s'élargir par une eſpece de ductilité analogue à celle des métaux, juſqu'à ce qu'elles aient atteint les bornes de leur extenſion reſpective.

XLIV. *Maniere dont l'Auteur enviſage ſon hypotheſe.*

TOUT ce que je viens d'expoſer ſur la génération, on ne le prendra, ſi l'on veut, que pour un roman. Je ſuis moi-même fort diſpoſé à l'enviſager ſous le même point de vue. Je ſens que je n'ai ſatisfait qu'imparfaitement aux phénomenes. Mais je demanderai ſi l'on trouve que les autres hypotheſes y ſatisfaſſent mieux. Je ferai là-deſſus deux réflexions.

XLV. *Réflexions.*

LA premiere, que je ne ſaurois me réſoudre

à abandonner une aussi belle théorie que l'est celle des *germes préexistans*, pour embrasser des explications purement méchaniques.

La seconde, qu'il me paroît qu'on auroit dû tâcher d'approfondir davantage la maniere dont s'opére le développement, avant que de chercher à pénétrer celle dont s'opere la génération.

CHAPITRE IV.

De la multiplication de bouture & *de celle par* rejettons.

XLVI. *Faits principaux.*

La conservation de la vie dans chaque portion de l'individu divisé, l'accroissement de cette portion, la production de ses nouveaux organes, la multiplication par *rejettons*, sont les principaux faits qui s'offrent maintenant à notre examen.

XLVII. *Premier fait. La conservation de la vie. Explication.*

Le premier fait s'explique facilement, des

qu'on admet que chaque portion contient toutes les parties néceſſaires à la vie de l'Animal, & que leur ſtructure eſt telle, que leur ſéparation du Tout ne cauſe aucun dérangement dans leur jeu.

L'OBSERVATION confirme l'une & l'autre de ces ſuppoſitions : elle nous montre les principaux viſceres étendus d'un bout à l'autre du corps dans les Vers que j'ai multipliés de bouture, & dont j'ai publié l'hiſtoire en 1745 (1); & elle nous en découvre le jeu juſques dans les moindres portions que la ſection ſépare.

ENFIN, elle nous apprend que les plaies qu'on fait à ces Animaux en les mettant en pieces, ſe conſolident avec une extrême facilité, par la diſpoſition ſinguliere qu'ont les levres des vaiſſeaux rompus ou déchirés, à ſe rapprocher & à ſe réunir.

LES fonctions vitales n'étant point interrompues par la ſection, le ſuc nourricier que chaque portion renferme, continue d'être porté à toutes les parties pour les nourrir & les faire croître.

(1) *Traité d'Inſectologie*; ſeconde Partie, Paris, in-8°. *Oeuvres*; Tome I.

XLVIII. *Second fait. La consolidation de la plaie & l'accroissement. Explication.*

La maniere dont cet accroissement s'opére revient précisément à ce qui se passe dans un arbre auquel on a enlevé de l'écorce. Les bords de la plaie se rapprochent continuellement par l'extension des fibrilles dont ils sont garnis; & peu à peu il se forme ainsi sur la plaie un bourlet qui la recouvre.

A ce premier ouvrage de la Nature en succede bientôt un autre plus considérable; & auquel celui-là sert, pour ainsi dire, de préparatif, je veux parler de la production des organes qui manquent aux différentes portions du Ver pour devenir des Animaux complets. Arrêtons-nous un moment à suivre une de ces portions qui ont été mutilées aux deux extrémités.

XLIX. *Troisieme fait. La production d'une nouvelle tete & d'une nouvelle queue. Explication.*

A l'extrémité antérieure doit paroître une tête, à la postérieure une queue. Du milieu du bourlet, souvent insensible, qui se forme à chaque extrémité, sort un bouton très-petit, d'une couleur plus claire que le reſte du corps. Il groſſit par degrés, & prend la forme d'une pointe mouſſe. Cette pointe s'alonge de jour en jour; bientôt on y découvre des anneaux, au travers deſquels paroiſſent de nouveaux viſceres, qui ſemblent n'être qu'un prolongement des anciens. Enfin, la tête & la queue ſe montrent, accompagnées de toutes les parties qui leur ſont propres. C'eſt un Ver parfait, auquel il ne manque plus que d'acquérir la grandeur de ceux de ſon eſpece.

On voit par ce petit détail, qu'il en eſt de la multiplication de ces Vers *par bouture*, comme de celle des plantes. Tout s'opére dans les uns & dans les autres par un développement de parties préexiſtantes. Nulle méchanique à nous connue, capable de former un cœur, un cerveau, un eſtomac, &c. Les germes répandus dans tout le corps de ces Animaux, n'attendent, pour ſe développer, qu'une circonſtance favorable.

La ſection produit cette circonſtance. Elle détourne, au profit des germes, la partie du fluide alimentaire, qui auroit été employée à l'accroiſſement du Ver entier; de la même maniere, à-peu-près, qu'en *etetant* un arbre, ou en taillant une de ſes groſſes branches, on voit ſortir autour de la coupe, un grand nombre de boutons, qui, ſans cette opération, ne ſe ſeroient point développés.

L. *Difficulté.*

CETTE explication, quoique très-ſimple, n'eſt cependant pas exempte de difficultés. Suivant la notion que j'ai donnée du germe, c'eſt un Animal, pour ainſi dire, en miniature : toutes les parties que les Animaux de ſon eſpece ont en grand, il les a très-en petit.

OR, dans l'application de cette idée aux cas dont il s'agit, il n'y a que quelques parties du germe qui ſe développent, la tête dans le germe placé à la partie antérieure de chaque portion, la queue dans celui qui eſt à la partie poſtérieure. Que devient dans le premier germe la queue? dans le ſecond la tête? Pourquoi, lorſque le développement a commencé dans quelques-unes des parties, ne continue-t-il pas dans toutes les autres?

LES mêmes queſtions ont lieu à l'égard des plantes : les germes que l'on ſuppoſe avoir donné naiſſance aux branches, contenoient une plante en petit. Il en étoit de même de ceux d'ou sont provenus les racines. Les uns & les autres ne se sont donc développés qu'en partie.

LI. *Réponse a la difficulté.*

Ces difficultés, approfondies jusqu'à un certain point, se réduisent, ce me semble, à imaginer des causes capables d'empêcher le développement de quelques parties du germe : en effet, je ne pense pas qu'on veuille admettre des germes particuliers pour chaque organe, & multiplier ainsi les Êtres inutilement, sans parler des difficultés, plus grandes encore & plus nombreuses, auxquelles une semblable hypothese donneroit naissance.

Les causes que nous cherchons, nous pouvons les trouver, soit dans l'arrangement, la position ou la structure des germes, soit dans les rapports secrets de cette structure, avec celle du corps où ils doivent se développer, soit enfin, dans diverses circonstances extérieures.

LII. *Conjectures sur la maniere dont les germes sont distribués dans les Vers qu'on multiplie de bouture, & sur celle dont ils parviennent à s'y developper.*

De ces différentes sources nous tirons donc les conjectures suivantes.

1°. Que les germes destinés à compléter chaque portion, sont rangés à la file, au milieu, & le long de l'intérieur du Ver.

2°. Qu'ils y sont placés de maniere que leur partie antérieure regarde la tête de l'animal.

3°. Que dans le Ver entier, les germes, ou ne reçoivent aucune nourriture, ou que s'ils en reçoivent, l'effet en est anéanti par la résistance ou la pression des parties voisines.

4°. Que l'effet de la section est premierement de détourner vers le germe le plus proche de la coupe, la partie du fluide nourricier qui auroit été employée à la nourriture & à l'accroissement du Tout; secondement de faciliter l'éruption & l'alongement du germe en lui fournissant une libre issue.

5°. Qu'A mesure que le germe grossit & s'étend, la partie de son corps qui demeure dans celui du Ver, ou dans le tronçon, s'unit avec lui par une véritable *greffe;* les vaisseaux d'un genre s'abouchant à ceux du même genre, ensorte qu'il s'établit entr'eux une circulation commune & directe, comme on le voit arriver aux portions de différens Polypes, mises bout à bout.

LIII. *Exemple tiré des plantes & de leurs boutures.*

A l'égard des circonstances extérieures, les boutures des plantes nous en fournissent un exemple qui est palpable.

La partie supérieure du germe ne sauroit s'y développer qu'à l'air libre; l'inférieure le craint, au contraire, & requiert une certaine humidité. Ainsi, de la portion de la bouture qui est hors de terre, sortent les branches; de celle qui est en terre, sortent les racines. La différence sensible qu'on observe entre la structure de la racine & celle de la tige, donne naissance à ces différens besoins.

LIV. *Vers qui pouffent une queue au lieu d'une tête.*

Il eft une efpece de Ver long, aquatique, en qui la propriété de revenir *de bouture*, eft refferrée dans des bornes fort fingulieres.

Lorsqu'on coupe la tête à cette efpece de Ver, elle en repouffe, comme les autres, une nouvelle; mais fi l'on fait la fection dans des points moins éloignés du milieu du corps, ou qu'on partage ce Ver en deux, trois, quatre ou plus de parties, chacune d'elles pouffera une queue à la place où elle auroit dû pouffer une tête.

Comment expliquer un phénomene fi étrange, & l'accorder avec les conjectures qui ont été hafardées ci-deffus?

Aura-t-on recours à l'hypothefe des germes originairement monftrueux? Mais la fréquence du phénomene s'accorderoit mal avec cette explication.

Soupçonnera-t-on que cette queue furnuméraire eft une tête mal conformée, que divers accidens ont rendue telle? Mais l'obfervation dément ce ſoupçon ; elle nous aſſure que cette queue eſt auſſi bien conformée que celle qui a pouſſé au bout poſtérieur.

Conjecturera-t-on qu'il faut plus de force dans cette eſpece de Ver, pour le développement de la tête, que pour celui de la queue ; & ſe fondera-t-on ſur ce que dans ceux de la partie antérieure deſquels on n'a retranché qu'une portion, la reproduction de la tête a lieu ? Mais cette conjecture ne fait que renvoyer plus loin la difficulté ; pourquoi en effet, la tête exigeroit-elle plus de force & de vigueur de la part du Ver, pour parvenir à s'y développer, que n'en exige la queue ?

Seroit-ce parce qu'elle eſt plus composée, & que ſes vaiſſeaux ſont plus repliés ? Il n'y a dans cette réponſe, qu'une lueur de vraiſemblance, dont on a peine à ſe contenter (1).

LV. *Différence entre la multiplication de bouture, des Vers & celle des plantes.*

On obſerve cette différence entre la reproduction *de bouture*, des animaux & celle des

(1) Voyez la ſeconde Partie de mon *Traité d'Inſectologie.* Obſ. XXIII - ſuiv. *Oeuvres* ; Tom. I.

plantes ; que la premiere ſe fait précisément ſelon la longueur du corps : au lieu que celle-ci ſe fait plus ou moins obliquement à cette longueur.

LVI. *Multiplication du Polype par rejettons. Explication.*

La multiplication des *Polypes* & des autres *Vers*, *par rejettons*, ſe fait, comme celle *de bouture*, par des germes répandus dans l'intérieur de l'animal, & qui s'y développent à l'aide de certaines circonſtances.

On peut faire là-deſſus une queſtion : les germes employés à compléter chaque portion dans l'animal, ſont-ils préciſément les mêmes qui opérent la multiplication par rejettons ?

On peut le penſer : mais ſi l'on vouloit y trouver une différence, elle ne ſauroit gueres avoir lieu que dans la poſition. Les germes deſtinés à la multiplication *de bouture*, ſeront placés dans le milieu du corps, comme nous l'avons ſuppoſé ; & ceux qui produiſent la multiplication *par rejettons*, ſeront ſitués ſur les côtés du corps, dans l'épaiſſeur de la peau.

LVII. *Objection contre le système des germes.*

On fait contre les germes une objection à laquelle je ne dois pas négliger de répondre. Elle est tirée de leur infinie petitesse, & de la prodigieuse rapidité qu'elle suppose dans leurs premiers accroissemens.

En effet, le Fœtus est visible peu de jours apres la conception. Il a donc acquis alors un volume plusieurs millions de fois plus grand que n'étoit son volume originel.

Comment concevoir un développement si subit, si éloigné des progressions ordinaires? Je réponds, qu'il n'est point absurde de supposer, que les loix qui déterminent les premiers développemens du germe, different de celles qui en reglent les développemens postérieurs ; ou que les effets d'une même loi varient dans différens temps.

Nous ne connoissons pas assez la nature de cet atome organisé, & la maniere dont la liqueur séminale agit sur lui, pour décider sur l'impossibilité de la chose. Nous voulons juger de ce qui se passe dans le germe, lorsqu'il commence a se développer, par ce que nous voyons s'y paſſer, lorſqu'il eſt devenu habitant du monde viſible. Cependant il eſt naturel de penſer que ces deux états doivent être différens. Dans le premier, les fibres ont toute la ſoupleſſe poſſible, & les ſucs deſtinés à les nourrir & à les étendre, ſont les plus élaborés, les plus fins & les plus pénétrans qu'il y ait dans la Nature. Dans le ſecond état, au contraire, les fibres ſont endurcies juſqu'à un certain point, & cet endurciſſement augmente chaque jour. L'accroiſſement ne ſauroit ainſi ſe faire que lentement, & par degrés tout à fait inſenſibles. De plus, les ſucs qui l'opérent, ſont plus mêlangés, plus groſſiers, & moins actifs.

ENFIN, la diverſité des lieux aſſignés à ces deux âges, peut être ici d'une grande influence : le plus ou le moins de chaleur, le contact plus ou moins immédiat de l'air, les mouvemens plus ou moins grands, ſont des cauſes particulieres dont on conçoit l'efficace.

SI l'on ſuppoſoit que la nature du germe approche de celle des fluides ; ſi l'on ſe le repréſentoit ſous l'image d'un globule d'eau, on concevroit que la partie la plus ſpiritueuſe de la ſemence, pourroit occaſioner dans ce glohule une expanſion, ou une eſpece de raréfiction analogue à celle qui ſuit de l'action de deux fluides l'un ſur l'autre.

MAIS à cette eſpece de raréfaction, ſuccede bientôt ici un accroiſſement réel, qui eſt produit par l'incorporation des particules plus ſolides de la liqueur féminale. Cette liqueur devient ainſi à l'égard du germe, ce qu'eſt à l'égard de la *Plantule*, l'eſpece de farine que renferme la graine.

L'IDÉE que je viens de propoſer ſur la nature du germe, s'accorde fort bien avec l'extrème délicateſſe ou plutôt la molleſſe qu'on remarque dans toutes les parties des embryons. Il ſemble, que ſi l'on pouvoit remonter plus haut, on les trouveroit preſque fluides.

LVIII. *De la conſervation des germes.*

D'UN autre côté, cette conjecture pourra paroître ne pas quadrer, avec la conſervation des germes que nous avons ſuppoſés répandus dans toutes les parties de la Nature. Mais il ne doit pas y avoir plus de difficulté à concevoir la conſervation d'un germe de l'eſpece dont il s'agit, qu'à concevoir celle d'un globule

bule de quelque fluide que ce ſoit. L'eau, par exemple, ſe convertit en glace, s'éleve en vapeurs, entre dans la compoſition d'un grand nombre de corps, ſans que les particules conſtituantes changent de nature (1).

CHAPITRE V.

Nouvelles réflexions ſur les germes, *& ſur l'économie* organique.

LIX. *But de l'Auteur.*

L'HYPOTHESE des germes, nous offre encore pluſieurs queſtions à diſcuter. Nous toucherons aux principales. Je ne fais point un Traité de la génération. Je parcours rapidement ce que ce ſujet renferme de plus intéreſſant ou de plus difficile.

(1) †† Toute cette doctrine des *germes* n'étoit, comme l'on voit, qu'une foible ébauche, que je crayonnois d'une main peu aſſurée. J'ai tenté depuis de perfectionner cette ébauche, en m'aidant ſur-tout de divers faits importans, qui n'étoient point encore decouverts lorſque je compoſois cette partie de mon ouvrage. Voy. le Chap. I de la ſeconde Partie de ces *Conſidérations*, le Chap. VIII de la Part. VII de la *Contemplation*, les Chap. I, II, de la Part. IX du même ouvrage, & la Part. X de la *Palingénéſie.*

LX. *Premiere question : Pourquoi certains germes ont-ils besoin de la liqueur du mâle pour se développer ?*

PREMIERE QUESTION. Pourquoi les germes qui se sont introduits dans le corps des femelles soumises à la loi de l'accouplement, ne peuvent-ils s'y développer, sans le secours de la liqueur que le mâle fournit ?

RÉPONSE. Tel est ici l'ordre de la Nature, que l'intérieur des femelles de cette espece ne contient aucune liqueur assez subtile ou assez active pour ouvrir, par elle-même, les mailles du germe, & y commencer le développement.

LXI. *Seconde question : Comment le germe continue-t-il a croître après la fécondation.*

SECONDE QUESTION. Mais comment ce développement continue-t-il, lorsque la liqueur qui l'a fait naître est totalement épuisée ?

RÉPONSE. Les machines animales ont été construites avec un art si merveilleux, qu'elles convertissent en leur propre substance les matieres alimentaires. Les préparations, les combinaiſons, les ſéparations, que ces matieres y ſubiſſent, les changent inſenſiblement en chyle en ſang, en lymphe, en chair, en os, &c. &c. Ainſi, dès que la circulation a commencé dans le germe, dès qu'il eſt devenu animal vivant, les mêmes métamorphoſes s'opérent dans ſon intérieur. La diverſité preſqu'infinie de particules, qui entrent dans la compoſition des alimens; le nombre, la ſtructure, la fineſſe, le jeu des différens organes dont elles éprouvent l'action, nous perſuaderoient facilement la poſſibilité de ces métamorphoſes, quand nous ne les ſuivrions pas à l'œil juſqu'à un certain point.

LXII. *Troiſieme queſtion: Pourquoi les germes qui s'introduiſent dans les mâles, ne s'y développent-ils point?*

TROISIEME QUESTION. Les germes ne s'introduiſent-ils que dans le corps des femelles, ou s'ils s'introduiſent auſſi dans le corps des mâles, pourquoi ne ſe développent-ils que dans celui des femelles?

RÉPONSE. La petiteſſe des germes, leur diſperſion dans l'air, dans l'eau & dans tous les mixtes qui fourniſſent à la nourriture des

Corps organisés, ne laissent aucun lieu de douter qu'ils ne s'introduisent dans le corps des mâles, en aussi grand nombre que dans celui des femelles. Mais celles-ci étant seules pourvues d'organes propres à les retenir, à les fomenter & à les faire croître, ce n'est que chez elles que la génération peut s'opérer.

LXIII. *Quatrieme question : Pourquoi parmi tant de germes qui s'introduisent dans les femelles, n'y en a-t-il que deux ou trois qui parviennent à se développer?*

QUATRIEME QUESTION. Les germes étant répandus en si grand nombre dans les Corps organisés, comment ne s'en développe-t-il qu'un à la fois, rarement deux, dans les femelles de diverses especes?

RÉPONSE. Nous ne connoissons pas les organes qui rassemblent dans les femelles les germes destinés à y multiplier l'espece. La structure de ces organes est, peut-être, telle que l'action de la liqueur séminale ne se fait sentir, à la fois, qu'à un ou deux germes seulement.

Mais quand les choses seroient autrement; quand on supposeroit que le fluide séminal agit en même tems, sur plusieurs germes, il n'y auroit aucune absurdité à admettre que tous n'en sont pas également affectés. (1) Celui ou ceux qui le sont le plus, se développent davantage: la circulation & les autres mouvemens vitaux s'y opérant avec plus de force, le fluide nourricier s'y porte en plus grande abondance: les autres germes moins nourris, & bientôt affamés cessent de croître, & ne propagent point l'espece.

LXIV. *De ce qui peut arriver dans des germes dont les premiers développemens ont été arrêtés.*

Si on me demande ce que deviennent ces germes infortunés? Je réponds, qu'il n'est pas impossible que leurs parties élémentaires se raprochent par l'évaporation des sucs qui avoient pénétré dans les mailles, & que ces germes ne se retrouvent ainsi dans le même

(1) †† Nous verrons ailleurs que les germes croissent avant la fécondation; mais ils ne croissent pas tous également. Il y a ici des gradations dont nous ne connoissons pas les termes. Les germes les plus développés sont apparemment ceux sur lesquels le fluide séminal agit avec le plus d'avantage.

état où ils étoient avant que la liqueur séminale eût agi sur eux.

Après tout, combien de graines qui ne produisent point de plantes ! Combien d'œufs dont il ne sort point d'oiseau ! La Nature est si riche, qu'elle ne regarde point à ces petites pertes ; & ce qui ne sert pas pour une fin, sert pour une autre.

LXV. *Cinquieme question : Les germes d'une même espece sont-ils tous semblables ?*

Cinquieme question. Les germes d'une même espece, sont-ils tous égaux & semblables : ne different-ils que par les organes qui caractérisent le sexe ; ou, y a-t-il entre eux une diversité analogue à celle que nous observons entre les individus d'une même espece de plante ou d'animal ?

Réponse. Si nous considérons l'immense variété qui regne dans la Nature, le dernier sentiment nous paroîtra le plus probable. C'est, peut-être, moins du concours des sexes, que de la configuration primitive des germes, que dépendent les variétés que nous remarquons entre les individus d'une même espece,

LXVI. *Réflexions ſur la reſſemblance des enfans à leurs parens.*

J'AVOUERAI cependant, qu'il eſt des traits de reſſemblance entre les enfans, & ceux auxquels ils doivent le jour, que je ne ſuis point encore parvenu à expliquer par l'hypotheſe que je propoſe. Mais ces traits ne ſont-ils point équivoques? Ne commettons-nous point ici, le ſophiſme que les Scholaſtiques appellent *non cauſa, pro cauſa*: ne prenons-nous point pour cauſe ce qui n'eſt pas cauſe? Un pere boſſu a un enfant boſſu; on en conclut auſſi-tôt que l'enfant tient ſa boſſe de ſon pere. Cela peut être vrai, mais cela peut auſſi être faux. La boſſe de l'un & celle de l'autre peuvent dépendre de différentes cauſes, & ces cauſes peuvent varier de mille manieres.

LES maladies héréditaires ſouffrent moins de difficultés. On conçoit facilement que des ſucs viciés doivent altérer la conſtitution du germe. Et ſi les mêmes parties qui ſont affectées dans le pere, ou dans la mere, le ſont dans l'enfant, cela vient de la conformité de ces parties qui les rend ſuſceptibles des mêmes altérations.

Au reſte, les difformités du corps découlent ſouvent de maladies héréditaires; ce qui diminue beaucoup la difficulté, dont je parlois il n'y a qu'un moment. Les ſucs qui devoient ſe porter à certaines parties étant mal conditionnés, ces parties en ſeront plus ou moins défigurées, ſuivant qu'elles ſe trouveront plus ou moins diſpoſées à recevoir ces mauvaiſes impreſſions.

LXVII. *Sixieme queſtion: Pourquoi les Mulets n'engendrent-ils point?*

Sixieme question. Pourquoi les *Mulets* n'engendrent-ils point?

Réponse. L'Auteur de la Nature ayant voulu limiter les eſpeces, a établi un tel rapport entre la liqueur ſéminale & le germe, que les organes de la génération de celui-ci, ne ſauroient être développés en entier que par le fluide ſéminal propre à ſon eſpece. Je dis en entier, parce qu'il y a une diſtinction de ſexe dans les *Mulets*; mais cette diſtinction eſt incomplette, puiſqu'ils n'engendrent point. (1) Des vaiſſeaux que le fluide ſémi-

(1) †† Quand j'écrivois ceci, j'ignorois qu'il y eût des preuves du contraire: je les indiquerai ailleurs.

nal n'a pu développer, ou qui ſont demeurés oblittérés dès la conception, donnent lieu à cette impuiſſance.

LXVIII. *Septieme queſtion: Les germes qui, dans les plantes, donnent naiſſance aux branches, produiſent-ils encore la plantule logée dans la graine?*

SEPTIEME QUESTION. Les mêmes germes qui, dans les végétaux, produiſent les branches & les racines, donnent-ils encore naiſſance à la petite plante renfermée dans la graine?

RÉPONSE. Le germe qui eſt contenu dans la graine, ne ſauroit ſe développer ſans le ſecours de la *pouſſiere des étamines.* Cette pouſſiere renferme une liqueur, que l'on peut ſuppoſer être la plus ſubtile & la plus active de toutes celles qui circulent dans la plante. Les germes qui donnent naiſſance aux branches & aux racines, ſe développent ſans fécondation, du moins apparente. Un fluide moins ſubtil & moins actif que le fluide ſéminal, ſuffit donc pour le développement de ces germes: d'où l'on peut légitimement conclure qu'ils different de ceux qui produiſent la *Plantule*, en ce qu'ils ſont plus grands, ou que leurs mailles ſont moins ſerrées.

On pourroit ſoupçonner que la liqueur des *étamines* pénetre dans le corps de la plante, & y féconde les germes dont naiſſent les boutons. Mais le retranchement des fleurs n'empêche point la plante de pouſſer de nouvelles branches, & de nouvelles racines.

Faites une forte ligature à une branche: il ſe formera au-deſſus de la ligature, un *bourlet*. Coupez la branche à l'endroit de la ligature, & plantez-la en terre: elle y reprendra avec beaucoup plus de facilité & de promptitude, qu'elle n'auroit fait ſans cette petite préparation. La ligature, en interrompant le cours du fluide nourricier, le détermine à ſe porter en plus grande abondance aux germes qui ſe trouvent placés au-deſſus de la ligature.

L'art avec lequel toutes les parties de la plante ſont diſpoſées dans la graine, nous aide à concevoir celui que ſuppoſe l'arrangement de ces mêmes parties dans le germe primitif.

LXIX. *Huitieme queſtion: Comment ſe forme une nouvelle écorce, une nouvelle peau?*

Huitieme question. Si toutes les parties d'un Corps organiſé exiſtoient, en petit, dans le germe ; s'il ne ſe fait point de nouvelle production, comment concevoir la formation d'une nouvelle écorce, d'une nouvelle peau, &c. ?

RÉPONSE. Toutes les fibres d'un Corps organiſé ne ſe développent pas à la fois. Il en eſt un grand nombre qui ne peuvent parvenir à ſe développer qu'à l'aide de certaines circonſtances. Telles ſont les fibres qui fourniſſent aux reproductions dont il s'agit ici. La plaie faite à l'ancienne peau, détermine les ſucs nourriciers à ſe porter aux fibres inviſibles, qui environnent les levres de la plaie, &c. Mais ſans recourir à l'exiſtence de ces fibres inviſibles, on peut ſe contenter d'admettre, que les fibres des environs de la plaie étant miſes plus au large par la deſtruction des fibres qui les avoiſinoient, & recevant tout le ſuc qui étoit porté à celles-ci ; doivent naturellement groſſir, & s'étendre davantage.

LXX. *Neuvieme queſtion : Si les mues & les métamorphoſes des Inſectes, la production des dents, la reproduction des pattes de l'Ecreviſſe prouvent qu'il eſt des germes appropriés à différentes parties ?*

NEUVIEME QUESTION. Les *mues* de différens

animaux, leurs métamorphoses, la reproduction des pattes des Ecrevisses, celle des dents, &c. ne prouvent-elles pas qu'il est des germes particuliers, destinés à la reproduction de différentes parties?

Réponse. Si nous ne pouvons expliquer méchaniquement la formation d'une simple fibre, au moins d'une maniere à satisfaire la raison, comment expliquerions-nous par la même voie, la reproduction d'organes aussi composés que le sont ceux de la plupart des Insectes? Quelle méchanique présidera à la formation d'une dent, d'une jambe, d'un œil, &c.?

Si l'on veut préférer des idées assez claires, à des idées très-obscures, on conviendra que toutes ces parties existoient en petit dans le germe principal. Ainsi le germe de l'Insecte qui se métamorphose, contient actuellement toutes les enveloppes dont cet Insecte doit se défaire, & tous les organes qui les accompagnent. Ces différentes peaux emboîtées les unes dans les autres, ou arrangées les unes sur les autres, peuvent être regardées comme autant de germes particuliers, renfermés dans le germe principal.

J'AI eu recours à une autre hypothefe pour rendre raifon de la multiplication de bouture & de celle par rejettons, parce qu'il m'a paru que ce font des productions d'un genre différent.

LXXI. *Dixieme queftion: Un germe d'une efpece donnée peut-il fe développer dans un Tout organifé d'une efpece différente?*

DIXIEME QUESTION. Un germe d'une efpece donnée, peut-il fe développer dans un Corps organifé d'une efpece différente: le germe du *Tænia*, par exemple, porté dans notre corps, & abreuvé des fucs les plus propres à la nourriture de ce Ver, parviendroit-il à s'y développer; & feroit-ce là l'origine des Vers du corps humain?

RÉPONSE. Comme je ne crois pas que le germe de la *Tulippe* puiffe jamais fe développer dans la *Rofe*, je ne penfe pas non plus, que le germe du *Tænia* puiffe fe développer dans le corps humain, comme dans fa matrice naturelle. Je crois qu'il n'eft point dans la Nature de loix plus invariables, que celle qui ordonne que les germes d'une efpece ne fe développent point dans des Corps organifés d'une efpece différente. Ainfi, quoique l'origine des Vers du corps humain ſoit extrêmemens obſcure, je préférerai toujours de ſuſpendre mon jugement ſur ce ſujet, à embraſſer l'hypotheſe dont je viens de parler (1).

LXXII. *Réflexions ſur l'origine des Vers du corps humain.*

Une *Mouche* va dépoſer ſes œufs dans le nez du *Mouton*. Une autre Mouche, plus hardie encore, va pondre dans le goſier du *Cerf* (2). Lorſqu'on ignoroit ces faits, on étoit auſſi embarraſſé ſur l'origine des Vers du nez du *Mouton*, ou ſur celle des Vers du goſier du *Cerf*, qu'on l'eſt aujourd'hui ſur l'origine des Vers du corps humain. Un heureux haſard, des obſervations plus fines ou plus pouſſées, nous découvriront un jour le myſtere, & nous apprendront qu'il en eſt de l'origine des Vers du corps humain, comme de celle des autres animaux.

Si le *Tænia* exiſtoit dans la terre, comme l'aſſure un habile Naturaliſte, le probleme ſeroit

(1) Je renvoie ſur ce que je viens de dire des germes, à la note que j'ai placée à la fin du Chapitre précédent.

(2) *Mémoires ſur les Inſectes*, par M. de Reaumur, Tom. IV & V.

facile à résoudre. Mais l'observation sur laquelle ce fait repose, n'a point été répétée, & elle manque des détails qui auroient été propres à la constater (1).

Le *Tænia* est commun à différens animaux: la *Tanche* & le *Chien* y sont fort sujets. On imagine aisément comment cet Insecte peut passer du corps de ces animaux dans celui de l'*Homme*. Mais comment s'introduit-il dans l'intérieur de la *Tanche?* Les eaux sont encore moins connues que la terre: seroient-elles la vraie patrie du *Tænia?* Les semences invisibles de ce Ver ou le Ver lui-même, encore petit, passeroient-ils avec les alimens dans les intestins de la Tanche? Mais le même Insecte peut-il vivre également dans l'eau, & dans le corps d'un animal vivant? Les observations de Plantes qui ont germé dans l'estomac, & les intestins de divers animaux, celles d'Insectes terrestres ou aquatiques qui sont sortis du corps de plusieurs personnes, rendroient cette conjecture plus probable, si elles étoient plus sûres, ou mieux constatées (2). Quoi qu'il en soit,

(1) Voyez ma Dissertation sur le *Tænia*, premier Volume des *Savans Etrangers. Oeuvres*, Tome III.

(2) †† J'avois douté fortement de l'exactitude des observa-

nous voyons les hommes & les animaux se faire à des climats tres-différens, & quelquefois

tions qu'on trouve sur ce sujet dans je ne sais combien d'écrits. Je puis aujourd'hui en rapporter qui me paroissent mériter la confiance du Naturaliste philosophe. J'ai en main la copie d'un certificat signé par un Médecin & par un Chirurgien Anglois sous la date du 18 Juillet 1763, qui prouve que des *Cloportes* sont sortis vivans du corps d'une jeune fille, qui les avoit rendus avec de grands vomissemens. Le certificat porte; qu'elle avoit avalé quelque temps auparavant, de ces Insectes vivans. Ceux qu'elle rejetta, dont le nombre étoit prodigieux, étoient renfermés dans une humeur visqueuse. Il y en avoit de toute grandeur; ce qui prouveroit qu'ils s'étoient développés dans l'estomac en des temps différens.

On trouve dans l'Histoire de l'Académie de Prusse pour 1770, une relation circonstanciée, présentée à cette Compagnie par M. Batigne, Médecin de Montpellier & bon Observateur, qui prouve; que des *Salamandres aquatiques* avoient multiplié dans l'estomac d'un Paysan de Languedoc. Ce Paysan, âgé de trente-cinq ans, rendit par la bouche en Mai 1759, des Salamandres de différentes grandeurs, les unes vivantes, les autres mortes. Peu d'années auparavant, pressé de la soif, il avoit bu d'une eau croupissante, peuplée apparemment de Salamandres, très-communes dans les eaux de ces contrées. Elles s'étoient établies dans son estomac comme dans une mare. Leur multiplication excessive causoit souvent des défaillances au malade, qu'on faisoit cesser en lui faisant avaler de l'eau. Les Salamandres se trouvant alors dans leur élément, n'affectoient plus les membranes nerveuses de l'estomac. Des vomitifs administrés au malade lui firent rendre dans l'espace de quelques mois, par la bouche & par les selles, quatre-vingt Salamandres.

Les Cloportes & les Salamandres ne changent point de forme: il devra donc paroitre plus singulier, que des Insectes du genre de ceux qui subissent des métamorphoses, puissent vivre quelque temps dans l'intérieur du corps humain. C'est

contraires.

contraires. Nous les voyons auſſi s'accoutumer à des alimens qui ne different pas moins que les climats. Nous prolongeons ou nous abrégeons à volonté, la durée de la vie de beaucoup d'Inſectes : nous les faiſons vivre indifféremment dans un air extrêmement froid, ou extrêmement chaud : nous retardons ou nous accélérons, comme il nous plaît, la tranſpiration de ces petits animaux, ſans qu'ils paroiſſent en ſouffrir (1). Ce ſont là autant de préſomptions en faveur des tranſmigrations du *Tænia*.

Enfin, n'en ſeroit-il point du *Tænia*, &

pourtant ce qui paroît atteſté par le témoignage d'un Médecin, que mon illuſtre ami M. de Geer cite dans la premiere Partie du Tome II de ſes *Mémoires ſur les Inſectes*, page 110. Il faut que je rapporte ſes propres termes. *Un Médecin célebre*, dit-il, *m'a fait voir des larves de Mouches communes qui avoient été rendues par les ſelles.* M. de Geer cite à cette occaſion Leuwenhoek, qui avoit trouvé de ſemblables larves dans une tumeur de la jambe, & qui les avoit vues ſe changer en Mouches.

On peut voir dans l'*Encyclopédie* d'Yverdon, au mot *Ver à Mouche du corps humain*, bien des exemples très-remarquables de Vers dont les uns ſe changent en *Mouches*, les autres en *Papillons* ou en *Scarabés*, & qui ont vécu dans l'intérieur du corps humain. Mais je ne répondrois pas de la vérité de tous ces faits. Il eſt trop facile ici de s'en laiſſer impoſer.

(1) *Mémoires ſur les Inſectes*, par M. de Reaumur, Tome II.

des autres Vers du corps humain, comme de plusieurs especes d'Insectes, dont la vie paroît avoir été liée dès le commencement, à celle de différens animaux? Les Vers du *Mouton* & ceux du *Cerf*, dont nous venons de parler, la *Puce*, le *Pou*, &c. en seroient des exemples. Les Êtres doués de sentiment, ont été multipliés autant que le plan de la Création a pu le permettre. Un animal est un monde habité par d'autres animaux: ceux-ci sont mondes à leur tour; & nous ne savons point où cela finit.

LXXIII. *Onzieme question: Comment se fait la multiplication sans accouplement?*

ONZIEME QUESTION. Comment se fait la multiplication sans accouplement?

RÉPONSE. Dans les especes qui ne sont pas soumises à la loi de l'accouplement, chaque individu a en soi le principe de la fécondation. Il est pourvu d'organes qui séparent de la masse de son sang, la liqueur subtile qui doit opérer le développement des germes. Ces germes sont nourris, ils croissent & se perfectionnent comme les autres parties de l'animal: & cette multiplication qui nous paroît si extraordinaire, nous paroîtroit la plus naturelle, parce qu'elle eſt la plus ſimple, ſi nous n'euſſions jamais vu d'animaux s'accoupler.

LXXIV. *Réflexion ſur l'accouplement.*

En effet, comment euſſions-nous ſoupçonné que pour produire une plante ou un animal, la Nature eut dû y employer le concours de deux plantes ou de deux animaux. Conſidérons l'appareil d'organes qui ont été ménagés dans les deux ſexes pour cette importante fin. Rendons-nous attentifs aux diverſes circonſtances qui précédent, qui accompagnent & qui ſuivent l'union de deux individus; & nous demeurerons convaincus, qu'il n'eſt peut-être rien dans la Nature, de plus ſingulier, & de plus propre à exciter notre ſurpriſe.

LXXV. *Conjectures ſur la raiſon métaphyſique de l'accouplement.*

Par quel motif, la Sagesse Suprême a-t-elle été déterminée à choiſir un ſemblable moyen pour conſerver les eſpeces? Quelle eſt la raiſon métaphyſique de l'accouplement?

On peut propoſer la même queſtion ſur les métamorphoſes des Inſectes: les réflexions auxquelles elles donnent lieu, reparoissent ici, à-peu-près, sous le même point de vue.

Si l'*unité* & la *variété* constituent le *beau physique*, la distinction de la plupart des animaux en mâles & femelles, est très-propre à embellir la Nature. La diversité qui résulte de cette distinction, soit à l'égard des formes, des proportions, des couleurs, des mouvemens, soit à l'égard du caractere, des goûts, des inclinations, fait une perspective qui fixe agréablement la vue du spectateur.

On pourroit conjecturer avec quelque fondement, que le concours des sexes sert principalement à rendre les générations plus régulieres. Dans un Tout aussi composé que l'est un oiseau, un quadrupede, l'homme, il eût été sans doute bien difficile que la génération n'eût pas été souvent troublée ou altérée, si elle s'y fût faite à la maniere des *Pucerons* ou des *Polypes*. Les défectuosités qui se seroient facilement rencontrées dans l'individu auroient pu passer au fœtus, & de celui-ci, aux animaux qui en seroient provenus. Le dérangement auroit crû ainsi à chaque génération. Dans l'union des sexes, au contraire, ce qu'il y a de défectueux chez l'un des individus peut être reparé par ce que fournit l'autre individu. Ce qu'il y a de trop dans l'un, eſt compenſé par ce qu'il y a de moins dans l'autre.

CHAPITRE VI.

De la nutrition conſidérée relativement à la génération.

Conjecture ſur la formation de la liqueur ſéminale.

LXXVI. *Deſſein de ce Chapitre.*

NOus avons jetté un coup-d'œil ſur l'*économie organique* : la *nutrition* eſt un de ſes principaux effets. Conſidérons-en plus attentivement & la maniere, & les ſuites. Cet examen plus approfondi, éclaircira peut-être, la matiere de la génération.

LXXVII. *De la nutrition en particulier, & des matieres alimentaires.*

La *nutrition* eſt cette opération, par laquelle le Corps organiſé convertit en ſa propre ſubſtance, ou *s'aſſimile* les matieres alimentaires.

Ces matieres varient ſuivant l'eſpece du Corps organiſé.

Elles ſe diviſent, comme les Corps terreſtres, en *matieres fluides*, & en *matieres ſolides*; en *matieres non-organiſées*, & en *matieres organiſées*; en *matieres foſſiles*, *végétales* & *animales*.

La Chymie remonte plus haut, & nous offre dans ſa *terre*, dans ſon *ſel*, dans ſon *ſoufre*, dans ſon *eſprit*, dans ſon *phlegme*, les élémens de tous les *mixtes*. Mais ces élémens ne ſont ni auſſi ſimples qu'elle les ſuppoſe, ni les ſeules *parties conſtituantes* des corps. Il eſt d'autres ſortes d'élémens, que la Chymie ne paroit pas avoir connu; je veux parler des *corpuſcules organiques*, auxquels on a donné le nom de *germes*.

Il paroit que la nourriture des végétaux eſt un fluide très-délié, mais très-hétérogene. La terre que ce fluide tient en diſſolution, eſt un mèlange des trois regnes. La roſée & les exhalaiſons qui s'élevent de la terre, ſont imprégnées de particules de ces différens genres. Il n'eſt pas juſqu'aux métaux, qui ne pénetrent dans l'intérieur des plantes. Sans parler de celles dont la tige ou les feuilles ont paru ornées de veines d'or ou d'argent, le couteau aimanté nous découvre dans les cendres de plusieurs especes, des particules ferrugineuses.

On retrouve dans les nourritures des animaux, des principes semblables, ou analogues à ceux qui entrent dans les nourritures des végétaux. Mais ce sont d'autres combinaisons, d'autres mêlanges, d'autres proportions.

LXXVIII. *Différences entre les plantes & les animaux, relativement à la nutrition.*

Ordinairement les matieres alimentaires sont moins atténuées, moins divisées, lorsqu'elles entrent dans l'intérieur des animaux, qu'elles le sont lorsqu'elles entrent dans l'intérieur des végétaux. La Nature s'est, pour ainsi dire, chargée des premieres décompositions des mixtes, en faveur des végétaux. L'aliment est déja très-préparé ou très-subtilisé, lorsqu'il arrive à leurs racines ou à leurs feuilles. Les animaux, construits sur d'autres modeles que les plantes, ont, comme elles, des racines, mais ces racines sont fort intérieures ; elles sont placées dans les intestins. L'aliment entre d'abord sous une forme assez grossiere, & plus ou moins volumineuse. Il est broyé & dissous dans la bouche & dans l'eſtomac, & lorſqu'il deſcend dans les inteſtins, & qu'il ſe préſente aux petites racines dont ils ſont garnis, il eſt déja un fluide très-préparé.

PARMI les animaux, les uns ne prennent que des nourritures liquides : d'autres n'en prennent que de ſolides, d'autres vivent également de nourritures liquides & de nourritures ſolides.

IL eſt des animaux dont les alimens appartiennent au genre des foſſiles, d'autres ſe nourriſſent de ſubſtances végétales, d'autres vivent de ſubſtances animales, d'autres, dont l'appétit eſt plus étendu, ne ſe bornent point à un ſeul genre.

LE *Ver de terre* ſe nourrit du même limon qui lui ſert de retraite. A l'aide d'inſtrumens dont la ſtructure étonne l'Obſervateur, la *Puce* & le *Couſin* puiſent dans nos veines un aliment ſucculent : l'*Abeille* & le *Papillon* recueillent le plus précieux extrait des fleurs. L'*Huître* ouvre ſon écaille, & reçoit avec l'eau de la mer des corpuſcules, & des Inſectes de différens genres. Telle eſt encore la nourriture de l'énorme *Baleine* : ſon goſier étroit ne s'ouvre qu'à l'eau de la mer ; elle en avale une prodigieuse quantité, & après que son vaste estomac en a séparé les sucs les plus nourrissans, elle rejette le superflu avec force par deux tuyaux placés sur sa tête. Le *Ver à soie* fait ses délices de la feuille du Meurier. Le Chenevis, & le Mil plaisent au *Chardonneret* & à la *Caille*. La *Brebis*, le *Bœuf*, le *Cheval*, le *Cerf* vont chercher dans les prairies la pâture qui leur a été destinée. Le *Vautour*, l'*Aigle*, le *Tigre*, le *Lion*, appellés à vivre de rapines & de carnage, portent par-tout la désolation & la mort. La *Poule*, le *Canard*, le *Chat*, le *Chien* recueillent les restes de nos tables & de nos cuisines, & vivent ainsi de mets forts différens. L'*Homme*, le plus friand des animaux, appelle à lui toutes les productions de la Nature, & force tous les climats de satisfaire à ses goûts & à son intempérance.

LXXIX. *Idée de la méchanique de la nutrition. Principes sur ce sujet.*

QUELLE est la merveilleuse méchanique qui convertit une motte d'argille en un Corps organisé ? Quel art transforme le végétal en animal, l'animal en végétal ? Par quelles opérations, supérieures à toutes les forces de la

Chymie, la *Vigne* extrait-elle de la terre ce jus délicieux, le *Ver à soie* tire-t-il du Meurier ce fil brillant? Comment le *Thym* & le *Gramen* se changent-ils dans les mamelles de la *Vache* en une liqueur également agréable & utile? Par quelle vertu secrette cet amas confus de différentes matieres, revêt-il la forme de nerfs, de muscles, de veines, d'arteres, &c.? Quelle force, quelle puissance débrouille ce cahos, & en fait sortir un monde, dont la structure & l'harmonie excitent l'admiration des ANGES?

IL n'est point de vraie métamorphose dans la Nature. Les élémens sont invariables. Les mêmes particules qui entrent aujourd'hui dans la composition d'une plante, entreront demain dans celle d'un animal. Ce passage ne changera point leur nature; il ne fera que leur donner un autre arrangement. C'est ainsi, à-peu-près, que le même morceau de métal devient entre les mains de l'Artiste, le signe des valeurs, l'image d'un Héros, ou la mesure du temps. Tel est encore l'art de toutes ces compositions qui enrichissent, chaque jour, la Société de nouveaux biens. Cet art rassemble des matieres de tout genre; il les unit, il les combine sous différentes proportions; de cette union & de ces rapports naît un édifice, un meuble, une étoffe, un remede, une teinture, &c. Détruisez cette liaison, ces rapports; abattez la pyramide; les pierres demeureront les mêmes; mais ce ne sera qu'un amas de ruines.

En seroit-il donc des productions naturelles, comme de celles de l'art? Ne craignons point, en le pensant, de diminuer l'excellence des ouvrages de la Nature. Quoiqu'elle soit assujettie à travailler toujours sur le même fond, elle l'emploie avec tant d'intelligence, que ses moindres productions surpassent infiniment toutes les inventions humaines. Un canot est incomparablement moins éloigné de la perfection d'un vaisseau du premier rang, que l'horloge la plus parfaite ne l'est de la machine organique la plus simple. Tandis que VAUCANSON construit, d'une main savante, son Canard artificiel, & que saisis de surprise & d'étonnement, nous admirons cette imitation hardie des ouvrages du CRÉATEUR, les ESPRITS CÉLESTES sourient, & ne voient qu'un enfant qui découpe un oiseau.

LXXX. *Des élémens & de leurs combinaisons.*

Le monde physique est composé d'élémens, dont le nombre est déterminé,

Leur figure, leurs proportions, leurs qualités varient ſuivant leur eſpece.

De l'aſſemblage ou de la combinaiſon de ces principes, réſultent les corps particuliers.

La nature des élémens nous eſt inconnue. Leur extrême petiteſſe, la groſſiéreté de nos inſtrumens, les bornes actuelles de notre eſprit, nous privent de cette connoiſſance. Tout ce que la raiſon peut faire, après nous avoir perſuadé l'exiſtence des élémens, eſt de nous fournir quelques légeres conjectures ſur la maniere dont ils opérent.

LXXXI. *Deux genres d'élémens.*

Nous pouvons ſuppoſer, avec vraiſemblance, qu'il eſt deux genres d'élémens : les *élémens premiers* ou *inorganiques* ; les *élémens ſeconds* ou *organiques*.

Les élémens du premier genre ſont des corps très-ſimples ou très-homogenes. Un globule d'air, un globule d'eau, ſont des corps de ce genre.

Les élémens *ſeconds* ou *organiques*, ſont les

germes, formés, dès le commencement, d'atomes inorganiques. Les germes different des élémens *premiers*, en ce qu'ils ſont composés; mais ils s'en rapprochent en ce qu'ils ſont, comme eux, invariables ou impériſſables, tant qu'ils demeurent inféconds, & qu'ils entrent dans la compoſition des mixtes.

LXXXII. *De la tendance des élémens à s'unir. Réflexions ſur l'attraction Newtonienne.*

Les élémens tendent à s'unir. Cette diſpoſition augmente ou diminue dans le rapport plus ou moins prochain de leur nature, ou de leurs qualités reſpectives.

Nous ne pénétrons point la cauſe de l'union des élémens: nous ne ſavons point pourquoi un globule d'eau s'unit à un globule d'eau, & pourquoi un globule d'eau ne s'unit point à un globule d'huile.

Dire que cette union eſt le produit d'une force eſſentielle au corps, & qui n'a rien de commun avec l'*impulſion*, c'eſt recourir à une hypotheſe également hardie, obſcure & incertaine. Je ne demande point qu'on me démontre ce que cette force eſt en elle-même;

la nature de l'impulſion ne nous eſt pas mieux connue : je demande ſeulement qu'on me prouve, que les phénomenes qu'on veut expliquer par cette voie, ne ſauroient l'être par les forces méchaniques, à nous connues. *L'attraction Newtonienne* eſt un fait qu'on eſt forcé d'admettre : mais ſommes-nous forcés d'admettre que la cauſe de ce fait eſt l'attraction même ? A-t-on démontré que la peſanteur ſoit eſſentielle à la matiere ? Le contraire ne paroît-il pas plus probable ?

Nous voyons dans les corps, trois propriétés eſſentielles ou primordiales ; l'*étendue*, la *ſolidité*, la *force d'inertie*. Nous nommons ces propriétés *eſſentielles* ou *primordiales*, parce qu'elles conſtituent la nature du corps, qu'elles en ſont inſéparables, qu'elles ne peuvent ſouffrir aucune eſpece de changement, qu'elles ne dépendent d'aucune cauſe qui ſoit hors du corps. La *figure* & le *mouvement* dépendent d'une cauſe qui eſt extérieure au corps ; ce ne ſont donc pas des propriétés eſſentielles ; ce ſont de ſimples *modes*, mais qui ont leur fondement dans les attributs eſſentiels de la matiere ; la figure dans l'étendue ; le mouvement dans la ſolidité.

La *force d'inertie*, quelqu'impropre que ſoit cette expreſſion, & quelle que ſoit la nature de cette force, eſt telle que le corps perſévere dans le même état de repos ou de mouvement autant qu'il eſt en lui. Si l'*attraction* étoit eſſentielle à la matiere, elle ſeroit contraire à une autre propriété eſſentielle, à la force d'inertie, ce qui ſeroit contradictoire: un corps en repos ſe mettroit de lui-même en mouvement à la préſence d'un autre corps, pendant qu'il tendroit à conſerver ſon premier état en vertu de la force d'inertie. De plus, une propriété eſſentielle n'eſt ſuſceptible d'aucun changement, nous l'avons dit; pourquoi donc l'attraction s'exerceroit-elle plus fortement au pôle qu'à l'équateur? Voyons-nous que les corps aient plus de ſolidité en Groënland qu'au Pérou? La force d'inertie ſouffre-t-elle aucune variation? Enfin, on a tenté d'expliquer méchaniquement l'attraction; & ſi les explications auxquelles on a eu recours, ne ſont pas exemptes de difficultés, cela prouve moins l'inſuffiſance des forces méchaniques, que les bornes de notre eſprit.

Adoptons cependant le terme d'*attraction*, comme très-propre à exprimer le fait. Diſons que les élémens *s'attirent* les uns les autres;

& que ceux de même eſpece *s'attirent* plus fortement, que ceux d'eſpeces différentes. Voyons maintenant ce qui doit réſulter de ce principe, & de ceux que nous avons poſés au commencement de cet article.

LXXXIII. *Idées ſur la maniere dont les élémens entrent dans la compoſition des Touts organiques.*

Les élémens répandus dans toutes les parties de la Nature, y donnent naiſſance à trois genres de compoſés, aux *fluides*, aux *ſolides non-organiſés*, aux *ſolides organiſés*. Il n'eſt pas néceſſaire d'indiquer ici les caracteres qui diſtinguent ces trois ordres d'Êtres corporels. Il ne s'agit actuellement que des *Corps organiſés.*

A parler exactement, les élémens ne forment point les Corps organiſés : ils ne font que les développer, ce qui s'opére par la *nutrition.* L'organiſation primitive des germes détermine l'arrangement que les atomes nourriciers doivent recevoir pour devenir parties du Tout organique.

Un ſolide non-organiſé eſt un ouvrage de *marqueterie*, ou de pieces de rapport. Un ſolide

ſolide organiſé eſt une étoffe formée de l'entrelacement de différens fils. Les *fibres élémentaires* avec leurs *mailles*, ſont la *chaîne* de l'étoffe; les atomes nourriciers qui s'inſinuent dans ces mailles, ſont la *trame*. Ne preſſez pourtant pas trop ces comparaiſons.

LXXXIV. *Principes ſur la méchanique de l'aſſimilation.*

POUR approfondir la méchanique de la *nutrition*, ne remontons pas au germe; il ne nous eſt pas aſſez connu. Prenons le Corps organiſé dans ſon plein accroiſſement.

QUEL eſt ici l'effet que la machine doit produire? Quelles ſont les puiſſances que la Nature met en œuvre?

IL s'agit de ſéparer des alimens les particules propres par leur nature, à s'unir au Corps organiſé. La figure, la groſſeur & les qualités de ces particules varient beaucoup. Le tiſſu du Corps organiſé renferme des variétés analogues. Quoique toutes ſes parties ne ſoient formées que de fibres différemment entrelacées, toutes ces fibres n'ont pas originairement une égale conſiſtance; la configuration des pores ou des mailles n'eſt pas par-tout la même, toutes ne ſont pas formées des mêmes élémens.

Les organes de la *nutrition*, & ceux de la *circulation* ſont les principales puiſſances que la Nature met ici en jeu. Par l'action de ces puiſſances, l'aliment eſt converti en un fluide qui, dans les plantes, porte le nom de *ſeve*, & dans les animaux, celui de *ſang*. Ce fluide eſt très-hétérogene ou très-mêlangé. On peut le regarder comme un amas de tous les élémens qui entrent dans la compoſition du Tout organique.

LXXXV. *Des ſécrétions en général.*

Si nous ſuivons le cours de ce fluide, nous obſerverons que la Nature le fait paſſer par des vaiſſeaux, dont le diametre diminue graduellement, & qui ſe diviſent & ſe ſubdiviſent ſans ceſſe. Nous obſerverons encore, que dans les animaux, pluſieurs de ces vaiſſeaux forment çà & là (1), par leurs plis & leurs replis, & par leurs divers entrelacemens, des maſſes plus ou moins conſidérables, dans leſ-

(1) *De la maniere dont ſe font les ſécrétions dans les glandes, par M.* Winslow. *Mém. de l'Acad. de Paris*, année 1711, pag. 245, &c.

quelles paroît une liqueur, qui ne ressemble point à celle que les vaisseaux *sanguins* y ont apportée, & qui différe aussi de celle que d'autres vaisseaux sanguins rapportent de ces mêmes masses aux principaux troncs des veines.

De ces observations générales découle la théorie des *sécrétions*, l'une des plus belles parties de l'économie organique. Il paroît que les organes des *sécrétions* sont des especes de *filtres*, dont les diametres ont été proportionnés à ceux des molécules qu'ils doivent extraire. Ainsi pendant que le sang parcourt rapidement les plus grands vaisseaux, il dépose dans les plus petits les particules qui leur sont relatives.

Mais quelque ingénieuse, & quelque vraisemblable que soit cette idée, nous nous tromperions peut-être, dans certains cas, si nous l'admettions exclusivement à toute autre. Nous supposerons donc encore, que plusieurs organes *sécrétoires* ont été imprégnés, dès le commencement, d'une liqueur semblable ou analogue à celle qu'ils doivent séparer; en sorte qu'il en est de ces organes, comme de ces bandes de drap ou de toile, qu'on plonge dans un vase plein de différentes liqueurs, &

qui ne tirent que celles dont elles ont été auparavant imbibées (1).

Enfin, le ralentiſſement du mouvement des liqueurs dans les plus petits vaiſſeaux; les coudes & les circuits de ces vaiſſeaux; l'eſpece d'attraction qu'il peut y avoir entre les parois des tuyaux & les liqueurs qui y circulent, peuvent devenir autant de ſources de ſécrétions.

LXXXVI. *Conjecture ſur la maniere dont les atomes nourriciers s'uniſſent au Tout organique.*

Mais comment les corpuſcules nourriciers s'uniſſent-ils aux parties qu'ils doivent nourrir? C'eſt ce que nous n'avons point expliqué, lorſque nous avons poſé les premiers principes de la théorie de l'accroiſſement.

Se repréſentera-t-on la liqueur nourriciere circulant dans les petits vaiſſeaux, ſous l'image d'un ruiſſeau, qui dépoſe ſur ſes bords les différentes matieres dont il eſt chargé?

(1) †† M. de Haller a prouvé la fauſſeté de cette opinion, comme je l'ai dit ailleurs. Il étoit remonté plus haut dans cette matiere ténébreuſe, que ne l'avoient fait les Phyſiologiſtes qui l'avoient précédé.

On pourroit se contenter de cette comparaison, s'il ne s'agissoit que d'un simple dépôt; mais il y a ici beaucoup plus. Les atomes nourriciers ne s'appliquent pas simplement à la surface des parties, ils en pénétrent le tissu & l'étendent en tout sens.

Le mouvement de *systole*, quelque fort qu'on le suppose dans les grands vaisseaux, ne sauroit être que très-foible dans les dernieres ramifications, soit à cause de leur éloignement du principe de la circulation; soit à cause de l'extrême finesse de leurs membranes.

Nous sommes donc conduits à chercher ailleurs une cause plus efficace de l'effet dont nous parlons. Cette cause seroit-elle une force analogue à celle qui éleve les liqueurs dans les *tubes capillaires*, ou qui fait qu'une corde mouillée peut élever un grand poids en se raccourcissant? Cette conjecture me paroît une des plus naturelles qu'on puisse former sur ce sujet.

Ainsi toutes les parties du Corps organisé sont nourries par une espece d'*imbibition*, comme je l'ai déja insinué ci-dessus.

LXXXVII. *Deux résultats principaux de la nutrition.*

De la nutrition résultent deux effets principaux; l'entretien des parties, & leur accroissement en tout sens.

L'ACTION continuelle des liqueurs sur les vaisseaux dans lesquels elles circulent; le frottement des parties solides les unes contre les autres; les mouvemens musculaires; le plus ou le moins de chaleur du Corps organisé, occasionent dans toutes les parties une déperdition de substance, qui, si elle n'étoit sans cesse réparée, en entraîneroit la destruction. C'est à quoi la nutrition remédie: elle remplace les corpuscules qui se dissipent, par d'autres corpuscules qui leur sont analogues.

LXXXVIII. *De la disposition originelle des fibres à s'étendre en tout sens.*

La force qui chasse dans les mailles des fibres, les atomes nourriciers, produit l'extension de ces fibres en tout sens. La durée & le degré de cette extension sont relatifs à la nature des élémens dont les fibres sont composées. Le plus ou le moins de facilité de ces élémens à glisser les uns sur les autres, ou pour m'exprimer en d'autres termes, leur *ductilité* plus ou moins parfaite, rend l'accroissement plus ou moins prompt, ou plus ou moins considérable. Les fibres élémentaires de certains Corps organisés auront, si l'on veut, une ductilité analogue à celle de l'*or* : d'autres Corps organisés auront des fibres, dont la ductilité répondra à celle de l'*argent* : d'autres seront formés de fibres qui n'auront que la ductilité du *fer*, &c.

L'ACCROISSEMENT en longueur cesse ordinairement avant celui en largeur. Les sucs qui étoient employés à l'extension des principales fibres, cessent de s'y porter en si grande abondance, lorsqu'elles ont pris tout leur accroissement: le superflu de ces sucs se dirige apparemment vers des filets latéraux ou intermédiaires, dont il procure le développement.

LXXXIX. *Raisons de la solidité qu'acquiérent les parties, & des causes naturelles de la mort.*

LA nourriture que reçoivent les fibres qui ont pris tout leur accroissement, augmente de plus en plus leur solidité. Le battement continuel des vaisseaux, & la pression mutuelle des parties qui tendent à réunir plusieurs fibres ou plusieurs membranes, en une seule fibre ou en une seule membrane; l'augmentation d'attraction qui résulte de l'augmentation des masses; la diminution des humeurs qui donnent occasion aux parties solides de se rapprocher, ou de s'unir plus intimément, un climat excessivement chaud, ou un climat excessivement froid; des nourritures seches, grossieres, ou visqueuses; un genre de vie pénible ou laborieux, sont autant de causes qui contribuent à l'endurcissement des fibres.

Le dernier terme de cet endurcissement, est le dernier terme de la vie.

Les liqueurs qui sont contenues dans les derniers replis, ou dans les plus petites ramifications, n'y séjournent pas. Elles sont continuellement repompées par des petits vaisseaux, qui les conduisent dans d'autres vaisseaux plus grands, d'où elles passent de nouveau dans ceux de la circulation.

Si cette *resorbtion* des liqueurs ne se fait point, elles se corrompent; & cette corruption est une des causes de la mort.

XC. *Essai d'application des principes précédens au développement du germe.*

RAPPROCHONS-NOUS maintenant de notre sujet.

CE que les alimens grossiers sont au Corps organisé, dans son plein accroissement, le fluide séminal l'est au germe, après la fécondation. Les organes infiniment petits de cet atome vivant, agissent sur les molécules variées de la liqueur séminale, comme les organes infiniment grands de la plante ou de l'animal développé, agissent sur les molécules des alimens.

LE germe sépare donc de la liqueur séminale les molécules propres à s'unir à lui. Nous avons supposé, que cette liqueur contenoit les élémens de toutes les parties du Corps organisé; & nous avons été conduits à cette supposition par des conséquences naturelles. Plusieurs Auteurs l'ont aussi admise, & cette conformité de sentimens lui est favorable. On a dit assez unanimément que la liqueur séminale est un extrait du Corps organisé. Mais personne n'a entrepris d'expliquer comment se forme cet extrait. J'ai été long-temps sans oser porter mes regards de ce côté-là; la difficulté du problême m'effrayoit. Mais une conjecture qui s'est offerte à moi, m'a un peu enhardi. J'ai pensé, que les organes de la génération, soit ceux du mâle, soit ceux de la femelle, pouvoient bien avoir été construits avec un art si merveilleux, qu'ils fussent une représentation des principaux visceres de l'animal.

XCI. *Soupçon de l'Auteur sur la structure des organes de la génération, & sur la formation de la liqueur séminale.*

Je m'explique. J'ai pensé qu'il y avoit dans les testicules, des vaisseaux relatifs à cette parte du cerveau qui filtre le fluide nerveux; d'autres, qui répondoient au foie par leur fonction, & qui séparoient des particules analogues à la bile; d'autres, qui répondoient au systême lymphatique, & qui séparoient une matiere analogue à la lymphe, &c. &c.

Cette conjecture, un peu hardie, je l'avoue, mais nullement absurde, pourroit fournir une explication assez heureuse de quelques faits embarrassans: par exemple, de la ressemblance des enfans au pere & à la mere, soit par rapport à certains traits, soit par rapport au tempérament & aux inclinations.

On ſait combien la qualité des fluides peut influer ſur la conſtitution des ſolides. On n'ignore pas non plus, combien la qualité des humeurs a d'influence ſur le tempérament, dont les inclinations ne ſont ſouvent qu'une ſuite. J'admettrois ici le concours des deux liqueurs dans l'acte de la génération ; & je ſuppoſerois que les molécules dominantes de celle du mâle ou de celle de la femelle, déterminent les rapports plus ou moins marqués de l'un ou de l'autre, avec la production qui leur doit le jour.

Mais, dira-t-on, comment expliquer par le ſecours de cette idée une boſſe, un nez exceſſivement long, des yeux d'une certaine couleur, &c. ?

Je conviens qu'on ne voit pas d'abord la ſolution de ces difficultés. Mais ſait-on juſqu'où s'étend l'action des fluides ſur les ſolides, & tout ce que peuvent opérer les différentes diſtributions, ou les différentes combinaiſons des premiers. Cela peut aller au point, que les faits dont il s'agit, en réſultent néceſſairement. Je demande ſeulement ſi on trouve que la choſe ſoit impoſſible.

XCII. *Réflexion sur l'opinion que la liqueur séminale est un extrait du Tout organisé.*

Ceux qui ont dit, que la liqueur séminale est un extrait du Corps organisé, & qui ont étendu cette expression à toutes les parties solides, n'ont pas de peine à se tirer de cette difficulté. Mais je prie qu'on me dise ce que c'est que l'extrait d'une bosse, d'un nez, d'un œil, &c.? Imaginera-t-on, que les corpuscules qui se détachent continuellement des solides dans les mouvemens vitaux, sont portés aux organes de la génération, leur réservoir commun? La subtilité de cette réponse ne seroit pas une raison suffisante pour me la faire rejetter.

XCIII. *Pourquoi les enfans n'engendrent pas?*

On me demandera encore pourquoi les enfans n'engendrent point? Je réponds qu'il en est des organes de la génération, comme de quelques parties qui ne se développent qu'à un certain âge.

Mais en voilà assez sur cette idée, que je qualifierois presque de romanesque. Si cependant elle plaisoit, on ne manqueroit peut-être pas de raisons pour la soutenir. Je le répete;

dans un ſujet auſſi obſcur, on ne ſauroit former trop de conjectures: c'eſt enſuite à la raiſon à les apprécier.

XCIV. *Remarque ſur la diſſémination.*

Au reſte, dans tout ce que je viens d'expoſer ſur la génération, l'hypotheſe des germes répandus par-tout, paroît être l'hypotheſe dominante. Ce n'eſt pas que j'aie rejetté celle des germes enveloppés les uns dans les autres: j'ai toujours regardé les difficultés qu'on fait contre cette hypotheſe, comme des monſtres qui terraſſent l'imagination, & que la raiſon terraſſe à ſon tour. Mais j'ai cru devoir préférer un ſyſtème dont la raiſon & l'imagination s'accommodent également. Pourquoi ne pas complaire un peu à l'imagination, quand la raiſon le permet?

CHAPITRE VII.

Observations microscopiques sur les liqueurs séminales, & sur les infusions de différentes especes.

Nouveau systême sur la génération.

XCV. *Occasion & dessein de ce chapitre.*

Je composois le Chapitre précédent, lorsque le second Volume de l'*Histoire naturelle, générale & particuliere*, m'est tombé entre les mains. La conformité des matieres contenues dans ce Volume avec celles que je viens de traiter, la réputation de l'Auteur, la singularité du systême, la nouveauté des découvertes, l'air de preuves qu'elles affectent, & sur-tout la défiance où je dois être à l'égard de mes idées, m'avoient d'abord fait penser à renoncer à tout ce que j'avois écrit sur la génération.

Ayant ensuite considéré de plus près, quoique d'une vue générale, le nouveau systême & les expériences sur lesquelles on tâche de l'établir, j'ai cru que je pouvois en donner ici un extrait, & hasarder en même temps de laisser subsister mes conjectures. J'ai pensé que mes lecteurs aimeroient à choisir, à comparer, & à combiner.

XCVI. *Précis des Observations de M. de* BUFFON. *Premiere expérience sur le sperme humain.*

JE vais donc donner un précis des nouvelles découvertes microscopiques sur les liqueurs séminales, & sur les infusions de différentes especes. Je passerai ensuite aux idées singulieres que ces découvertes ont fait naître.

PREMIERE EXPÉRIENCE. Une goutte de sperme d'un homme mort récemment, & mêlé avec un peu d'eau claire, ayant été placée au *foyer* d'un excellent microscope, on y apperçût d'abord des filamens assez gros qui s'étendoient en rameaux & en branches, ou se pelotonnoient & s'entremêloient. Ils étoient agités d'un mouvement d'*ondulation*. Plusieurs se gonflerent, & de ces gonflemens sortirent des globules ou parties ovales, qui d'abord resterent attachées aux filamens par un petit filet, qui s'alongeoit peu à peu, & se détacha du gros filament avec son globule.

Cette liqueur prenant, peu à peu, de la fluidité, les filamens disparurent, & les petits corps resterent suspendus à leurs filets. Ils avoient, la plupart, un mouvement d'*oscillation*, & de plus, un balancement vertical qui sembloit indiquer que ces petits corps étoient ronds.

Deux heures après, la liqueur étant devenue encore plus fluide, les petits globules se mûrent plus librement, leurs filets se raccourcirent; le mouvement d'*oscillation* diminua, & le progressif augmenta.

Au bout de cinq ou six heures, les globules se dégagerent entiérement de leurs filets; ils se mûrent en avant avec une grande vîtesse; la plupart étoient ovales, quelques-uns avoient les deux extrêmités gonflées.

Douze heures s'étant écoulées, la liqueur déposa une espece de matiere gélatineuse blanchâtre; celle qui surnageoit étoit claire comme de l'eau, mais visqueuse, & l'activité des petits corps augmentoit en tout sens.

Vingt-quatre heures après, la matiere épaisse étoit fort augmentée. Les corps en mouvement,

mouvement, dans ce qui reſtoit de liqueur claire, étoient en petit nombre, & inſenſiblement ils perdoient tout leur mouvement.

Telle eſt la ſuite des expériences faites ſur cette premiere goutte de *ſperme*. Elles ſemblent prouver que ces filets n'appartiennent point aux corps en mouvement; qu'ils n'en ſont ni queues ni membres, & que plus ce filet eſt long, plus ce globule eſt embarraſſé dans ſon mouvement.

XCVII. *Seconde expérience ſur le ſperme humain.*

Seconde expérience. Une autre goutte de *ſemen*, qui n'avoit point été mêlée avec l'eau, ayant été obſervée au microſcope, il a paru que la liqueur étant devenue très-limpide au bout de dix à onze heures, les globules dépouillés de filets ſortoient d'une eſpece de mucilage ou touffe de filamens; ils paſſoient rapidement d'un côté du *champ* du microſcope au côté oppoſé, en forme de courant. Diminuant d'autant la ſource d'où ils partoient, la liqueur ſe deſſécha, & devint comme un point noir dans ſon milieu. Les globules mouvans qui ſe réunirent par le deſſéchement, & qui perdirent de leur grandeur, formoient autour un réseau ou toile d'Araignée ; & en même temps qu'ils diminuoient de volume, ils augmentoient en pesanteur spécifique, ce qui les faisoit tomber au fond de la liqueur, sans conserver aucun mouvement.

XCVIII. *Troisieme expérience : sur le sperme du Chien.*

Troisieme expérience. Dans le *semen* d'un *Chien*, on apperçut des corps mouvans semblables à ceux de l'Homme, avec des filets de même grosseur ; seulement on n'y vit point de filamens. Le mouvement des globules à queue, qui étoit vertical, étoit plus fort, mais pas si rapide.

Le quatrieme jour, il n'y avoit qu'un très-petit nombre de ces globules, tandis qu'il en restoit davantage qui n'avoient point de queue. La liqueur déposa un sédiment composé de globules sans mouvement, & de queues détachées.

XCIX. *Quatrieme expérience : sur le sperme du Chien.*

Quatrieme expérience. Le *semen* d'un *Chien* depuis peu ouvert, offrit une grande quantité de très-petits globules ſans mouvement.

Les teſticules de ce même Chien ayant été mis en infuſion, on y apperçut trois jours après une grande quantité de corps mouvans, de figure ovale, ſans filets, du reſte ſemblables aux premiers, ſe mouvant en tout ſens; quelques-uns changeant de figure, ou s'alongeant, ou ſe raccourciſſant, ou ſe gonflant aux extrémités. On en vit juſqu'au vingtieme jour, qui ſe mouvoient avec plus de rapidité que jamais, mais d'une petiteſſe extrême. Alors il ſe forma une eſpece de pellicule ſur la ſurface de l'eau. Cette pellicule paroiſſoit compoſée des enveloppes de ces petits corps. L'eau n'avoit eu aucune communication avec l'air extérieur.

C. *Cinquieme expérience : ſur le ſperme du Lapin.*

Cinquieme expérience. Après avoir fait ouvrir cinq *Lapins*, ſans y avoir trouvé de liqueur ſéminale, le ſixieme en donna en abondance. Elle ſe réſolut lentement & par degrés en filamens & en gros globules, attachés les uns aux autres; mais ſans mouvement diſtinct. S'étant liquéfiée, elle ſe deſſécha. Mèlée avec de l'eau, elle ne put ſe délayer.

Ayant fait une infuſion de la liqueur du Lapin, on y obſerva les mêmes gros globules, mais en petit nombre, & ſéparés les uns des autres, & dont les mouvemens étoient ſi lents, qu'ils étoient à peine ſenſibles. Ces globules diminuerent de volume quelques heures après, & leur mouvement ſur leur centre augmenta.

Au bout de vingt-quatre heures, les globules parurent en beaucoup plus grand nombre. Ils avoient diminué de groſſeur à proportion. Cette diminution de volume augmenta de jour en jour, en ſorte qu'au huitieme ils étoient preſque inſenſibles. Enfin, ils diſparurent entiérement. Ils avoient ceſſé de ſe mouvoir un peu auparavant.

CI. *Sixieme expérience : ſur le ſperme du Lapin.*

Sixieme expérience. La liqueur ſéminale du *Lapin*, au moment qu'il la fournit à ſa femelle, parut plus fluide & donna des phénomenes différens. On y vit des globules en mouvement, & des filamens ſans mouvement; des globules *à filets*, ſemblables à ceux de l'Homme, mais plus courts, & qui traverſoient le champ du microſcope en forme de courant. Il reſte cependant quelque doute ſur l'exiſtence de ces queues ou filets, qui pouvoient bien n'être que des traits formés dans la liqueur par la rapidité du mouvement de ces globules.

CII. *Septieme expérience : sur le sperme du Bélier.*

SEPTIEME EXPÉRIENCE. La liqueur séminale du *Bélier* produisit un nombre infini de corps, qui se mouvoient en tout sens, & qui étoient de figure oblongue.

La liqueur ayant été délayée avec de l'eau chaude, pour empêcher qu'elle ne se coagulât, les petits corps y conserverent leurs mouvemens; leur nombre étoit prodigieux. Ils étoient sans queue.

CIII. *Huitieme expérience : sur le sperme des femelles.*

HUITIEME EXPÉRIENCE. Les mêmes expériences furent faites sur la liqueur séminale des femelles.

ON trouva cette liqueur dans des corps glanduleux semblables à des petits mamelons, qui étoient dans un des testicules, placés à l'extrémité des cornes de la matrice d'une

Chienne. On diſtingua bientôt les petits corps mouvans, pourvus de queues ou de filets, & qui reſſembloient entiérement à ceux du *Chien.*

On y vit auſſi pluſieurs globules qui tâchoient de ſe dégager du mucilage qui les environnoit, & qui emportoient après eux des filets.

Cette liqueur de la femelle eſt auſſi fluide que celle du mâle. Au bout de quatre ou cinq heures, elle fit un dépôt, d'où ſortoit un torrent de globules, qui paroiſſoient tres-actifs & vouloir ſe dégager de leur enveloppe mucilagineuſe & de leurs queues.

CIV. *Neuvieme expérience : ſur le mélange des deux ſpermes.*

Neuvieme expérience. Le mêlange de deux liqueurs d'un *Chien* & d'une *Chienne* ne fournit rien de nouveau, la liqueur & les corps en mouvement étant toujours les mêmes & entiérement ſemblables.

CV. *Dixieme expérience : ſur les teſticules de la Vache.*

Dixieme expérience. On chercha enſuite

dans des testicules de *Vache*, la liqueur dont il s'agit. On la trouva, non dans des vésicules lymphatiques placées à la surface de ces testicules, lesquelles ne contenoient qu'une liqueur transparente, & qui n'offroit rien de mouvant; mais dans un corps glanduleux gros & rouge comme une cerise. On y observa des globules mouvans, mais fort petits & obscurs, sans apparence de queues ou de filets. Les uns avoient un mouvement progressif fort lent: les autres étoient immobiles.

CVI. *Onzieme expérience: sur le même sujet.*

ONZIEME EXPÉRIENCE. Les testicules de deux *Vaches* furent aussi mis en infusion dans de l'eau pure, & renfermés exactement dans un bocal.

Au bout de six jours, on y découvrit une quantité innombrable de globules mouvans, d'une petitesse extrême, fort actifs, tournant sur leur centre, & en tout sens. Ils disparurent entiérement trois jours après.

CVII. *Douzieme expérience: sur l'eau d'Huître, & sur la gelée de Veau.*

DOUZIEME EXPÉRIENCE. De l'eau d'*Huîtres*,

& de la *gelée de Veau* rôti ayant été mises en expérience de la même maniere, on y découvrit au bout de quelques jours de petits corps, les uns ovales, les autres sphériques, semblables à des poissons qui nagent, mais qui étoient dépourvus de queues & de membres. Ils étoient très-distincts ; & ils devinrent de jour en jour plus petits.

CVIII. *Treizieme expérience : sur les infusions des graines de l'Oeillet & du Poivre.*

TREIZIEME EXPÉRIENCE. On examina aussi les infusions des graines de quelques plantes, en particulier de l'*Oeillet* & du *Poivre.*

L'INFUSION d'*Oeillet* offrit une très-grande quantité de globules, dont le mouvement étoit extrêmement sensible, & qui se conserva pendant trois semaines, au bout desquelles la petitesse des globules augmenta au point de les rendre absolument invisibles.

L'EAU de *Poivre* bouillie & celle qui n'avoit point bouilli, présenterent le même spectacle, mais plus tard.

CIX. *Quatorzieme expérience : ſur une diſſolution d'une poudre pierreuſe par l'eau forte.*

QUATORZIEME EXPÉRIENCE. Une fermentation de poudre de *pierre* & d'une goutte d'*eau forte* ne produiſit rien de pareil : en ſorte qu'il y avoit lieu de ſoupçonner que ce que l'on appelloit fermentation, n'étoit que l'effet de ces parties organiques des animaux & des végétaux (1).

CX. *Quinzieme expérience : ſur les laîtes des poiſſons, & en particulier ſur celles du* Calmar.

QUINZIEME EXPÉRIENCE. Les *laîtes* de différentes eſpeces de *poiſſons* vivans n'offrirent rien de plus remarquable que ce qu'avoit offert l'infuſion d'*Oeillet*.

IL n'en fut pas de même des *laîtes* du *Calmar*. On y découvrit des ſingularités frappantes, & qui n'ont encore été obſervées dans

(1) †† Si, lorſque je traçois l'abrégé de ces nombreuſes expériences & de leurs réſultats, j'avois ſu qu'ils ne repoſoient tous que ſur des apparences trompeuſes, j'aurois épargné à mon Lecteur ces détails fatiguans, & à moi-même la peine de les raſſembler. J'indiquerai bientôt l'origine de ces apparences, qui en avoient impoſé à l'Obſervateur, & qu'un autre Obſervateur mieux inſtruit & plus circonſpect, a ſu démêler.

aucune autre eſpece, ſoit de plante, ſoit d'animal; quoiqu'il y ait lieu de penſer qu'elles ne ſont pas propres au ſeul *Calmar.*

La liqueur laiteuſe de ce poiſſon renferme de petites machines d'une ſtructure très-compoſée, & dont il n'eſt pas facile de donner une idée bien claire. Ce ſont de petits reſſorts contenus dans un double étui tranſparent, cartilagineux & élaſtique. L'extrémité ſupérieure de l'étui extérieur eſt ſurmontée d'une *tête* arrondie, & contournée de façon qu'elle couvre une ouverture deſtinée à laiſſer ſortir les parties renfermées dans l'intérieur de l'étui.

Ces parties ſont une *vis*, un *piſton*, un *barillet*, & une *ſubſtance ſpongieuſe.*

La *vis* occupe le haut de l'étui, auquel elle tient par deux *ligamens.* Le *piſton* & le *barillet* ſont placés au milieu de ce même *étui.* La *ſubſtance ſpongieuſe* en occupe le bas.

Une humeur viſqueuſe environne ces petites machines. Elles ne jouent que lorſqu'elles en ſont débarraſſées.

Si on les en retire, & qu'on humecte la tête

de l'étui, on les déterminera à agir, & on obſervera aſſez diſtinctement leur jeu.

On verra la *vis* monter lentement vers le ſommet de l'étui. Ses tours de ſpirale, auparavant peu ſerrés, ſe reſſerreront de plus en plus. Le *piſton*, le *barillet* placé immédiatement au-deſſous, & la *ſubſtance ſpongieuſe*, avanceront dans le même ſens. La tête de l'étui ſe diſpoſera alors pour laiſſer un libre paſſage à toutes ces parties. Elles s'élanceront dehors auſſi-tôt. Le *piſton* & le *barillet* ſe ſépareront à l'inſtant l'un de l'autre, & la *liqueur ſéminale* ſortira de l'intérieur de ce dernier, ſous l'aſpect d'une matiere ſéreuſe, où flotteront beaucoup de globules opaques, ſans aucun ſigne de vie.

CXI. *Réflexions ſur ces obſervations microſcopiques.*

Ce ſont de belles expériences que celles que je viens de décrire. Elles ſembleroient nous porter aux extrémités les plus reculées de la création ſenſible, ſi la raiſon ne nous perſuadoit auſſi-tôt que le plus petit globule viſible de liqueur ſéminale, eſt le commencement d'un autre Univers, que l'infinie petiteſſe de ſes parties met hors de la portée de nos meilleurs microscopes. Nous admirons ces globes immenses qui roulent majestueusement sur nos têtes : nous étudions avec soin les courbes qu'ils décrivent : nous calculons leur cours : nous recherchons leur véritable figure : nous mesurons leur grandeur : nous observons leurs phases ; quel sera le Physicien qui tentera ces différentes opérations sur ces globes infiniment petits qui roulent dans les liqueurs séminales? Qui nous tracera les courbes infiniment variées qu'ils décrivent ? Qui nous assignera les loix de leurs mouvemens & de leurs révolutions ? Qui pénétrera leurs véritables figures, & la raison de toutes leurs apparences ? Qui percera cette nuit profonde ; qui sondera cet abime où la Nature va se perdre ? Quelle intelligence compare d'un coup-d'œil, la sphere de *Saturne*, & celle du globule qui nage dans la liqueur séminale du *Ciron* ? Cette intelligence n'habite point sur la terre ; le ciel est sa demeure. Elle connoît le nombre des étoiles fixes, & celui des mondes qu'elles éclairent. Elle sait combien le plus petit globule de liqueur est contenu de fois dans le globe énorme du soleil.

CXII. *Précis du nouveau systême. Molécules organiques.*

Au précis que j'ai donné des dernieres expériences qui ont été faites ſur la génération, je joindrai une légere eſquiſſe du nouveau ſyſtême qu'elles paroiſſent établir.

SUIVANT ce ſyſtême, il eſt dans la Nature une matiere commune aux végétaux & aux animaux, compoſée de *particules organiques* vivantes, primitives, incorruptibles, & toujours actives. Le mouvement de ces particules peut être arrêté par les molécules les plus groſſiéres des mixtes; mais dès qu'elles parviennent à ſe dégager, elles produiſent par leur réunion, les différentes eſpeces d'Êtres organiſés qui figurent dans le monde.

CETTE matiere répandue par-tout, ſert à la nutrition & au développement de tout ce qui vit ou végete.

CXIII. *Surplus des molécules organiques renvoyé à un dépôt commun.*

LE ſurplus de ce qui eſt néceſſaire pour produire cet effet, eſt renvoyé de toutes les parties du corps dans un réſervoir commun où il ſe forme en liqueur. Les organes de la génération ſont ce réſervoir.

CXIV. *Liqueur séminale. Moule intérieur. Globules mouvans.*

La liqueur séminale contient toutes les molécules analogues au corps de l'animal ou du végétal, & suivant qu'elle trouve une matrice convenable, elle produit un petit Être entiérement semblable au *moule intérieur* dont les molécules faisoient partie.

Lorsqu'elle ne trouve point de matrice convenable, elle produit ces Êtres organisés, qui sont ces corps mouvans & végétans que l'on voit dans les liqueurs séminales des animaux, & dans les infusions végétales ou animales.

Toutes les substances organisées renferment donc une grande quantité de cette matiere productrice, comme on le voit par les infusions de toute espece. Elle y paroît d'abord sous la forme de corps mouvans, aussi gros que ceux des liqueurs séminales; mais qui, à mesure que la décomposition augmente, diminuent de grosseur, & acquiérent plus de mouvement, & enfin deviennent imperceptibles quand la matiere qui est en infusion a achevé de se corrompre.

Il ſuit de là, que le pus des plaies eſt tout compoſé de ces petites parties organiques qui ſont en très-grand mouvement.

CXV. *L'origine des Vers du corps humain.*

Cette matiere productrice ſe trouvant raſſemblée dans quelque partie de l'animal d'où elle ne ſauroit s'échapper, y forme des Êtres vivans tels que le *Tænia*, les *Aſcarides*, & tous les Vers qui ſont dans les veines, ceux qu'on tire des plaies, ou qu'on trouve dans les chairs corrompues, dans le pus, &c.

CXVI. *Végétations filamenteuſes.*

Les molécules ou corps mouvans dont il s'agit, ſont tous développés dans les liqueurs ſéminales, & s'y manifeſtent très promptement.

Dans toutes les ſubſtances végétales & animales, la matiere productrice paroît ſous la forme d'une végétation, par des filamens qui croiſſent & s'étendent, & par des bourſouflemens aux extrêmités de ces filamens, qui venant à ſe crever, donnent paſſage à une infinité de corps en mouvement ; tel eſt le *Fœtus* qui dans les premiers tems, ne fait que végéter.

CXVII. *La nutrition, le développement, la reproduction.*

AINSI cette matiere organique animée, universellement répandue, sert à la *nutrition*, au *développement*, & à la *reproduction* de toutes les substances végétales & animales; 1°. à la *nutrition*, par une pénétration intime de cette matiere dans toutes les parties du corps de l'animal ou du végétal; 2°. au *développement*, en ce que cette pénétration trouve des parties encore assez ductiles pour se gonfler & s'étendre, ce qui n'est qu'une espece de nutrition; 3°. à la *reproduction*, par la surabondance de cette même matiere, qui est renvoyée par chaque partie du corps de l'animal ou du végétal, & qui étant destinée à nourrir cette même partie, lui est, par conséquent, parfaitement analogue.

LA *nutrition*, le *développement*, & la *formation* d'un nouvel Être organisé sont le produit d'une *force* inconnue, qui comme celle de la *pesanteur*, pénetre toute la masse, mais qui n'a rien de commun avec les *forces méchaniques*.

LA loi fondamentale de cette force est, que

que les molécules organiques, qui ont le plus de rapport entr'elles s'unissent plus étroitement.

Ainsi dans le commerce de deux individus, la liqueur que fournit le mâle, se mêle avec celle que fournit la femelle, & ces deux liqueurs n'en forment plus qu'une seule. Les molécules analogues ou correspondantes de cette liqueur, tendent à se rapprocher & à s'unir, en vertu de leurs rapports. Et comme ces molécules ont été renvoyées des différentes parties de chaque individu, où elles se sont pour ainsi dire moulées, elles conservent dans la liqueur séminale, une disposition à représenter ces mêmes parties. Elles forment donc dans la matrice des touts particuliers, d'où résulte le tout général, ou l'*embrion*.

Les Corps organisés dont toutes les parties sont formées de particules organiques, qui ont en petit la même forme extérieure & intérieure que celle du grand corps, sont ceux dont la reproduction est la plus facile & la plus abondante. Ce sont aussi les corps les plus simples. Le Polype est formé de la répétition de plusieurs particules organiques, qui sont, en petit, de véritables *Polypes*. C'est ainsi à peu près qu'une masse de *sel marin* est formée de la répétition de cubes de différentes grandeurs.

Les corps les plus composés, & par cela même les plus parfaits, ont beaucoup de parties *dissimilaires*, & n'en ont que très-peu de *similaires* : de là vient qu'ils reproduisent moins facilement & moins abondamment.

Le Corps organisé reçoit par la nutrition, des molécules organiques, ou propres à s'unir à lui, & des molécules brutes, ou qui ne sont pas propres à s'unir à lui. Il sépare celles-ci ou les rejette. Il s'incorpore ou retient celles-là. Mais il en retient d'autant moins, qu'il a moins besoin d'en retenir, ou qu'il est plus avancé dans son accroissement. Alors le superflu de ces molécules est renvoyé aux organes de la génération, comme à un dépôt commun, pour servir à la propagation de l'espece.

CXVIII. *Les principaux phénomenes de la génération. L'origine du fœtus.*

Le nombre, le mouvement, & les proportions relatives des molécules organiques sont la principale source des différentes variétés, ou des divers phenomenes qu'offre la génération.

DANS l'union des fexes, fi les molécules que nous fournit le mâle furpaffent en nombre & en activité celles que fournit la femelle, l'embryon qui en provient eft un mâle, & réciproquement.

DE là, la reffemblance plus ou moins marquée des enfans au pere ou à la mere. De là, les rapports plus ou moins prochains des *Mulets* aux individus qui ont concouru à leur formation.

S'IL naît un feizieme de plus en mâles qu'en femelles; c'eft que les femelles étant communément plus petites, plus foibles, & mangeant moins que les mâles, les molécules organiques qu'elles fourniffent font en plus petit nombre.

CXIX. *Pourquoi les petits animaux font plus féconds que les grands. &c.*

LES grands animaux font moins féconds que les petits; la *Baleine*, *l'Eléphant* &c. font moins féconds que le *Hareng*, le *Rat*, &c.

La raiſon en eſt apparemment, qu'il faut plus de nourriture pour entretenir un grand corps, que pour en nourrir un petit ; & que proportion gardée, il y a dans les grands animaux beaucoup moins de nourriture ſuperflue qui puiſſe devenir ſemence, qu'il n'y en a dans les petits animaux. Ceux-ci ſont doués d'organes plus fins ; ils extraient ainſi moins de particules brutes, & plus de particules organiques. L'*Abeille* qui ne ſe nourrit que du ſuc le plus délicat des fleurs, extrait plus de particules organiques que le *Cheval*, qui ſe nourrit d'herbes les plus groſſieres.

Les *Poiſſons* couverts d'*écailles* multiplient incomparablement plus que les *Quadrupedes* couverts de *poils*. Cela vient peut-être de ce que les *écailles* diminuent plus que les *poils*, l'évacuation qui ſe fait des ſucs nourriciers par la tranſpiration ; & que la ſurabondance des molécules organiques qui en eſt une ſuite, favoriſe la multiplication.

CXX. *Remarques ſur ce précis du nouveau ſyſtême.*

Tels ſont les principaux traits par leſquels j'ai tâché de caractériſer le nouveau ſyſtême ſur la génération. Je ſens que ce point de vue ne lui eſt pas favorable. Ces différens traits ne forment pas un tout aſſez lié, aſſez harmonique, ni aſſez facile à ſaiſir. Je prie donc ceux de mes Lecteurs qui voudront s'en faire une idée plus juſte, de conſulter l'ouvrage même. Ils ſeront bien dédommagés de la longueur de cette lecture par les agrémens du ſtyle, & par le grand nombre de choſes intéreſſantes qui s'y trouvent répandues.

CXXI. *Conſéquences générales de ce ſyſtême.*

On voit par l'expoſé de ce ſyſtème, que les Corps organiſés n'exiſtoient point originairement en petit dans des *germes* : mais qu'ils ſont formés de la réunion d'un nombre déterminé de *particules organiques*, *vivantes*, *actives*, *indeſtructibles*. Ces particules ne ſont en elles-mêmes, ni *végétaux* ni *animaux* ; mais elles ſont propres à compoſer des *végétaux* & des *animaux*. Ce ſont des matériaux deſtinés à la conſtruction de ces différens édifices. La main inviſible qui met ces matériaux en œuvre, eſt une *force* ſecrette, qui, comme celle de la *gravité*, pénetre les maſſes, mais qui n'agit point par *impulſion*, comme les forces méchaniques. Suivant les lieux & les circonſtances dans lesquels cette force exerce son action, elle produit des Etres différens : dans la *matrice*, c'est un *Embryon :* dans les *intestins*, c'est un *Tænia :* dans la *peau* d'un *Polype*, c'est un *Polype :* dans l'*écorce* d'un *arbre*, c'est une *branche*, ou un arbre en petit. Les memes particules organiques qui forment l'Être organisé fournissent à sa *nutrition* & à son *accroissement*. Portées à toutes ses parties, elles s'y arrangent & s'y moulent d'une maniere relative à la forme de ces memes parties. Devenues surabondantes, & renvoyées aux organes de la génération, comme à un réservoir général, ces particules y conservent une aptitude à représenter en petit les parties dont elles proviennent. Mais cette représentation ne sauroit se faire que lorsque les particules organiques se trouvent placées dans un lieu convenable, & ce lieu est la *matrice*. Là, les particules destinées à former les organes propres à l'un des sexes sont les premieres à se réunir : ces organes sont, pour ainsi dire, le centre ou la base de tout l'édifice. Les autres particules destinées à représenter les parties communes aux deux sexes, viennent ensuite se ranger conséquemment à leurs *rapports*, & à la force qui agit en elles. Telle est en général, l'origine de tous les Corps organisés. Leur décomposition nous laisse appercevoir les élémens organiques qui les compoſoient. Ils ſe montrent dans les *infuſions* ſous la forme de *globules mouvans*, dont la groſſeur diminue à meſure que la décompoſition augmente.

CHAPITRE VIII.

Examen du nouveau ſyſtême. Comparaiſon de ce ſyſtême avec celui des germes.

CXXII. *Principales ſources des objections qu'on peut former contre le ſyſtême des molécules organiques.*

IL y auroit bien des réflexions à faire ſur ce ſyſtème. Des particules organiques, vivantes, actives, communes aux végétaux & aux animaux, & qui ne ſont cependant ni végétal, ni animal; une force qui n'a rien de ſemblable à l'*impulſion*; un moule extérieur & intérieur, où les particules organiques vont ſe mouler, & d'où elles ſont renvoyées à un dépôt commun, pour repréſenter enſuite ce moule en petit; des rapports en vertu deſquels ces particules ſe réuniſſent pour former un Tout organique; ce ſont là des ſuppoſitions avec leſquelles il n'eſt pas facile de se familiariser. Je n'insisterai cependant pas là-dessus. Ce ne sont peut-être que des difficultés, plutôt que de véritables objections. Je me contenterai de rappeller à l'esprit de mes Lecteurs l'étonnant appareil de *fibres*, de *membranes*, de *vaisseaux*, de *ligamens*, de *tendons*, de *muscles*, de *nerfs*, de *veines*, d'*arteres*, &c. qui entrent dans la composition du corps d'un animal. Je les prierai de considérer attentivement la structure, les rapports & le jeu de toutes ces parties. Je leur demanderai ensuite, s'ils conçoivent qu'un Tout aussi composé, aussi lié, aussi harmonique, puisse être formé par le simple concours de molécules mues ou dirigées suivant certaines loix à nous inconnues. Je les prierai de me dire s'ils ne sentent point la nécessité où nous sommes d'admettre, que cette admirable machine a été d'abord dessinée en petit par la même main qui a tracé le plan de l'Univers. Pour moi j'avoue ingénument, que je n'ai jamais conçu que la chose puisse être autrement. Lorsque j'ai voulu essayer de former un Corps organisé sans le secours d'un germe primitif, j'ai toujours été si mécontent des efforts de mon imagination, que j'ai très-bien compris que l'entreprise étoit absolument au-dessus de sa portée.

CXXIII. *Comparaison du nouveau systême avec le systême des anciens & celui des natures plastiques.*

Les anciens, qui ne pouvoient pas être d'aussi bons Philosophes que nous, croyoient que les Insectes naissoient de la corruption. Ils supposoient que les molécules de la chair pourrie d'un *Taureau* ou d'un *Ane*, venant à se réunir, produisoient une *Abeille*, un *Scarabée*, &c. Nous nous sommes fort moqués de cette Physique : que lui manquoit-il cependant pour paroître moins grossiere? Une forme plus systématique. Il falloit organiser ces molécules, les rendre vivantes & actives : il falloit les faire marcher avec regle, & suivant certaines loix.

Des Philosophes plus éclairés & plus profonds que les anciens, ont joint à la matiere une *ame* ou une *vertu plastique*, chargée de l'organiser. Ils ont pensé que les Vers du corps humain, & ceux qu'on trouve dans l'intérieur des plantes, étoient dûs à cette *vertu*. Ces Philosophes étoient bien près de la *force productrice* du nouveau systême.

CXXIV. *Objections contre le système des molécules organiques.*

Mais si l'on vouloit approfondir davantage le nouveau système, on demanderoit : 1°. Comment les particules organiques supposées *inaltérables*, peuvent être *moulées*? 2°. Comment ces particules étant renvoyées de toutes les parties qui ont pris leur parfait accroissement, & n'y ayant point été admises, y ont pourtant pris des formes propres à représenter en petit ces mêmes parties? 3°. Comment les individus qui proviennent de l'accouplement de deux individus d'especes ou de formes essentiellement différentes, ont des organes qu'on ne trouve ni dans le pere ni dans la mere? Tel est, par exemple, le cas des *mulets* chez les *Abeilles*. 4°. Comment un mâle ou une femelle, ou tous les deux ensemble, mutilés dans quelque partie essentielle & unique, engendrent des animaux à qui il ne manque rien (1)?

(1) †† On verra dans la note que j'ai ajoutée à la fin de ce Chapitre, les preuves les plus directes & les plus demonstratives de la fausseté des *molécules organiques*. Et comme le systême dont il s'agit, repose principalement sur l'existence de ces *molécules*, les preuves qui démontrent leur non-existence, démontrent par cela même la fausseté du systême auquel elles servent de base. Une pure méprise, facile à reconnoître, avoit donné naissance à l'ingénieux Roman.

CXXV. *Réfutation des conséquences que les partisans de l'épigénese tirent des observations de* MALPIGHI *sur le Poulet*, *&* *de celles d'*HARVEY *sur les Biches.*

ON m'objectera sans doute les observations sur l'accroissement du *Poulet* dans l'*œuf*, & celles sur la génération des *Biches*, par lesquelles il paroît que les parties d'un Corps organisé, sont formées les unes après les autres. Dans le *Poulet*, par exemple, observé pendant les premiers jours de l'*incubation*, le *cœur* paroît extérieur au corps de l'animal, & d'une forme très-différente de celle qu'il aura par la suite.

MAIS la foiblesse de cette objection se fait aisément sentir. On veut juger du temps où les parties d'un Corps organisé ont commencé d'exister, par celui où elles ont commencé de devenir sensibles. On ne considere point, que le repos, la petitesse & la transparence de quelques-unes de ces parties, peuvent nous les rendre invisibles, quoi qu'elles existent réellement.

CXXVI. *Le nouveau systême moins probable que celui des germes.*

AU reste, je consens qu'on ne regarde point

le nouveau ſyſtème ſur la génération comme abſurde. Les voies de la Nature me ſont trop peu connues, pour oſer prononcer ſur les moyens qu'elle a jugé à propos de choiſir. Je trouve ce ſyſtème ingénieux. Il me paroît ſeulement, que celui qui établit que les Corps organiſés ont exiſté originairement en petit dans les germes, & que la *génération* n'eſt que le commencement du développement de ces germes, eſt un ſyſtème plus probable, plus facile à ſaiſir, & ſujet à moins de difficultés ou d'inconvéniens.

CXXVII. *Remarques ſur l'emboîtement : maniere de juger de ſa poſſibilité.*

Je m'en ſuis déja expliqué : je ne prendrai point parti entre l'hypotheſe qui répand les germes par-tout, & celle qui les emboîte les uns dans les autres. Ces deux hypotheſes ont chacune leur probabilité : mais il ne faut pas ſuppoſer un emboîtement à l'infini, ce qui ſeroit abſurde. La diviſibilité de la matiere à l'infini, par laquelle on prétendroit ſoutenir cet emboîtement, eſt une vérité géométrique, & une erreur phyſique. Tout corps eſt néceſſairement fini ; toutes ſes parties ſont néceſſairement déterminées : mais cette détermination nous eſt inconnue. Nous ignorons absolument quels sont les derniers termes de la division de la matiere ; & c'est cette ignorance même qui doit nous empêcher de regarder comme impossible l'enveloppement des germes les uns dans les autres. Nous n'avons qu'à ouvrir les yeux, & à promener nos regards autour de nous, pour voir que la matiere a été prodigieusement divisée. L'échelle des Êtres corporels est l'échelle de cette division. Combien la *Moisissure* est-elle contenue de fois dans le *Cedre*, la *Mitte* dans l'*Eléphant*, la *Puce d'eau* dans la *Baleine*, un *grain* de *sable* dans le globe de la terre, un globule de lumiere dans le soleil ? On nous prouve qu'une once d'*or* peut être assez sous-divisée par l'art humain pour former un fil de quatre-vingt à cent lieues de longueur (1) : on nous montre au microscope des animaux dont plusieurs milliers n'égalent pas ensemble la grosseur du plus petit grain de poussiere : on fait cent observations de même genre, & nous traiterions d'absurde la théorie des enveloppemens. Il y a plus, on observe, pour ainsi

(1) †† Je ne disois pas assez : M. de REAUMUR avoit prouvé, que l'once d'or pouvoit fournir un fil, qui considéré sous toutes ses dimensions, égaloit en longueur quatre cent quarante-quatre lieues. Voy. *Mém. de l'Acad.* 1713, *Leçons de Physique*, Tome I, page 40.

dire à l'œil, cet envoloppement. On découvre dans un oignon d'*hyacinte* jusques à la quatrieme génération. Et ce qu'il y a de très-remarquable, est que les parties de la fleur sont celles qu'on distingue le mieux dans la troisieme & quatrieme génération : le volume de ces parties paroît incomparablement plus grand que celui de toutes les autres parties prises ensemble (1).

NE jugeons pas de la matiere uniquement par les rapports plus ou moins prochains qu'elle a avec notre corps. Evitons de nous servir de cette mesure. Des hommes dont la taille n'excéderoit pas celle de ces animaux qui nagent dans les infusions, concevroient peut-être plus facilement que nous, l'emboîtement dont il est ici question. Ils seroient en quelque sorte, plus près de cette région d'infiniment petits.

CXXVIII. *Touts organisés considérés dans l'hypothese de* l'emboîtement.

POUR moi, j'aime à reculer le plus qu'il m'est possible, les bornes de la création. Je me plais

(1) †† Je tenois cette observation de feu mon illustre Compatriote, M. CALANDRINI, qui l'avoit faite lui-même, & qui ne m'en avoit pas fourni les détails.

à confidérer cette magnifique fuite d'Êtres organifés, renfermés comme autant de petits mondes les uns dans les autres. Je les vois s'éloigner de moi par degrés; diminuer fuivant certaines proportions, & fe perdre enfin dans une nuit impénétrable. Je goûte une fecrette fatisfaction à contempler dans un *gland* le germe d'où naîtra dans quelques fiecles, le *Chêne* majeftueux à l'ombre duquel les oifeaux de l'air & les bêtes des champs iront fe réjouir. J'ai encore plus de plaifir à découvrir dans le fein d'ÉMILIE le germe du Héros qui fondera dans quelques milliers d'années, un grand empire, ou plutôt celui d'un Philofophe qui découvrira alors au monde, la caufe de la *pefanteur*, le myftere de la génération, & la méchanique de notre Être.

CXXIX. *Touts organifés confidérés dans l'hypothefe de la* diffémination.

L'HYPOTHESE des germes répandus dans toutes les parties de la Nature, ne m'offre pas un fpectacle moins intéreffant, quoique dans un tout autre goût. Chaque Corps organifé fe préfente à moi fous l'image d'une petite terre, où j'apperçois en raccourci toutes les efpeces de plantes & d'animaux, qui s'offrent en grand ſur la ſurface de notre globe. Un *Chêne* me paroît composé de *plantes*, d'*Inſectes*, de *coquillages*, de *reptiles*, de *poiſſons*, d'*oiſeaux*, de *quadrupedes*, d'*Hommes* même. Je vois monter dans les racines de ce *Chêne*, avec les ſucs deſtinés à ſa nourriture, des légions innombrables de germes. Je les vois circuler dans les différens vaiſſeaux, & ſe loger enſuite dans l'épaiſſeur de leurs membranes pour les augmenter en tout ſens. Je les obſerve s'arranger les uns à côté des autres, ou s'entrelacer les uns dans les autres, & former ainſi de petits édifices qui rappellent à mon eſprit ces étranges monumens que la ſuperſtition Américaine éleva autrefois en l'honneur de ſes Dieux, & qui n'étoient conſtruits que des têtes des animaux qu'elle leur avoit ſacrifiés. Les vents, les pluies, la chaleur, le froid, &c. venant fondre tour à tour ſur le *Chêne*, triomphent enfin de ſa force & de ſa vigueur : je vois le bâtiment crouler, & ſe réduire en un tas de pouſſiere. Les petits Êtres organiſés qui entroient dans ſa compoſition, ſupérieurs à toutes ces atteintes, ſont mis alors en liberté, & ſe répandent de toutes parts. Je continue à les ſuivre, & je les vois rentrer bientôt dans d'autres compoſés organiques, & devenir ſucceſſivement *Mouche*, *Limaçon*, *Serpent*, *Carpe*, *Roſſignol*, *Cheval*, &c.

Que

Que dirai-je? L'air, l'eau, la terre me me paroissent qu'un amas de germes, qu'un vaste Tout organique.

Saisi d'étonnement à la vue de cette circulation perpétuelle de germes, & de ces immenses richesses qui ont été mises en réserve dans tous les corps, je contemple avec délices cette économie merveilleuse. Je vois les siecles s'entasser les uns sur les autres, les générations s'accumuler comme les flots de la mer, sans que le nombre des germes employés à les fournir, diminue d'une maniere sensible la masse organique qu'ils composent.

Le dernier point de vue sous lequel je viens de présenter le systême des germes, paroîtroit le rapprocher beaucoup du systême des *molécules organiques*, si je n'avois pas défini ce que j'entends par les germes, & si je n'avois pas indiqué la maniere dont on peut concevoir qu'ils entrent dans la composition des corps.

CXXX. *Recherches ſur la nature des* globules mouvans.

Illuſions & erreurs à craindre dans les obſervations ſur de ſemblables corps.

Viciſſitude des opinions humaines : efforts de la raiſon & ſes écarts.

Mais que doit-on penſer de ces *globules mouvans* qu'on découvre dans les liqueurs ſéminales, & dans les infuſions de végétaux & d'animaux de toute eſpece ?

La déciſion de cette queſtion n'eſt pas facile. Elle dépend d'une connoiſſance exacte de la nature de ces globules ; & cette connoiſſance, nous ne ſommes pas près de l'acquérir. Placés à une ſi grande diſtance de ces petits corps, pourvus d'inſtrumens auſſi imparfaits que le ſont encore nos microſcopes ; comment atteindrions-nous à quelque choſe de précis ſur ce ſujet (1) ?

(1) †† Ce qui me paroiſſoit ſi difficile quand j'écrivois ceci, étoit pourtant aſſez facile ; mais je n'avois garde de le ſoupçonner, parce que je ne pouvois me perſuader, que toutes les expériences que j'ai rapportées dans le Chap. VII, euſſent été mal faites, & que tous leurs réſultats ne repoſaſſent que ſur des apparences trompeuſes. Cependant on entrevoit aſſez par ce que je dis dans le reſte de l'Article, que je preſſentois ici quelque illuſion.

L'erreur peut se glisser ici par bien des endroits : les sentiers de la vérité ne sont pas nombreux. Des mouvemens plus ou moins forts, plus ou moins variés, plus ou moins soutenus du fluide où ces globules nagent; une évaporation plus ou moins abondante, plus ou moins accélérée de ce fluide; une décomposition plus ou moins prompte, plus ou moins graduelle des particules; un air plus ou moins pur, plus ou moins actif; une illusion d'optique plus ou moins difficile à reconnoître ou à prévenir; que sais-je encore? un fluide très-actif qui pénétreroit la matiere séminale, ou celle de l'infusion, & dont les mouvemens seroient représentés par ceux des globules; tout cela pourroit nous séduire, & nous faire prendre l'apparence pour la réalité.

Ceux qui observerent les premiers les *animaux spermatiques*, se persuaderent bientôt la vérité de leur existence, & n'eurent pas de peine à la persuader aux curieux. On nous a décrit les mouvemens de ces animaux, comme très-variés & très-spontanés. On nous les a dépeints nageans dans la goutte de liqueur, comme les poissons dans l'Océan. On nous les a fait voir s'évitant avec adresse les uns les autres dans leur course rapide; se détournant à propos, & avec précaution; s'élevant à la ſurface de la liqueur, & ſe plongeant enſuite avec impétuoſité dans ſon ſein. On nous a repréſenté leur figure comme reſſemblante à celle des *Têtards*; on leur a donné une groſſe tête & une longue queue. Enfin, on a été juſqu'à entrevoir l'eſpece de métamorphoſe que ces Vers devoient ſubir pour devenir des individus tels que celui dans la liqueur duquel on les obſervoit.

AUJOURD'HUI tous ces faits ſont ſuſpects ou équivoques; & l'édifice qu'on avoit élevé ſur ces faits, n'eſt qu'un palais enchanté. Les *animaux ſpermatiques* ſont devenus de ſimples globules, ſans aucune partie diſtincte. La longue queue qu'on donnoit à ces animaux, n'eſt que le reſte d'une enveloppe dont le globule cherche à ſe dégager, ou c'eſt un ſillon qu'il trace dans la liqueur par l'impétuoſité de ſon mouvement. Enfin, ces globules ne doivent ſubir aucune métamorphoſe; mais peuvent ſe réunir ſous certains rapports, & former ainſi différentes eſpeces de Corps organiſés.

TELLE eſt la viciſſitude des opinions des hommes. Telles ſont les révolutions des conjectures & des ſyſtêmes. Spectacle curieux &

inftructif! Mémoires intéreffans pour l'hiftoire de l'efprit humain!

AVIDE de connoître, la raifon s'efforce de pénétrer à la fource des chofes : elle voit des faits, elle les étudie, elle fait en faire naître de nouveaux : mais la caufe de ces faits lui eft encore inconnue, & cette caufe eft ce qui pique le plus fa curiofité.

INQUIETTE, ardente, active, la raifon ne peut s'arrêter aux effets. Elle veut voir au-delà. Elle fe tourne de tous côtés; elle s'agite; elle s'émeut; elle paffe & repaffe plufieurs fois devant le même objet. L'*aiguille aimantée* ne s'arrête point qu'elle n'ait rencontré le pôle; mais l'aiguille aimantée décline fouvent; & combien la raifon décline-t-elle dans la recherche du vrai?

CRAIGNONS cependant de la gêner trop dans fes mouvemens. Son activité pourroit en recevoir de fâcheufes atteintes. Il vaut mieux que la raifon s'écarte quelquefois en cherchant le vrai, que fi elle étoit moins ardente à le chercher.

NE nous refufons donc point à l'efprit de fyftême. Cultivons même cet efprit jufqu'à un certain point. C'eſt ſouvent une très-bonne lunette, qui nous aide à découvrir des objets fort éloignés. Mais il eſt de ces lunettes dont les verres ſont défectueux ou mal diſpoſés. Les unes augmentent prodigieuſement la grandeur des objets; d'autres la diminuent exceſſivement. Les unes changent les formes; d'autres altérent les couleurs; d'autres changent la ſituation. Enfin, il en eſt qui multiplient le nombre des objets. Opticiens ! vous vous connoiſſez en verres : Philoſophes ! ne corrigeriez-vous point l'illuſion ?

Les globules dont il s'agit, pourroient bien n'être pas des animaux. On ſait qu'il eſt pluſieurs matieres dont les particules conſtituantes affectent une figure ſphérique. On connoît les globules des *étamines :* on connoît auſſi les globules du *ſang*, & ceux de la *graiſſe*. Les globules des liqueurs ſéminales, & ceux des infuſions ſont peut-être du même genre ou d'un genre analogue. Les mouvemens inteſtins de la liqueur, joints aux autres cauſes que j'ai indiquées dans l'Article précédent, peuvent donner à ces globules un air de vie. Et ſi ces globules diminuent de jour en jour de groſſeur, en augmentant en nombre, c'eſt que la décompoſition de la matiere augmente à chaque inſtant,

S'IL exiſtoit dans la Nature un fluide organique, un fluide deſtiné à opérer la nutrition & le développement des Corps organiſés ; ſi l'action des vaiſſeaux ſe bornoit principalement à extraire ce fluide des matieres alimentaires, à-peu-près comme le frottement extrait la matiere de l'*Electricité* des *Corps électriques* ; on pourroit ſuppoſer que les globules dont nous parlons, ſont les parties conſtituantes de ce fluide, dont la portion la plus ſubtile & la plus agiſſante compoſe les liqueurs ſéminales. On pourroit encore conjecturer, qu'il eſt une forte attraction entre ce fluide & les différentes eſpeces de Corps organiſés.

UNE ſemblable attraction pourroit être admiſe entre les germes, & entre ceux-ci & les Corps organiſés. Dans cette ſuppoſition, les globules dont nous recherchons la nature, ne ſeroient qu'un aſſemblage de germes liés les uns aux autres, & qu'un fluide très-actif tendroit continuellement à déſunir. De là, la diminution graduelle des petites maſſes qu'ils compoſent.

CXXXI. *Vue du monde phyſique dans la ſuppoſition que les globules mouvans ſont de véritables animaux.*

MAIS ſi ces globules ſont de véritables animaux, comme on peut raiſonnablement le conjecturer (1), quelle magnificence dans le plan de la Création terreſtre ! Quelle grandeur ! Quelle profuſion ! Quelle complaiſance à organiſer la matiere, & à multiplier les Êtres ſentans ! Nous voyons les animaux répandus ſur toute la ſurface de la terre, dans toute l'étendue des eaux, & juſques dans les vaſtes contours de l'atmoſphere. Notre mémoire eſt accablée des noms de toutes les eſpeces connues : notre imagination eſt effrayée à la vue du nombre innombrable d'individus que fourniſſent certaines eſpeces d'Inſectes ou de poiſſons.

CEPENDANT, comment ſoutiendrons-nous ceci ? Ce n'eſt là réellement qu'une très-petite partie ; que dis-je ! qu'un infiniment petit du regne animal. La *Mitte* comme l'*Eléphant*, le *Puceron* comme l'*Autruche*, l'*Anguille du vinaigre* comme la *Baleine*, ne ſont qu'un compoſé d'animaux ; toutes leurs liqueurs en fourmillent ; tous leurs vaiſſeaux en ſont ſemés.

CE n'eſt pas tout encore ; les végétaux eux-

(1) †† La conjecture que je formois ici, a été pleinement vérifiée bien des années après, par un habile Obſervateur qui ne s'en laiſſe pas impoſer par des apparences. Voyez la note qui eſt à la fin de ce Chapitre.

mêmes, & jusqu'à leurs moindres parties ne sont qu'un tissu d'animaux. Depuis le *Champignon* jusqu'à l'*Orme*; depuis la *Mousse* jusqu'au *Sapin*; depuis le *Lychen* jusqu'au *Chéne*, tout n'est qu'animalcule & qu'être sentant.

C'EST ainsi que le SUPRÊME ARCHITECTE a porté son Ouvrage au plus grand degré de perfection qu'il pouvoit recevoir. SA SAGESSE a revêtu la matiere d'un nombre presque infini de *modifications*, dont le *monde physique* est la somme. Entre les modifications que nous observons ici-bas, la principale, la plus composée, la plus parfaite, & celle à laquelle toutes les autres se rapportent, est l'*organisation*. Mais entre les différentes especes d'organisations, celle d'où résulte l'*animal* tient le premier rang. Elle est donc le genre de modifications qui a été le plus multiplié, ou le plus diversifié: l'animal est le lien, le centre, & la fin de toutes les parties de la Nature.

CXXXII. *Conjectures & réflexions sur la nature de ces animalcules.*

Remarques sur nos idées d'économie animale.

MAIS si les globules des liqueurs séminales,

& ceux des infuſions, ſont de véritables animaux, quelle eſt leur nature? Quelle eſt leur maniere de naître, de ſe nourrir, de croître, de multiplier?

Je ferai ſur toutes ces queſtions une remarque générale. Nos idées d'économie animale ont été d'abord très-reſſerrées. Elles ne ſe ſont étendues que lentement & par degrés, comme toutes nos autres connoiſſances. Avant qu'on eût obſervé la multiplication des Inſectes de *bouture*, & celle ſans accouplement, on diſoit que l'animal ſe propageoit par des œufs ou par des petits vivans, & que cela étoit toujours précédé du concours de deux individus de différens ſexes. Cette diviſion des animaux ſeroit aujourd'hui très-défectueuſe. Elle laiſſeroit en arriere un très-grand nombre d'eſpeces qui appartiennent inconteſtablement à cette claſſe d'Êtres organiſés. Apprenons donc par-là à ne pas limiter la Nature, & à concevoir de plus hautes idées de ſon immenſe variété. Le *Polype* eſt peut-être moins éloigné du *Singe*, qu'il ne l'eſt des animaux que nous cherchons à connoître. En un mot, nous ne ſavons point où commence l'animal: nous ſavons ſeulement où il finit, & que l'Homme eſt le terme le plus élevé de cette magnifique gradation.

Qui pourroit prouver qu'il n'y a pas des animaux qui ſe nourriſſent par toute l'habitude de leur corps, à-peu-près comme on imagine que ſe fait la nutrition du *cryſtallin?* Qui pourroit aſſurer qu'il n'exiſte point des animaux d'une petiteſſe preſque infinie, de figure ſphérique ou ellyptique, ſans aucun membre, ſans aucune partie extérieure, dont les ſens tous intérieurs ſe bornent uniquement à découvrir ce qui ſe paſſe au-dedans de l'animal, & non point ce qui eſt au-dehors? Qui pourroit prouver que ces animaux ne goûtent pas un auſſi grand plaiſir à ſentir ce qui ſe paſſe dans leur intérieur, que l'eſt celui que les autres animaux goûtent à voir ce qui ſe paſſe autour d'eux? Qui ſait ſi le ſimple mouvement des liqueurs auquel la vie de ces animalcules a été attachée, ne leur procure pas des ſenſations auſſi vives que le ſont celles que l'impreſſion des objets extérieurs procure aux autres animaux?

CXXXIII. *Les animalcules des liqueurs, &c. comparés aux Polypes.*

Préférons cependant des conjectures qui aient quelque fondement dans l'obſervation ou l'expérience. Comparons les animalcules en queſtion aux *Polypes*, & aux autres Inſectes qui ſe multiplient de *bouture*. Diſons qu'ils ſe *greffent* naturellement les uns aux autres, & qu'ils forment ainſi des globules plus ou moins ſenſibles, peut-être même des filamens plus ou moins conſidérables. Suppoſons encore qu'ils ſe propagent, ſoit par une diviſion naturelle, ſemblable ou analogue à celle des *Polypes à bouquet* (1) (2), ſoit en ſe rompant ou en ſe partageant avec une extrême facilité, comme les petites *Anguilles* de l'eau douce (3). Nous expliquerons par-là aſſez heureuſement les principaux phénomenes que nous offrent les globules, en particulier celui de leur diminution de groſſeur, & de leur augmentation de nombre.

(1) *Mémoire ſur les Polypes à bouquet*, par M. TREMBLEY, 1747.

(2) †† Cette conjecture que je déduiſois ainſi de l'analogie, a été confirmée depuis par les belles obſervations de MM. de SAUSSURE, SPALLANZANI, MULLER, CORTI. Ils ont vu différentes eſpeces de ces animalcules ſe diviſer naturellement les unes en deux, les autres en quatre, & donner ainſi naiſſance à autant d'individus différens, qui ne tardoient pas à ſe propager eux-mêmes par de ſemblables diviſions. Voyez en particulier la note qui eſt à la fin du Tome I de la *Palingénéſie*, pag. 426 & ſuiv. de la premiere Edition.

(3) *Traité d'Inſectologie*, ſeconde Partie. *Oeuvres*; Tom. I.

Nous pouvons encore conjecturer, que ces animaux maigriſſent ou ſe reſſerrent, lorſqu'ils ſont expoſés quelque temps au grand air, ou que la liqueur dans laquelle ils nagent commence à s'altérer.

Enfin, ces animaux ſe meuvent, & leurs mouvemens ſont variés & très-rapides. Comment exécutent-ils tous ces mouvemens?

Nous voyons déja que les mouvemens par leſquels ils s'élevent ou ſe plongent dans la liqueur, peuvent dépendre principalement de l'augmentation ou de la diminution du volume de leur corps, à-peu-près comme dans les poiſſons.

A l'égard des autres mouvemens, ils tiennent ſans doute à une méchanique intérieure, qui nous eſt inconnue. Peut-être même qu'ils s'opérent par des organes extérieurs, que leur extrême petiteſſe ne nous permet pas d'appercevoir.

CXXXIV. *Ce que l'on peut imaginer que deviennent les animalcules du ſperme après qu'il a été repompé.*

La liqueur ſéminale, après avoir ſéjourné

plus ou moins dans les vaiſſeaux qui la contenoient, eſt repompée par d'autres vaiſſeaux qui la portent à différentes parties, avec leſquelles elle s'incorpore. Que deviennent alors les animalcules dont cette liqueur eſt peuplée?

Je réponds, qu'il n'eſt point abſurde d'admettre que ces animaux continuent d'exiſter dans ce nouvel état. Ils reſſembleront à la *Gallinſecte*, qui après avoir couru quelque temps de tous côtés, ſe fixe ſur une tige ou ſur une branche, où elle paſſe le reſte de ſa vie dans la plus parfaite immobilité, & ſi bien confondue avec la plante, qu'on la prendroit pour une *Galle* ou une excroiſſance de cette plante (1). Pourquoi nous refuſerions-nous au plaiſir de prolonger l'exiſtence des Êtres ſentans? Les animalcules dont nous parlons, collés aux parois d'un vaiſſeau ſéreux ou ſanguin, y jouiront de toutes les douceurs attachées à cette exiſtence. Ils y repréſenteront les *Orties de mer* fixées aux rochers d'un détroit.

(1) *Mém. pour ſervir à l'Hiſt. des Inſectes*, Tome IV, Mém. I.

CXXXV. *De ce que l'on doit penſer de l'apparition des animalcules dans des matieres qui ont bouilli.*

Note importante ou extraits de Lettres de M. de REAUMUR, *qui prouvent que les globules mouvans ſont de vrais animaux.*

A l'égard de l'apparition de ces animalcules dans les matieres qui ont bouilli, ou qui ont été expoſées à un degré de chaleur auquel nous ne concevons pas qu'aucun animal puiſſe vivre, la difficulté qu'elle forme ne doit pas nous intriguer beaucoup, puiſqu'elle n'a pour fondement que l'ignorance où nous ſommes du degré de chaleur que certains animaux ont été rendus capables de ſupporter (1). D'ailleurs, il n'eſt pas ſûr que ces animalcules fuſſent dans la matiere de l'infuſion. Ils habitoient peut-être l'air renfermé dans le bocal: ils avoient paſſé de cet air dans la matiere de l'infuſion. Il y a peut-être une circulation perpétuelle de

(1) †† J'indiquerai ailleurs de belles expériences qui démontrent que certains animalcules peuvent ſoutenir, ſans périr, la chaleur de l'eau bouillante. J'avois donc bien raiſon de dire ici, que la difficulté dont il s'agit, *ne devoit pas nous intriguer beaucoup.*

ces animalcules de l'air dans les Corps organiſés, & des Corps organiſés dans l'air. (1).

(1) Depuis que j'ai écrit ceci, M. TREMBLEY m'a communiqué une Lettre qu'il avoit reçue de M. de REAUMUR, qui ne permet gueres de douter, que les *globules mouvans*, ne ſoient de véritables animaux. Voici l'extrait de cette Lettre.

„ Mon objet étoit de vérifier les obſervations qui ont été
„ le fondement d'idées ſi étranges ſur la génération des ani-
„ maux. J'ai beaucoup étudié les différentes infuſions, &
„ j'ai reconnu non-ſeulement, que ces prétendues particules
„ organiques ſont de véritables animaux; mais que ces petits
„ animaux ſont des ordres de générations ſemblables, qui ſe
„ ſuccedent; qu'il eſt très-faux que les générations ſoient
„ d'animaux de plus en plus petits, comme l'ont avancé les
„ Auteurs du nouveau ſyſtême, que tout va ici à l'ordi-
„ naire [*]; que les petits deviennent grands à leur tour "

Dans une de ſes Lettres, M. de REAUMUR m'apprenoit auſſi: „ qu'il avoit répété ſes obſervations ſur les Inſectes
„ des infuſions, qu'il les avoit examinés avec le plus grand
„ ſoin pendant des heures entieres, & qu'il avoit reconnu
„ ce qui en avoit impoſé à ceux qui les ont pris pour de
„ ſimples globules mouvans ".

Il ſeroit à deſirer, que l'illuſtre Auteur de l'*Hiſtoire naturelle, générale & particuliere*, entreprît de remanier ſes propres obſervations, & d'approfondir davantage ce ſujet intéreſſant. Il a tant de ſagacité, qu'il ſeroit bien étrange que le vrai lui échappât. Mais ſûrement il ne lui échappera point, s'il veut bien oublier, au moins pour un temps, ſes *molécules*

[*] †† Ces expreſſions de M. de REAUMUR montrent aſſez, qu'il n'avoit pas découvert la ſinguliere multiplication de nos animalcules par *diviſion naturelle*. Je ſuis bien aſſuré, que s'il l'avoit découverte, il ſe ſeroit empreſſé à nous en faire part, à M. TREMBLEY & à moi; & il ne ſe ſeroit pas borné à dire, *que tout va ici à l'ordinaire*.

CXXXVI.

CXXXVI. *Explication du Mulet dans l'hypothese de l'Auteur, en supposant que le germe est fourni par le mâle.*

Si l'on compare le systême des *germes* avec celui des *molécules organiques*, je crois qu'on se sentira plus porté à embrasser le premier que le second. Mais je crois aussi qu'on trouvera que celui-là est sujet à de grandes difficultés, & que je n'ai pas résolues d'une maniere bien satisfaisante. Je veux parler principalement de celles qui se tirent de la génération du *Mulet*, ou de cet animal qui provient de l'union d'un *Ane* avec une *Jument*.

Dans l'explication que j'ai hasardée (1) de ce fait, j'ai supposé que le germe étoit contenu dans la femelle; & que la liqueur séminale du mâle contenoit les élémens relatifs aux différentes parties de ce germe, & propres à en opérer la nutrition & le développement. J'ai imaginé que le *Cheval* dessiné en miniature dans les ovaires de la Jument, étoit métamorphosé en Mulet par l'impression plus ou

organiques, ses moules, & tout l'attirail d'un systême, que son génie fécond s'est plû à inventer, & que sa raison devenue sévere abandonnera peut-être quelque jour.

(1) Voyez le Chap. III, Art. XL.

moins forte de la liqueur de l'*Ane*, ſur quelques-unes de ſes parties. J'ai conjecturé que les molécules élémentaires deſtinées à procurer la nutrition & le développement des oreilles, étoient plus abondantes & plus actives dans la ſemence de l'*Ane*, qu'elles ne le ſont dans celle du *Cheval*; & que les molécules deſtinées à procurer la nutrition & le développement de la queue, étoient au contraire, plus abondantes & plus actives dans la ſemence du *Cheval*, que dans celle de l'*Ane*. Par-là j'ai tenté de rendre raiſon des longues oreilles du *Mulet*, & de ſa queue peu fournie de crins. Je me ſuis borné à ces deux caracteres, qui m'ont ſervi d'exemples.

Mais ſi l'on conſidere le *Mulet* avec attention, il paroîtra, qu'il eſt plutôt un *Ane* en grand, qu'un Cheval vicié. Sa tête, ſon col, ſon corſage, ſa croupe, ſes jambes ſembleront le rapprocher beaucoup plus de l'*Ane* que du *Cheval*. Il ne paroîtra gueres tenir de celui-ci, que par ſa grandeur, ſa couleur, & ſon poil.

Or, on ne conçoit pas trop comment d'auſſi grands changemens que ceux dont il s'agit, ont pu être produits par la ſimple action du fluide ſéminal. Il faut convenir de la difficulté, elle recevroit, sans doute, un nouveau degré de force, si on en venoit à un examen plus approfondi des parties, & si on poussoit cet examen jusques à l'intérieur (1).

SANS décider cependant, sur la question, si les changemens dont nous parlons peuvent être exécutés par la liqueur séminale; prenons l'inverse de la premiere supposition. Au lieu de faire fournir le germe par la femelle, faisons-le fournir par le mâle (2). Tout deviendra alors plus facile. Les caracteres par lesquels le *Mulet* se rapproche plus du *Cheval* que de l'*Ane*, ne tenant point à la forme des parties essentielles, supposeront des changemens moins considérables, moins difficiles que ceux que supposeroient les caracteres par lesquels le *Mulet*

(1) †† C'est ce que les curieuses observations de M. HERISSANT sur l'*Organe de la voix* du Mulet, m'ont donné lieu de faire dans le Chapitre VII de la seconde Partie de cet ouvrage. Mais, ces observations n'avoient pas été faites encore, lorsque je composois cet article 136 de mon livre.

(2) †† Les observations de Mrs. de HALLER & SPALLANZANI sur le Poulet & sur quelques Amphibies, qui prouvent de la maniere la plus directe, que le germe *préexiste* dans la femelle à la fécondation, ne permettent pas aujourd'hui de recourir à la supposition dont il s'agit ici, ou il faudroit renoncer à l'usage le plus raisonnable de l'analogie.

ſe rapproche plus de l'*Ane* que du *Cheval.* La grandeur, la couleur & le poil ſont des choſes qui ne dépendent que de quelques circonſtances, ſouvent aſſez légeres. La matrice de la *Jument*, plus vaſte & plus abreuvée de ſucs, que celle de l'*Aneſſe*, a permis au fœtus de s'étendre en tous ſens plus qu'il n'auroit fait dans ſa matrice naturelle. La qualité du ſang ou du fluide nourricier de la mere, peut aiſément changer la couleur & le poil de l'embrion.

RAISONNONS de la même maniere, ſur le *Mulet* qui provient de l'union du *Coq* avec la femelle du *Canard*, & les difficultés qui nous ont fait tant de peine, ſe réduiront principalement à quelques changemens dans les proportions extérieures du corps, & dans la forme des plumes.

CXXXVII. *Invitation à faire de nouvelles expériences ſur les Mulets.*

NOUS ſommes donc plus ſollicités que jamais, à faire de nouvelles expériences ſur la génération des *Mulets*. Elles ſont certainement celles qui peuvent répandre le plus de jour ſur ce ſujet. Etendons-les, s'il ſe peut, à des individus de genres, & même de classes différentes. C'est le plus sûr moyen de rendre les résultats décisifs, & d'arracher à la Nature son secret. Si de l'accouplement du *Lapin* avec la *Poule*, il naissoit un *Mulet*, nous serions déja fort avancés.

CXXXVIII. *Remarques sur les effets de l'accouplement entre des individus d'especes fort éloignées.*

Mais il y a lieu de croire qu'il en sera de ces sortes de conjonctions comme de ces *entes* singulieres qu'on pratique entre des especes de différentes classes. Leur rameau greffé pousse quelques feuilles, & périt ensuite. La grande disproportion qu'il y a entre les sucs qu'il reçoit du *sujet*, & ceux qui lui conviennent, & entre le tems où il les reçoit, & celui où il les demande, sont la cause naturelle de sa prompte mort. Si le mêlange de la liqueur du *Lapin* avec celle de la *Poule*, parvenoit à faire développer le germe fourni par celui-là, ce développement cesseroit, sans doute, bientôt & peut-être avant qu'on pût être certain qu'il auroit commencé. Les fluides alimentaires de la *Poule* different apparemment trop de ceux de la *Lapine*, pour amener à bien une telle production. De plus, les matrices de ces deux animaux ne different sans doute pas moins, que leurs fluides.

CXXXIX. *Que le nombre des especes peut s'être accrû par des conjonctions fortuites.*

On ne peut douter que les especes qui existoient au commencement du monde, ne fussent moins nombreuses que celles qui existent aujourd'hui. La diversité & la multitude des conjonctions ; peut-être même encore la diversité des climats & des nourritures, ont donné naissance à de nouvelles especes, ou à des individus intermédiaires. Ces individus s'étant unis à leur tour, les nuances se sont multipliées, & en se multipliant elles sont devenues moins sensibles. Le *Poirier* parmi les *plantes*, la *Poule* parmi les *oiseaux*, le *Chien* parmi les *quadrupedes*, nous fournissent des exemples frappans de cette vérité. Et que n'aurions-nous point à dire à cet égard, des variétés qui s'observent parmi les Hommes, sortis originairement de deux individus !

CXL. *Réflexions sur la grandeur des objets que nous offre la matiere de la génération.*

JE quitte enfin (1) la matiere de la génération : matiere infiniment intéressante, & dont la beauté, j'ose même dire la grandeur, pourra rendre excusables les détails dans lesquels je suis entré, & la hardiesse des conjectures auxquelles j'ai eu recours.

LA Nature est assurément admirable dans la conservation des individus ; mais elle l'est surtout dans la conservation des especes. Tous les organes dont elle a pourvu les Êtres organisés, toutes les propriétés dont elle les a doués, toutes les facultés dont elle les a enrichis, tendent en dernier ressort à cette grande fin. Les divers organes au moyen desquels les plantes & les animaux se perpétuent, sont les différentes machines qui entretiennent les brillantes décorations du monde organique. Les siecles se transmettent les uns aux autres ce magnifique spectacle ; & ils se le transmettent tel qu'ils l'ont reçu. Nul changement ; nulle altération ; identité parfaite. Victorieuses des

(1) Cet écrit sur la *génération* faisoit partie d'un plus grand Ouvrage. Voyez la Préface.

élémens, des temps & du sépulchre, les especes se conservent, & le terme de leur durée nous est inconnu (1).

(1) †† Il a souvent été question dans ce Chapitre & dans les précédens, de ces Etres microscopiques qui ont reçu le nom d'Animalcules ou de *Vers spermatiques*. On connoît l'histoire de cette fameuse découverte, les controverses qu'elle a occasionées, & les hypotheses auxquelles elle a donné naissance. HARTSOCKER l'avoit disputée à LEUWENHOECK; mais elle est demeurée à celui-ci. Tous deux admettoient l'*animalité* de ces petits Etres, qui a été rejettée par plusieurs Auteurs célebres. LINNEUS regardoit les Etres dont il s'agit, comme des particules inertes du sperme, que le mouvement intestin de la liqueur paroissoit animer. M. NEEDHAM a pensé qu'ils sont des Etres *simplement vitaux*, produits par une certaine force *végétatrice* qu'il attribue à la matiere. M. de BUFFON les a transformés en *molécules organiques* ou en particules vivantes, actives, indestructibles, & qui, sans être ni *végétales* ni *animales*, sont destinées à produire les végétaux & les animaux. On a vu dans le Chap. VII de ce volume, un tableau en raccourci des observations de l'illustre Naturaliste, & un précis de son systême.

Il n'y avoit qu'une seule bonne voie de décider toutes ces controverses: c'étoit d'observer ces Etres microscopiques avec un nouveau soin, & de porter dans cette recherche difficile, une logique sévere & un esprit libre de préjugés. Heureusement il s'est trouvé dans ces derniers temps, un Observateur tel qu'il le falloit pour interroger la Nature, & en obtenir des réponses aussi claires que décisives. Cet Observateur, à qui nous devions déja de si belles découvertes, est M. l'Abbé SPALLANZANI, dont les talens & la sagesse brillent dans l'ouvrage intéressant qu'il vient de publier, sous le titre modeste d'*Opuscules de Physique animale & végétale*. Les bornes d'une simple note ne me permettent pas d'en donner un extrait suivi; mais j'en détacherai les particularités les plus essentielles de l'histoire de nos *animalcules*. L'Auteur n'a pas

CHAPITRE IX.

Nouvelles découvertes ſur la formation du Poulet dans l'œuf.

Conſéquences de ces découvertes. Comparaiſon des expériences de HARVEY *ſur la génération des Biches, avec celles ſur la formation du Poulet.*

CXLI. *Introduction.*

Découvertes de M. de HALLER *ſur le Poulet.*

TELLES étoient, il y a environ douze ans (1), mes méditations ſur la formation des

voulu que le public ignorât que ç'a été à ma priere, qu'il a tâché d'approfondir cette hiſtoire, & je me félicite d'avoir contribué ainſi à ſon perfectionnement.

Les *animalcules ſpermatiques* abondent dans la liqueur ſéminale de tous les animaux qui ont fait le ſujet de ces recherches. On les y découvre avec plus ou moins de facilité, & on apperçoit des différences plus ou moins frappantes, dans leur forme, dans leur grandeur & dans leurs mouvemens. Il en eſt encore dans la durée de leur courte vie, après que le

(1) J'écrivois ceci au commencement de Septembre 1759, immédiatement après avoir achevé mon *Eſſai analytique ſur l'Ame*.

Corps organifés. Je n'ai rien changé à l'expofition que j'en fis alors : on va juger de leur

fperme a été tiré du corps de l'animal. En général, leur forme approche affez de celle des *Têtards*, ou fi l'on veut, de celle des *larmes bataviques*. Leur tête eft groffe, oblongue, arrondie & fe termine par un filet longuet & délié, en maniere d'appendice ou de queue. Dans les animalcules du fperme humain, la queue eft environ fix fois plus longue que la tête ; mais elle n'a gueres que le tiers de la groffeur de celle-ci vers fon origine. On jugera de la petiteffe de ces animalcules, fi j'ajoute, que leur tête n'égale pas la groffeur d'un globule rouge du fang.

Ces Etres finguliers ont deux mouvemens ; l'un eft progreffif, l'autre ofcillatoire. Ils vont en avant à l'aide des ofcillations de leur queue. Les mouvemens de quelques efpeces font très-rapides, & imitent ceux des poiffons. Ils continuent pendant un temps plus ou moins long, fuivant que l'air ambiant eft plus ou moins chaud. Ordinairement ils ceffent en moins de deux heures. Le mouvement progreffif ceffe avant l'ofcillatoire. Après leur mort, les animalcules demeurent étendus en ligne droite, & leur queue ne fe fepare jamais de la tête.

Si on fait tomber fur les animalcules du fperme humain une goutte d'eau de pluie ou même d'eau diftillée, ils perdent à l'inftant le mouvement ; mais ils le confervent dans la falive chaude ou froide. Un air un peu froid les engourdit ; & ils ne fe meuvent plus à une température de deux degrés au-deffus de la congelation. On les a vus fe mouvoir pendant près de huit heures, à une chaleur de vingt-deux degrés.

Tous les animalcules fpermatiques d'une même efpece ne font pas égaux en grandeur ou plutôt en petiteffe. Il en eft qui font fenfiblement plus petits que les autres.

La taille offre des variétés plus fenfibles encore dans les animalcules de différentes efpeces. Par exemple ; ceux du fperme du Taureau & du Bélier ont une taille bien plus accord avec de nouvelles découvertes dont je n'avois entrevu que la possibilité.

avantageuse que ceux du sperme de l'Homme. Les animalcules du Cheval & du Chien ressemblent parfaitement à ces derniers. Mais ceux du Lapin sont beaucoup plus petits.

On observe encore des différences relativement à la population des différentes especes de sperme. Celle du sperme du Taureau est beaucoup plus grande que celle du sperme humain. Il en est de même de celle du sperme du Chien.

Le sperme du Cheval est, au contraire, moins peuplé que celui de l'Homme.

Ce n'est pas seulement le sperme des animaux *à sang chaud*, qui abonde en animalcules; on en découvre aussi dans le sperme des animaux *à sang froid*. Les Poissons & divers Amphibies ont leurs animalcules spermatiques, qui different beaucoup de ceux des animaux *à sang chaud*, soit par leur forme, soit par leur grandeur. Les animalcules de la Carpe, ceux de la Salamandre aquatique & de la Grenouille nous en fournissent des exemples. Les premiers sont de petites spheres sans queue, qui ressemblent assez à certains animalcules des infusions. Les seconds, au contraire, ont une queue démésurément longue, & qui offre des particularités qu'on ne découvre point dans celle des autres animalcules. La queue des Vers spermatiques de la Salamandre est toute garnie de poils ou de petites barbes, qui sont de véritables nageoires. Il leur arrive souvent de s'entortiller les uns autour des autres, & de former ainsi de petits grouppes. Quelquefois encore on les voit se contourner, & circuler autour d'un centre commun, à la maniere d'un dévidoir. Les animalcules de la Grenouille, beaucoup plus petits que ceux des grands Quadrupedes, ressemblent à des boules alongées, & sont dépourvus de queues comme ceux de la Carpe. Tandis qu'ils vont en avant, ils se donnent de légeres contorsions, ou tremblent de tout leur corps.

Au reste, tous les animalcules spermatiques paroissent privés de la vue: à quoi leur serviroit-elle dans le séjour

Je diſois au commencement du Chapitre III (1), qu'un jour on arracheroit à la Nature

ténébreux qu'ils habitent? On les voit heurter contre tous les obſtacles qu'ils rencontrent dans leur marche. Je dois ajouter que leur mouvement eſt perpétuel [*].

MM. Buffon & Needham avoient admis que les corpuſcules ſpermatiques naiſſoient de la partie fibreuſe ou ſolide du ſperme. Notre habile Obſervateur de Reggio, a prouvé par les expériences les mieux faites & les plus démonſtratives, que la partie ſolide du ſperme ne produit rien, que les corpuſcules ſpermatiques n'y réſident point, & qu'ils ne ſe trouvent que dans la partie fluide ou lymphatique de la liqueur. Quand à force de ſoins, il eſt parvenu à enlever toute la partie lymphatique qui adhéroit à la partie ſolide; il n'a jamais vu de corpuſcules vivans dans celle-ci.

M. Needham s'imaginoit que les corpuſcules vivans ſe formoient par la *force végétatrice*, dès que la partie ſolide du ſperme ſe décompoſoit dans l'air. Rien de plus faux que cette idée, puiſque M. Spallanzani eſt parvenu à obſerver nettement les animalcules en plein mouvement, à travers les parois tranſparentes des vaiſſeaux *déférens* de la Salamandre aquatique [**].

M. de Buffon n'a vu les Vers ſpermatiques que comme de ſimples *globules mouvans*; (voy. ci-deſſus, Chap. VII, exp. 1, 2, 3, &c.) & il a fortement combattu Leuwenhoek qui ſoutenoit l'animalité de ces petits Etres. Suivant l'Académicien François, l'appendice en forme de queue eſt une choſe tout-à-fait étrangere au corpuſcule ou un pur accident. Cette prétendue queue n'eſt au fond qu'une portioncule de la matiere filamenteuſe du ſperme, que le corpuſcule entraîne

[*] *Opuſcules de Phyſique animale*, &c. Introd. Chap. I du Tome II, Trad. Françoiſe, Geneve 1777.

[**] Ibid. Chap. III.

(1) Voy. l'Art. XVII.

ſon ſecret. Un de ſes plus chers favoris, M. le Baron de HALLER, l'a interrogée depuis peu

avec lui, & dont il parvient tôt ou tard à ſe débarraſſer; & cette aſſertion ſi expreſſe, l'Auteur la déduit de ſes propres obſervations. Cependant M. SPALLANZANI démontre par les faits les mieux obſervés, que cette aſſertion ſi poſitive eſt entiérement fauſſe, & il indique en même temps ce qui peut en avoir impoſé à M. de BUFFON. L'appendice dont il s'agit, eſt ſi bien une véritable queue, que l'animalcule s'en ſert pour nager, préciſément de la même maniere que quantité d'*Apodes* aquatiques ſe ſervent de leur queue. On voit l'animalcule contourner cette queue en différens ſens, la courber, la redreſſer & lui faire exécuter des oſcillations plus ou moins promptes. De plus, cette queue a ſi peu de diſpoſition à ſe ſéparer du corps, qu'elle y demeure conſtamment attachée, même aſſez long-temps après la mort de l'animalcule. Mais, ce qui eſt plus déciſif encore, la macération dans l'eau bouillante ne ſuffit pas même pour la détacher ou la détruire. Le vinaigre & l'urine qui détruiſent aſſez promptement la ſtructure de la plupart des animalcules des infuſions n'altérent qu'à la longue celle des Vers ſpermatiques [*].

Notre illuſtre Académicien François avoit encore affirmé que les corpuſcules ſpermatiques, ou ſelon lui, les *globules mouvans* acquéroient avec le temps une plus grande vîteſſe, qu'ils changeoient peu à peu de forme, qu'ils s'arrondiſſoient & qu'ils diminuoient graduellement de grandeur, pendant un intervalle de ſept à huit jours. L'Obſervateur s'étoit encore trompé ſur tous ces faits. Le Naturaliſte de Reggio, plus attentif & plus circonſpect, eſt parvenu à démontrer rigoureuſement l'origine de toutes ces mépriſes, & on s'étonne qu'il fût ſi aiſé d'y parvenir. Le ſperme ſe corrompt à l'air comme toutes les autres matieres animales; & dans cet état de corruption qui lui ſurvient au bout de ſept à huit jours, il ſe peuple d'une multitude d'animalcules ſphériques, d'une

[*] *Opuſc.* Chap. IV.

comme elle demandoit à l'être, & il en a obtenu des réponſes qui reculent les bornes

extrême petiteſſe, & entiérement dépourvus de queue. Leurs mouvemens ſont très-rapides, très-variés, & préciſément ſemblables à ceux qu'on obſerve chez les animalcules des infuſions. Voilà donc tout le myſtere: il en eſt du ſperme comme de toute autre matiere infuſée: il ſe peuple au bout d'un certain temps, de très-petits animalcules; & lorſque les Vers ſpermatiques ont ceſſé de vivre, on voit ainſi d'autres animalcules leur ſuccéder; & ce ſont ces animalcules que M. de BUFFON a transformés en *globules mouvans*, puis en ſes fameuſes *molécules organiques.*

En continuant de ſuivre les animalcules de l'eſpece de ceux des infuſions, & qui avoient commencé à paroître dans le ſperme corrompu, M. SPALLANZANI a reconnu, qu'il y a pluſieurs générations ſucceſſives de ces animalcules, & qu'elle ſont d'animalcules toujours plus petits, de maniere que la derniere génération eſt d'animalcules ſi petits, que les meilleurs verres ſuffiſent à peine pour les faire découvrir.

Il s'eſt encore aſſuré, que le ſperme corrompu ſe peuple d'animalcules cylindriques plus grands que les Vers ſpermatiques, & qui ſe nourriſſoient des cadavres de ceux-ci demeurés entiers. Enfin, il a vu dans la même matiere d'autres animalcules auſſi petits que les Vers ſpermatiques, qui ſe propageoient par diviſion naturelle & qui multiplioient ainſi avec excès.

Je prie qu'on ne ſoupçonne pas qu'il puiſſe y avoir de l'équivoque dans ces obſervations de M. SPALLANZANI: il me ſuffira de dire, pour diſſiper ce ſoupçon, qu'en même tems qu'il obſervoit dans le ſperme corrompu les animalcules dont je viens de parler, il y obſervoit très-nettement les cadavres des Vers ſpermatiques parfaitement bien conſervés. Les Vers ſpermatiques ne s'étoient donc pas changés en animalcules ſphériques; mais des animalcules ſphériques avoient ſuccédé aux Vers ſpermatiques.

Notre infatigable Obſervateur a fait les mêmes recherches

de nos connoiſſances. C'eſt de l'intérieur d'un œuf de Poule qu'elle lui a rendu ſes oracles.

ſur le ſperme du Cheval, du Taureau, du Bélier, du Chien, du Lapin, de la Salamandre, de la Grenouille, & par-tout il a vu les mêmes particularités eſſentielles. Toujours aprés la mort des Vers ſpermatiques, ou dès que les ſpermes ont commencé à ſe corrompre, il a vu apparoître dans la liqueur une multitude d'animalcules différens qui lui offroient des phénomenes variés. Il a remarqué entr'autres, que les Vers ſpermatiques du Cheval, ſe conſervent très-entiers dans le ſperme corrompu un mois après leur mort, & que ce ſperme ſe peuple d'animalcules de bien des eſpeces différentes, parmi leſquelles il y en a qui changent continuellemont de forme ou d'apparence.

Tous ces petits peuples qui naiſſent dans les ſpermes corrompus, n'ont rien au fond de plus ſingulier que ceux qui naiſſent dans les ſemences végétales ou dans les infuſions de différentes eſpeces. On ſait depuis long-temps que les ſemences végétales infuſées pendant quelques jours, fourmilloient bientôt d'animalcules: ce ſont pourtant de pareils animalcules que M. de BUFFON avoit pris pour de ſimples *globules mouvans*, & qu'il avoit enſuite déſignés par le terme nouveau de *molécules organiques*.

La plupart des animalcules des infuſions ſont véſiculaires & d'un tiſſu très-délicat. Leur forme s'altere facilement; ils ſe rident & ſe deſſéchent après leur mort, & ſurnagent dans la liqueur. Il en va tout autrement des Vers ſpermatiques. Ils ne ſont point véſiculaires. Ils ſont d'une ſubſtance homogene & ſolide, auſſi tombent-ils au fond de la liqueur après leur mort, & ne ſe détruiſent-ils pas comme les autres animalcules. M. de BUFFON n'auroit donc eu, comme le remarque M. SPALLANZANI, qu'à regarder au fond de la liqueur, pour y retrouvrer les cadavres bien entiers des Vers ſpermatiques, & ſe convaincre par ſes propres yeux qu'ils ne s'étoient pas changés en *globules mouvans* ou en *molécules organiques*.

Il les a transmis à la postérité dans un savant écrit qui a pour titre, *Mémoires sur la forma-*

Les Vers spermatiques craignent le contact immédiat de l'air. Ils vivent plus long-temps dans une quantité plus considérable de sperme sain. J'ai dit ci-dessus, que leur plus longue vie à un air chaud, étoit d'environ huit heures. Mais on prolonge ce terme jusqu'à trois jours, en renfermant le sperme dans un tube capillaire, scellé hermétiquement. Dans cette étroite prison, les mouvemens des petits vers different beaucoup de ceux qu'ils se donnent dans le sperme laissé à découvert. Ils ne heurtent plus à l'aveugle contre les obstacles qu'ils rencontrent; mais ils savent les éviter en se détournant à propos ou en reculant. Tantôt ils précipitent leur course rapide, tantôt ils la rallentissent; d'autrefois ils s'arrêtent pour reprendre leur course avec la même célérité qu'auparavant. A la vue de tous ces mouvemens si spontanés, si variés, comment refuseroit-on de reconnoître l'*animalité* de ces petits Etres? Mais combien est-il d'autres preuves de cette animalité! Notre Auteur en rapporte de bien des genres.

Si l'on tient le tube à une chaleur égale à celle du corps humain, les Vers spermatiques y périssent au bout d'environ douze heures. Ce n'est pas ce degré de chaleur qui les tue: ils sont appellés par la nature à y vivre. Mais ce degré de chaleur hâte la corruption du sperme, & on a vu qu'elle est toujours fatale à ces Vers. C'est aussi la raison pourquoi ils vivent plus long-tems dans de pareils tubes, au Printemps & en Automne qu'en Eté.

Un froid artificiel qui fait descendre en Eté le thermometre de Reaumur au terme de la congelation, fait perdre tout mouvement aux Vers spermatiques. Ils paroissent morts: mais si on les expose à une chaleur de vingt-deux degrés, ils reprennent le mouvement, & se montrent aussi vifs que les Vers qu'on vient de tirer des visicules séminales. Ces animalcules offrent les mêmes phénoménes en Hiver, lors

tion

tion du cœur dans le Poulet, sur l'œil, sur la structure du jaune, & sur le développement (1).

qu'on approche du feu ceux qui ont été engourdis par le froid de la congelation.

M. de BUFFON avoit donc commis une autre erreur, lorsqu'il avoit dit; que le froid ne rallentissoit pas le mouvement de ces petits Etres. Il avoit encore attribué, sans le savoir, aux Vers spermatiques ce qui ne convient qu'aux animalcules des infusions, ou à ces animalcules qui se propagent dans le sperme corrompu, & qui, en effet, soutiennent beaucoup mieux le froid que les Vers spermatiques. Ceux-ci, au contraire, soutiennent mieux la chaleur que les animalcules des infusions. Ces derniers périssent au trente-trois ou au trente-quatrieme degré: les autres ne cessent de vivre qu'aux environs du quarantieme. Je parle des Vers spermatiques de l'Homme. Ceux du Taureau ne meurent qu'au quarante-cinquieme. Ceci n'a rien qui doive étonner, puisque ces Vers ont été appellés à vivre constamment dans des lieux dont la chaleur surpasse celle de nos Etés les plus chauds. M. de BUFFON avoit pourtant dit; *qu'un peu de chaleur détruisoit leur mouvement*; & ici encore cet illustre Naturaliste s'étoit trompé [*].

Il est bien remarquable, que la chaleur directe du soleil, lors même qu'elle n'est que médiocre, soit constamment fatale aux Vers spermatiques. Ils y périssent assez promptement, si le sperme est laissé à découvert: mais ils y vivent plus long-tems, si le sperme est renfermé dans un tube capillaire scellé hermétiquement. M. SPALLANZANI n'a pu parvenir à se satisfaire sur la cause secrette de ce phénoméne singulier. Ce n'est sûrement point le degré de la chaleur solaire qui accélere la mort de ces petits Etres: ils

[*] *Opusf. de Physf.* Chap. V.

(1) A Lausanne, chez M. Michel Bousquet, in-12. 1758. Mém. I, II.

L'illuſtré Auteur a mis à la ſuite de ſes obſervations des *Corollaires mêlés* (1), qui en

vivent bien plus long-tems dans un air dont la chaleur eſt plus forte. L'Auteur conjecture, que l'action des rayons ſolaires produit dans la liqueur une altération ſecrette, qui paroît indiquée par l'épaiſſiſſement qui lui ſurvient.

Nous avons vu ci-deſſus, que les Vers ſpermatiques craignent le contact immédiat de l'air, & qu'on prolonge beaucoup leur vie en renfermant le ſperme dans un tube capillaire ſcellé hermétiquement: mais je dois ajouter ici, qu'afin que cet effet ait lieu, il faut que le tube ſoit tenu dans un lieu chaud. A un degré de froid qui n'égale pas celui de la congelation, les Vers périſſent auſſi promptement dans un pareil tube qu'à l'air libre.

On engourdit & on ranime à volonté ces animalcules en les faiſant paſſer alternativement d'un lieu chaud dans un lieu froid, & réciproquement. Mais plus le nombre des paſſages augmente, & plus le mouvement des animalcules ſe rallentit.

Toutes les odeurs & toutes les exhalaiſons qui nuiſent aux Inſectes, nuiſent pareillement aux Vers ſpermatiques. L'étincelle électrique les tue, comme elle tue les animalcules des infuſions. Nous avons donc ici de nouvelles preuves directes de l'*animalité* des Vers ſpermatiques.

Dans une Lettre que j'avois adreſſée à notre célebre Obſervateur, le 20 Avril 1771, & qu'il a publiée [*]; je lui propoſois bien des queſtions ſur ces Etres microſcopiques, & en particulier ſur leur *origine*. J'inclinois un peu à penſer qu'ils venoient du dehors. J'inſinuois même un ſoupçon qui ne me ſembloit pas improbable. On connoit des animalcules *des infuſions* qui reſſemblent beaucoup par leur extérieur aux Vers ſpermatiques de l'Homme & de pluſieurs

[*] *Opuſc. de Phyſ.* Tom. II, pag. 218 & ſuiv. de la Traduction Françoiſe.

(1) Mém. II, pag. 172 & ſuiv. Section XIII.

ſont comme les réſultats. Je détacherai de ces Corollaires les vérités les plus importantes, &

grands Quadrupedes. On n'a pour s'en convaincre, qu'à comparer les animalcules des infuſions, repréſentés Fig. V, VI. de la Planche I du Tome I de l'Ouvrage de notre Auteur, avec les Vers ſpermatiques des Fig. I, II de la Planche I du Tom. II. Je demandois donc, ſi les Vers ſpermatiques ne proviendroient point originairement de certains animalcules des infuſions, introduits ſecrettement dans le corps de l'Homme, & dans celui de divers Quadrupedes, & plus ou moins déguiſés par le changement de climat, de lieu, de nourriture, &c. ? J'indiquois à ce ſujet à mon ſavant ami, quelques expériences qui me paroiſſoient propres à répandre quelque lueur dans ces épaiſſes ténébres. Il les a tentées, & le ſuccès ne lui a point paru favorable à ma conjecture. Les Vers ſpermatiques qu'il a fait paſſer dans une infuſion, y ont péri ſur le champ, & les animalcules de la même infuſion, qu'il a fait paſſer dans le ſperme ſain, y ont péri auſſi, mais quelques minutes plus tard [*]. On pourroit néanmoins lui objecter avec quelque fondement, qu'il n'en ſeroit peut-être pas des œufs ou des ſemences des animalcules des infuſions, comme de ces animalcules eux-mêmes déja développés.

Notre Naturaliſte m'objecte encore; que chaque eſpece d'Inſecte a ſon lieu & ſa nourriture appropriés, & que ſi l'un ou l'autre eſt changé, l'Inſecte périt. Mais n'a-t-on pas vu des Cloportes & des Salamandres aquatiques vivre & propager beaucoup dans le corps humain [**]? Je ne m'étendrai pas davantage ſur les objections de l'eſtimable Auteur: je ne ſuis point du tout attaché à ma petite conjecture, & je ne l'ai donnée que pour ce qu'elle valoit.

Le nom de *Vers ſpermatiques*, qui a été impoſé aux habi-

[*] Ibid. Chap. VI.

[**] Conſultez la note de l'Art. LXXII.

lés plus propres à diminuer les ombres de mon sujet.

tans des liqueurs séminales, pourroit faire penser qu'ils n'habitent que ces seules liqueurs. Cette opinion seroit cependant très-fausse. M. SPALLANZANI a découvert des animalcules spermatiques dans les vaisseaux sanguins du mésentere d'une Grenouille & d'une Salamandre aquatique. Toutes deux étoient femelles. Il est même parvenu à trouver ces animalcules dans les vaisseaux artériels du Tétard. Partout ils étoient nombreux, & la vivacité de leurs mouvemens étoit remarquable. Il les a trouvés encore dans les vaisseaux sanguins d'un Veau qui allaitoit, & dans ceux d'un Mouton. Et à cette occasion, j'indiquerai une expérience très-curieuse qu'il a imaginé de tenter. Il a fait passer des Vers spermatiques de leur élément le plus ordinaire, ou de la liqueur séminale dans le sang; & *ces Vers y ont vécu comme auparavant*: ce sont ses termes. Nous avons vu qu'ils peuvent vivre aussi dans la salive; & sans doute qu'ils peuvent vivre encore dans d'autres humeurs du corps animal.

Entre les diverses questions que j'avois proposées dans ma Lettre à notre habile Naturaliste, touchant les Vers spermatiques, il y en avoit une qui regardoit leur maniere de se propager. Mais les recherches assidues de l'Auteur ne nous éclairent pas plus sur cette question que sur celle de l'origine de ces animalcules. Malgré le nombre prodigieux de ses observations, il n'est jamais parvenu à découvrir la maniere secrette dont s'opere la multiplication de ces Etres singuliers. Jamais il n'a observé parmi eux de ces *divisions naturelles*, si communes chez les animalcules des infusions, & qu'il est si facile d'y observer. Jamais encore il n'y a rien apperçu qui ressemblât à la multiplication des Polypes *par rejettons*. Ces animalcules ne se propageroient-ils donc que par des œufs ou par des petits vivans, que leur énorme petitesse met hors de la portée des meilleurs verres? ou s'ils multiplient par division naturelle, cette sorte de multiplication ne pourroit-elle s'opérer que dans leur lieu natal?

CXLII. *Premier fait : qui démontre que le germe appartient uniquement à la femelle.*

Conséquence.

PREMIER FAIT. LA membrane qui revêt intérieurement le jaune de l'œuf, eſt une continuation de celle qui tapiſſe l'inteſtin grêle du Poulet. Elle eſt continue avec l'eſtomac, le pharinx, la bouche, la peau, l'épiderme.

LA membrane externe du jaune eſt un épanouiſſement de la membrane externe de l'inteſtin; elle ſe lie au méſentere & au péritoine.

LE jaune a des arteres & des veines, qui naiſſent des arteres & des veines méſentériques du fœtus. Le ſang qui circule dans le jaune, reçoit du cœur le principe de ſon mouvement.

LE jaune eſt donc une partie eſſentielle du Poulet : mais le jaune exiſte dans l'œuf qui

Combien ſommes-nous encore éloignés de poſſéder l'hiſtoire de ce petit Peuple, ſi propre à exciter la curioſité de l'Obſervateur Philoſophe, & dont l'exiſtence nous fait concevoir les plus hautes idées de l'immenſe population de l'Univers !

n'a point été fécondé ; le Poulet exiſte donc dans l'œuf avant la fécondation.

L'ANALOGIE qu'on obſerve entre les végétaux & les animaux, & dont je traiterai un jour, ne permet gueres de douter qu'il n'en ſoit de la graine comme de l'œuf ; qu'elle ne contienne originairement toutes les parties eſſentielles à la plante (1).

CXLIII. *Second fait : Etat de fluidité de l'embrion.*

Preuve de l'exiſtence des eſprits animaux.

Comment les parties acquiérent de la conſiſtance.

Conformité avec le végétal.

SECOND FAIT. Les parties ſolides du Poulet ſont d'abord fluides. Ce fluide s'épaiſſit peu à peu, & devient une gelée. Les os eux-mêmes paſſent ſucceſſivement par cet état de fluidité & de gelée. Au ſeptieme jour de l'incubation, le cartilage eſt encore gélatineux (2).

(1) †† Je donnerai ailleurs des preuves directes de cette vérité, qui m'étoient inconnues lorſque j'écrivois ceci.

(2) Obſervations de M. de HALLER *ſur les os*, à Lauſanne, in-12. 1758, pag. 177 & 178.

Le cerveau n'eſt le huitieme jour qu'une eau tranſparente, & ſans doute organiſée. Cependant le fœtus gouverne déja ſes membres : preuve nouvelle & bien ſenſible de l'exiſtence des eſprits animaux ; car comment ſuppoſer des cordes élaſtiques dans une eau tranſparente ?

C'est principalement par l'évaporation inſenſible des parties aqueuſes, que les élémens ſe rapprochent pour former les ſolides. Les vaiſſeaux devenus plus larges, admettent des molécules gommeuſes, albumineuſes, viſqueuſes, qui s'attirent davantage. Plus la proximité des élémens augmente, plus l'attraction acquiert de force. Le fluide organiſé eſt ainſi conduit par degrés à la mucoſité. Il devient membrane, cartilage, os, par nuances imperceptibles, ſans mêlange d'aucune nouvelle partie.

M. de Reaumur a prouvé, que ſi l'on prévient par des enduits l'évaporation du ſuperflu, on conſerve le fœtus dans l'œuf, & l'on prolonge à volonté la vie des Inſectes. Je l'ai déja remarqué, Art. LXXII.

On obſerve la même choſe dans les plantes. Leurs parties ligneuſes n'offrent d'abord qu'une ſorte de mucoſité : elles deviennent enſuite herbacées ; enfin, elles acquiérent peu à peu la consistance du bois.

CXLIV. *Troisieme fait : par quelles causes & dans quel ordre toutes les parties de l'embrion deviennent visibles.*

Observation sur l'œuf de la Brebis.

TROISIEME FAIT. L'approximation graduelle des élémens diminue de plus en plus la transparence des parties ; & c'est là une des causes qui nous les rendent visibles, d'invisibles qu'elles étoient auparavant.

A la fin du second jour de l'incubation, l'on distingue très-bien les battemens du cœur. Les accroissemens du petit animal ne sont jamais plus rapides que dans ces premiers jours. Le cœur avoit donc poussé le sang avant qu'on eût pu s'en appercevoir. La transparence du viscere le déroboit à la vue, & il étoit trop foible pour soulever l'amnios.

CE n'est qu'au sixieme jour que le poumon est visible. Alors il a dix centiemes de pouce de longueur. Avec quatre de ces centiemes, il auroit été visible, s'il n'eut point été transparent.

Le foie eſt plus grand encore lorſqu'il commence à paroître. Si donc il n'eſt pas viſible plutôt, c'eſt uniquement à cauſe de ſa tranſparence.

De la tranſparence muqueuſe à la blancheur, il n'y a qu'un degré, & la ſimple évaporation ſuffit pour le produire. Dans l'animal vivant la graiſſe eſt diaphane ; le contact de l'air l'épaiſſit & la rend blanche.

Le blanc eſt donc la premiere couleur de l'animal ; & la tranſparence muqueuſe paroît conſtituer ſon premier état. Les expériences nombreuſes de l'Auteur ſur les Quadrupedes & ſur les oiſeaux, conſtatent cette vérité.

Pendant les premiers jours qui ſuivent la fécondation, l'œuf d'une Brebis paroît ne renfermer qu'une eſpece de lymphe. Il eſt encore gélatineux le dix-ſeptieme jour. Après ce terme, l'on diſtingue fort bien le fœtus enveloppé de ſes membranes. Sa longueur eſt d'environ trois lignes. Il avoit donc pris un accroiſſement conſidérable ſous la forme de fluide, & enſuite ſous celle de gelée ; mais ſa tranſparence ne permettoit pas de le reconnoître (1).

(1) M. de Haller, Hiſt. de l'Acad. Roy. des Sciences, An. 1753, pag. 134, 135, in-4°.

CXLV. *Quatrieme fait : naiſſance des couleurs & des ſaveurs.*

Remarque ſur un paſſage de M. de HALLER, *ſur la cauſe des couleurs dans les végétaux.*

QUATRIEME FAIT. Les vaiſſeaux dilatés de plus en plus par l'impulſion du cœur, admettent des particules plus groſſieres, plus hétérogenes, & par-là même plus colorantes que les particules diaphanes. De là les différentes couleurs qui parent ſucceſſivement l'animal. La chaleur naturelle & celle du climat paroiſſent y contribuer auſſi. Notre Auteur dit à cette occaſion, que *dans les végétaux, c'eſt la chaleur ſeule qui colore* (1). Mais il me ſemble que mes expériences ſur l'*étiolement* prouvent que cette coloration dépend moins de la chaleur que de la lumiere. Je renvoie là-deſſus aux Articles LXXIX & CXIII de mon Livre ſur l'*Uſage des feuilles dans les Plantes.*

LES couleurs précédent les ſaveurs. La bile eſt verte avant que d'être amere. Les fibres de la vue ont plus de ſenſibilité que celles du goût : ou les particules qui affectent le goût,

(1) Ibid. page 181.

different de celles qui affectent la vue, & se développent plus tard.

CXLVI. *Cinquieme fait : Les parties de l'embrion revêtent successivement de nouvelles formes & de nouvelles positions.*

Ordre de ces changemens & leurs causes.

Le Poulet originairement un animal à deux corps.

CINQUIEME FAIT. A mesure que l'embrion se développe, ses parties révêtent de nouvelles formes & de nouvelles situations, & ces changemens concourent avec l'opacité à faire reconnoître chaque partie.

LE premier jour, le fœtus ne ressemble pas mal à un Tétard. Sa tête est grosse, & l'épine dorsale qui est fort grêle, paroît lui composer une petite queue ou un court appendice. Des membres & des visceres sortent enfin de cette petite queue, de ce filet presqu'invisible, & la tête en devient à son tour un appendice.

PENDANT les premiers jours de l'incubation, les intestins du Poulet sont invisibles ; mais alors ils sont pourvus d'un appendice énorme, qui tient au petit animal par un canal de communication. Le jaune eſt cet appendice, placé ainſi hors du corps du Poulet. A la fin de l'incubation, & ſur-tout après la naiſſance, tout ſe montre ici ſous une nouvelle face. Les inteſtins ſont devenus grands, le canal de communication s'eſt oblittéré, le jaune a diſparu, & il n'eſt plus rien hors du corps du Poulet qui lui appartienne.

Ainsi le jaune & les inteſtins demeurent à l'extérieur du Poulet, preſque juſqu'à la fin de l'incubation. Dans ces premiers temps, le Poulet paroît donc un animal à deux corps. La tête, le tronc, & les extrémités compoſent l'un de ces corps; le jaune & ſes dépendances compoſent l'autre. Mais à la fin de l'incubation, la membrane ombilicale ſe flétrit; le jaune & les inteſtins ſont repouſſés dans le corps du Poulet par l'irritabilité qu'acquiérent les muſcles du bas-ventre; & le petit animal n'a plus qu'un ſeul corps.

C'est par une méchanique analogue que le cœur change de place, & ſe montre ſous ſa véritable forme. Il ne paroît d'abord que ſous celle d'un demi anneau éloigné des vertebres, & placé en quelque ſorte, hors de la poitrine.

En prenant de jour en jour plus de consistance, la tunique cellulaire retire toutes les parties du cœur les unes vers les autres, & les rapproche des vertebres.

Enfin, ce sont encore des causes analogues, qui en repliant peu à peu le fœtus sur lui-même, changent sa situation droite en une situation opposée.

CXLVII. *Sixieme fait : Que les visceres encore fluides, s'acquittent déja de leurs fonctions.*

Maniere dont les sécrétions s'opérent.

Sixieme fait. L'état de fluidité où sont d'abord tous les organes, ne les empêche point de s'acquitter de leurs fonctions essentielles. Ils digerent, préparent & filtrent les humeurs, comme ils le feront pendant toute la vie du Poulet. Les reins encore invisibles, séparent déja l'urine.

Pour rendre raison des sécrétions (1), j'ai joint à la dégradation des vaisseaux l'hypothese fort suivie de l'imbibition originelle des glan-

(1) Chap. VI, Art. LXXXV.

des. Les obſervations ſur le Poulet prouvent la fauſſeté de cette hypotheſe. Elles nous apprennent que les mêmes vaiſſeaux filtrent en différens temps, des humeurs qui paroiſſent différentes. Dans le Poulet de neuf jours, la bile eſt fluide, tranſparente & ſans amertume. C'eſt une pure lymphe, très-différente de la bile de l'animal adulte. Il en eſt de même de la liqueur ſéminale, qui n'eſt d'abord dans l'enfant qu'une ſéroſité.

CXLVIII. *Conſéquence importante de ces faits ſur la premiere origine du germe.*

Voila des faits que nous devons aux ſoins & à la ſagacité d'un excellent Phyſicien, & qui fourniſſent une baſe ſolide à nos raiſonnemens.

Il ne s'agit plus à préſent de diſcuter la queſtion qui a ſi long-temps partagé les Anatomiſtes ſur la premiere origine du germe. Nous avons dans l'expoſition du *premier fait*, des preuves inconteſtables qu'il appartient à la femelle. Il réſulte de cette expoſition, que le jaune eſt une partie eſſentielle du Poulet : or le jaune exiſte dans les œufs qui n'ont point été fécondés : le Poulet exiſte donc dans l'œuf avant la fécondation.

Nous ſommes donc fondés à tirer de ce fait cette conſéquence importante, que les ovaires de toutes les femelles contiennent originairement des embrions préformés, qui n'attendent pour commencer à ſe développer, que le concours de certaines cauſes.

CXLIX. *Que les ovaires des vivipares contiennent de véritables œufs.*

Preuve tirée du Puceron.

L'ANATOMIE nous produit des ovaires dans les femelles *vivipares*. On peut regarder les *véſicules* qui les compoſent, comme de véritables œufs. Un grand Anatomiſte avoit prouvé il y a long-temps, l'exiſtence de ces œufs (1) : il étoit parvenu à diſtinguer le fœtus dans une véſicule qui tenoit encore à l'ovaire.

LE *Puceron* met ceci dans un nouveau jour : j'ai démontré (2) que cet Inſecte ſingulier eſt

(1) LITTRE, Mém. de l'Acad. des Sciences. An. 1701, pag. 109, in-4°.

(2) *Traité d'Inſectologie*, premiere Partie, Obſerv. VIII, IX, XIX.

vivipare en Eté & ovipare en Automne (1). Les Pucerons qui naissent vivans étoient donc renfermés dans des œufs.

CL. *Ressemblances & dissemblances des vivipares & des ovipares.*

Analogies du végétal & de l'animal.

Ainsi les petits des vivipares éclosent dans le ventre de leur mere; ceux des ovipares, après en être sortis. Ces derniers prennent dans l'œuf pendant l'incubation un accroissement proportionnel à celui que les autres prennent dans la matrice.

La plupart des végétaux sont à la fois ovipares & vivipares. La graine est analogue à l'œuf, le bouton à la vésicule. L'embrion s'implante dans la matrice; la petite plante cachée dans le bouton s'unit au tronc.

(1) †† Je dois lever l'équivoque. Ce ne sont pas les mêmes individus qui sont vivipares en Eté & ovipares en Automne. Mais les individus qui naissent dans la belle saison mettent au jour des peitts vivans; & ceux qui naissent dans l'arriere saison pondent des œufs. On en voit la raison : les Pucerons qui naîtroient vivans dans l'arriere saison, ne trouveroient pas de quoi se nourrir. Ils demeurent donc renfermés dans des œufs jusqu'au retour du Printemps. Voy. *Contemp. de la Nat.* Part. VIII, Chap. VIII.

CLI. *Que la graine & l'œuf, le bouton & la vésicule renferment originairement un embrion.*

Passage de M. de HALLER *qui acheve de le démontrer.*

LA graine & l'œuf, le bouton & la vésicule renferment donc un germe que sa petitesse & sa transparence rendent invisible. S'il est démontré que le jaune est une continuation des intestins du Poulet, il l'est que le Poulet a existé dans l'œuf avant la fécondation. (PREM. FAIT.) Les œufs qui n'ont point été fécondés, ont un jaune qui ne differe point de celui qu'on trouve dans les œufs fécondés. M. de HALLER fait sentir l'absurdité qu'il y auroit à supposer que le jaune fourni par la Poule, se seroit greffé avec le germe fourni par le Coq.
„ Le jaune, dit-il (1), a des vaisseaux, des
„ arteres & des veines. Sans les arteres, sa
„ liqueur ne seroit pas née, sans les veines,
„ elle n'auroit point eu de circulation, & on
„ ne sauroit supposer d'arteres sans veines.
„ Mais ces arteres du jaune & ces veines naissent uniquement des arteres & des veines
„ mésentériques du fœtus. La cause du mou-

(1) *Obs. sur le Poulet*, &c. pag. 188, &c. Mém. II.

„ vement du ſang du jaune vient donc du
„ fœtus : le terme de la réſorbtion du jaune eſt
„ encore dans le fœtus ; le jaune en eſt donc
„ une partie, & n'a pu exiſter ſans lui (1) ".

(1) †† L'énorme diſproportion qui s'obſerve entre l'embrion & le jaune fait aſſez ſentir l'improbabilité de l'hypotheſe qui ſuppoſeroit que le germe fourni par le Coq ſe greffe dans l'œuf avec ſe jaune fourni par la Poule. Il faut conſulter ce que j'ai dit ſur ce ſujet, d'après M. de HALLER dans le chap. X de la part. VII. de la *Contemplation de la Nature*. Un Philoſophe très-célebre avoit beaucoup inſiſté auprès de moi ſur la poſſibilité d'une pareille greffe. J'avois fait part de ſes objections à M. de HALLER, qui en étoit ſans contredit le meilleur juge, & voici l'extrait de ſa réponſe datée du 25 d'Août 1765. *La greffe d'un ſyſtême nerveux ſur un ſyſtême vaſculeux eſt l'excès du délire phyſique. Imaginez-vous qu'il n'y a aucun vaiſſeau ſur des milliers, qui ne ſoit accompagné à quelque diſtance & irrégulierement d'un nerf.* Mais ſi l'on vouloit s'étayer de la conſidération des greffes végétales & de celle de certaines greffes animales, pour rendre croyable la poſſibilité de la greffe dont il s'agit, je demanderois ce qu'on gagneroit par une pareille ſuppoſition ? Ne faudroit-il pas encore rendre raiſon de la premiere origine de l'embrion & de celle du jaune? Je prie qu'on veuille bien approfondir ceci, & juger avec impartialité des principes que j'expoſe dans cet Ouvrage & de l'enſemble des faits ſur leſquels ils repoſent.

Après avoir répété ſes premieres obſervations ſur le Poulet, M. de HALLER m'écrivoit en date du 3 d'Octobre 1763. *Le myſtere du développement du Poulet conſiſte dans une nouvelle facilité que trouve le ſang à ſe jetter dans l'aorte inférieure. L'artere méſentérique ſe développe la premiere ; enſuite l'iliaque gauche. La premiere fait l'accroiſſement de la figure veineuſe du jaune ; la derniere, celui des viſceres du bas-ventre & de la membrane vaſculaire.*

CETTE réponſe porte également contre la ſuppoſition qu'on voudroit faire, que le germe fourni par le mâle ſe greffe avec les parties de la véſicule deſtinées à le nourrir & à le faire croître. Sans doute que la véſicule eſt douée d'une organiſation analogue à celle de l'œuf, & relative à la même fin.

CLII. *Fauſſeté de l'opinion que le germe réſide dans le mâle.*

LES liqueurs ſéminales ne ſont donc point des véhicules qui portent le germe dans la graine ou dans l'œuf, comme dans le logement préparé pour le recevoir. Il faut aujourd'hui renoncer à une opinion qui n'a plus en ſa faveur que des noms célebres. La découverte de la préexiſtence du Poulet à la fécondation, nous ramene à la conjecture que j'ai expoſée dans le Chapitre III (1) ſur l'uſage de ces liqueurs.

(1) Conſultez les Articles XXXIX, XL, XLI, XLII & XLIII. Je développerai davantage mon hypotheſe à la fin de cet Ouvrage, & en l'appliquant à de nouveaux cas, j'en ferai mieux ſentir la probabilité.

CLIII. *Combien la découverte de M. de* HALLER *répand de jour sur la génération.*

Art de voir.

CETTE découverte eſt un des grands pas que la Phyſique des Corps organiſés ait fait de nos jours. On attendoit la déciſion de la queſtion, des expériences multipliées qu'on tenteroit ſur les *Mulets*; & on n'avoit pas ſoupçonné que la ſeule inſpection d'un œuf de Poule pût ſuffire pour la décider. Tout le monde ſavoit que les œufs qui n'ont point été fécondés ont un jaune; mais perſonne avant M. de HALLER n'avoit apperçu les rapports qui lioient ce fait ſi connu à la grande queſtion de l'origine du germe. C'eſt ainſi que NEWTON s'élevoit de la contemplation d'une bulle de ſavon à la théorie de la lumiere. L'art de voir eſt l'art d'appercevoir les rapports, & tout s'enchaîne aux yeux du génie.

CLIV. *Récapitulation des faits. Remarques.*

Que l'état de fluidité n'eſt qu'une apparence.

LE germe paroît d'abord fluide, il eſt tranſparent: peu à peu il perd de ſa tranſparence;

il devient gélatineux : enfin il offre des parties ſolides. (II, III, IV FAIT.)

ON ſe tromperoit ſi l'on penſoit que le germe eſt originairement un véritable fluide. Les fluides ne ſont pas organiſés ; le germe l'eſt, & l'a été dès le commencement. Lorſqu'il s'offre à nous ſous l'apparence trompeuſe d'un fluide, il a des vaiſſeaux, & ces vaiſſeaux s'acquittent de leurs fonctions eſſentielles. (VI FAIT.) Ils ſont donc ſolides ; mais leur délicateſſe extrême paroît les rapprocher de la fluidité.

L'IMPULSION des liquides dilatant de plus en plus les vaiſſeaux, ils admettent des particules de plus en plus hétérogenes. La tranſparence s'altere ; la blancheur lui ſuccede, & à celle-ci les couleurs. (IV FAIT.)

TANDIS que les viſceres demeurent immobiles & tranſparens, ils ſont inviſibles, quoiqu'ils aient déja acquis une grandeur bien ſupérieure à celle qui pourroit les rendre perceptibles. (III FAIT.)

LA forme & la ſituation concourent avec le repos & la tranſparence à tromper l'Obſerva teur préoccupé ou peu attentif. On a peine à reconnoître le Poulet sous la forme d'un petit filet blanchâtre, immobile, étendu en ligne droite, & terminé par une excroissance. On méconnoît le cœur sous celle d'un anneau demi-circulaire, placé en apparence hors de la poitrine. (V FAIT.)

CLV. *Réflexions sur l'esprit de système.*

Comment M. de HALLER *est revenu de l'*épigénése *à l'*évolution.

JE viens de résumer les faits. Notre illustre Auteur en déduit une conséquence générale en faveur de l'*évolution* ou du *développement*. Ce qu'il dit (1) sur ce sujet, revient précisément à ce que je disois dans le Chapitre VIII, Art. CXXV. J'y renvoie mon Lecteur. Il jugera que je n'ai pas dû être surpris des observations de M. de HALLER ; & de la conséquence judicieuse qu'il en tire.

L'ESPRIT de systême enfante quelquefois des théories qu'il s'efforce ensuite de confirmer par des expériences. Notre siecle nous fournit des

(1) *Obs. sur le Poulet*, &c. pag. 178, 186. Mém. II.

exemples célebres qui prouvent trop bien que cet esprit n'est pas heureux à saisir la Nature, pour qu'il ne faille pas se défier beaucoup des expériences par lesquelles il prétend la consulter. Si l'on ignoroit à quel point M. de HALLER excelle dans l'art d'observer, on ne craindroit pas qu'il s'en fût laissé imposer, quand on sauroit, qu'avant ses observations sur les œufs, il n'inclinoit point vers l'*évolution*. *Je n'ai aucun systême sur la génération*, m'écrivoit-il un jour (1) : *déprévenu de l'évolution, je vois de plus en plus une matiere simple & gluante se construire & se figurer peu à peu.*

Ç'A donc été l'expérience seule, & point du tout les intérêts d'un systême chéri, qui a porté notre savant Physicien a embrasser enfin une idée qu'il ne m'avoit jamais été possible de dépouiller. J'avois toujours pensé qu'une glu qui paroît s'organiser, étoit déja organisée. Il n'avoit jamais pu m'entrer dans l'esprit, que les parties d'une plante ou d'un animal, se formassent successivement. Plus je refléchissois sur une telle formation, & plus je sentois l'insuffisance des moyens méchaniques célébrés avec tant de complaisance par divers Auteurs.

(1) Le 14 d'Octobre 1754.

J'insistois là-dessus auprès de M. de HALLER, lorsque j'en reçus cette réponse (1). *Je suis fort de votre sentiment sur la glu organique. Un sel dissous dans l'eau, conserve des cubes invisibles. Il y auroit un saut si le petit animal devenu visible par le secours de l'esprit-de-vin au dix-huitieme jour, & déja tout formé, avoit été fluide le jour d'auparavant. Il existoit sans doute à-peu-près de même; mais sa transparence nous le déroboit.*

LES observations sur les progrès du Poulet dans l'œuf, ont achevé de convaincre M. de HALLER, de la probabilité de l'évolution. Il faut l'entendre lui-même dans ses *Corollaires mêlés* (2).

„ J'AI assez laissé entrevoir dans mes ouvra-
„ ges que je penchois vers l'*épigénese*, & que
„ je la regardois comme le sentiment le plus
„ conforme à l'expérience. Mais ces matieres
„ sont si difficiles, & mes expériences sur
„ l'œuf sont si nombreuses, que je propose
„ avec moins de répugnance l'opinion con-
„ traire, qui commence à me paroître la plus

(1) Le 14 de Janvier 1755.

(2) *Mémoires sur le Poulet, &c.* pag. 172.

„ probable. Le Poulet m'a fourni des raiſons
„ en faveur du développement, que je crois
„ devoir offrir au jugement du Lecteur ".

NOTRE Auteur s'explique plus clairement encore dans le paragraphe ſuivant (1), qui forme ſa concluſion.

„ JE crois en avoir aſſez dit pour faire
„ ſentir les raiſons, qui me rapprochent de
„ l'évolution. Il me paroît très-probable, que
„ les parties eſſentielles du fœtus ſe trouvent
„ faites de tout temps, non pas à la vérité
„ telles qu'elles paroiſſent dans l'animal adulte:
„ elles ſont diſpoſées de façon, que des cauſes
„ certaines & préparées, preſſant les accroiſſe-
„ mens de quelques-unes de ces parties, em-
„ pêchant celui des autres, changeant les ſitua-
„ tions, rendant viſibles des organes autrefois
„ diaphanes, donnant de la conſiſtance à des
„ fluides & à de la mucoſité, forment à la fin
„ un animal bien différent de l'embrion, &
„ dans lequel il n'y a pourtant aucune partie,
„ qui n'ait exiſté eſſentiellement dans l'em-
„ brion. C'eſt ainſi que j'explique le dévelop-
„ pement ".

(1) Page 186.

CLVI. *Résultats généraux sur le Poulet.*

TOUTES les observations de M. de HALLER concourent donc à établir :

I. Que le germe préexiste à la fécondation.

II. Que toutes ses parties essentielles ont co-existé dans le même temps.

III. Que le développement des unes paroît précéder celui des autres.

IV. Que leur consistance, leurs proportions relatives, leur forme, leur situation subissent peu à peu de très-grands changemens.

CLVII. *Parallele de ces observations avec celles de* HARVEY, *sur la génération des Biches, exposées par l'Auteur de la* Vénus physique

LES partisans de la production méchanique & successive du fœtus, produisent en leur faveur les belles expériences de HARVEY, sur la génération des Biches, & les opposent avec confiance au systême du développement. Personne ne les a exposées avec plus d'art que l'Auteur de la *Vénus physique*, cet ouvrage ingénieux, mais dont la maniere peu philoſophique eſt ſouvent plus propre à exciter des ſenſations que des perceptions. Je tranſcrirai ici le précis que cet Auteur nous donne des découvertes de HARVEY, & je le comparerai au précis que j'ai donné de celles de M. de HALLER. On ne ſoupçonnera pas l'Auteur de la *Vénus phyſique* d'avoir affoibli les expériences du Phyſicien Anglois ; il étoit trop intéreſſé à y trouver des preuves directes de l'*épigéneſe*.

„ DES (1) filets déliés, étendus d'une corne „ à l'autre de la matrice, formoient une eſpece „ de réſeau ſemblable aux toiles d'Araignée ; „ & s'inſinuant entre les rides de la mem- „ brane interne de la matrice, ils s'entrelaçoient „ autour des caroncules, à-peu-près comme on „ voit la *pie-mere* ſuivre & embraſſer les con- „ tours du cerveau.

„ CE réſeau forma bientôt une poche, dont „ les dehors étoient enduits d'une matiere „ fétide ; le dedans liſſe & poli, contenoit une „ liqueur ſemblable au blanc d'œuf, dans la- „ quelle nageoit une autre enveloppe ſphéri- „ que remplie d'une liqueur plus claire & criſ-

(1) *Vénus phyſique*, Chap. VII, édition de 1745, en deux parties.

„ talline. Ce fut dans cette liqueur qu'on ap-
„ perçut un nouveau prodige. Ce ne fut point
„ un animal tout organisé, comme on le de-
„ vroit attendre des systêmes précédens : ce
„ fut le principe d'un animal, *un point* vi-
„ vant (1) avant qu'aucune des autres parties
„ fussent formées. On le voit dans la liqueur
„ crystalline sauter & battre, tirant son accrois-
„ sement d'une veine qui se perd dans la
„ liqueur où il nage ; il battoit encore, lors-
„ qu'exposé aux rayons du soleil, HARVEY le
„ fit voir au Roi.

„ LES parties du corps viennent bientôt s'y
„ joindre, mais en différent ordre & en dif-
„ férens temps. Ce n'est d'abord qu'un muci-
„ lage divisé en deux petites masses, dont
„ l'une forme la tête, l'autre le tronc. Vers la
„ fin de Novembre, le fœtus est formé ; &
„ tout cet admirable ouvrage, lorsqu'il paroît
„ une fois commencé, s'acheve fort prompte-
„ ment. Huit jours apres la premiere apparence
„ du point vivant, l'animal est tellement
„ avancé, qu'on peut distinguer son sexe. Mais
„ encore un coup, cet ouvrage ne se fait que
„ par parties ; celles du dedans sont formées

(1) *Punctum saliens.*

„ avant celles du dehors ; les viſceres & les
„ inteſtins ſont formés avant que d'être cou-
„ verts du *thorax* & de l'*abdomen ;* & ces der-
„ nieres parties deſtinées à mettre les autres à
„ couvert, ne paroiſſent ajoutées que comme
„ un toît à l'édifice ".

L'AUTEUR termine le récit de ces expériences par quelques réflexions qu'il préſente comme des réſultats, & qu'il fait oppoſer ſans affectation aux différens ſyſtèmes dont il médite la ruine.

„ VOILA, dit-il (1), quelles furent les
„ obſervations de HARVEY. Elles paroiſſent ſi
„ peu compatibles avec le ſyſtème des œufs &
„ celui des animaux ſpermatiques, que ſi je
„ les avois rapportées avant que d'expoſer ces
„ ſyſtèmes, j'aurois craint qu'elles ne prévinſ-
„ ſent trop contr'eux, & n'empêchaſſent de
„ les écouter avec aſſez d'attention.

„ AU lieu de voir croître l'animal par l'*in-*
„ *tuſſuſception* d'une nouvelle matiere, comme
„ il devroit arriver s'il étoit formé dans l'œuf
„ de la femelle, ou ſi c'étoit le petit Ver qui

(1) Chap. VII, *ſub fine.*

„ nage dans la ſemence du mâle; ici c'eſt un
„ animal qui ſe forme par la *juxta-poſition* de
„ nouvelles parties. HARVEY voit d'abord ſe
„ former le ſac, qui le doit contenir: & ce
„ ſac, au lieu d'être la membrane d'un œuf
„ qui ſe dilateroit, ſe fait ſous ſes yeux,
„ comme une toile dont il obſerve les progrès.
„ Ce ne ſont d'abord que des filets tendus
„ d'un bout à l'autre de la matrice; ces filets
„ ſe multiplient, ſe ſerrent, & forment enfin
„ une véritable membrane. La formation de
„ ce ſac eſt une merveille qui doit accoutumer
„ aux autres.

„ HARVEY ne parle point de la formation
„ du ſac intérieur dont, ſans doute, il n'a
„ pas été témoin: mais il a vu l'animal qui y
„ nage, ſe former. Ce n'eſt d'abord qu'un
„ point; mais un point qui a la vie, & autour
„ duquel toutes les autres parties venant s'ar-
„ ranger, forment bientôt un animal (1).

APRÈS avoir combattu le ſyſtême des œufs & celui des animalcules, l'Auteur de la *Vénus phyſique* paſſe à l'expoſition de ſon propre ſyſ-

(1) GUILLELM. HARVEY. *De Cervarum & Damarum coitu.* Exercit. LXVI.

tême, & conclut (1) *qu'il eſt le ſeul qui puiſſe ſubſiſter avec les obſervations de* HARVEY.

CETTE concluſion n'eſt pas auſſi favorable à notre Auteur qu'il l'avoit préſumé, & il le reconnoîtroit peut-être aujourd'hui ſi la mort ne l'avoit enlevé à la république des Lettres dont il étoit un grand ornement. Loin que les expériences de HARVEY favoriſent l'étrange ſyſtême de la *Vénus phyſique*, il eſt aiſé d'appercevoir qu'elles ont une grande conformité avec celles de M. de HALLER, ſur la formation du Poulet. HARVEY avoit beaucoup vu, mais à travers un nuage: les nouvelles découvertes nous aident à percer ce nuage, & à démêler le vrai des expériences de ce grand Homme.

CLVIII. *Obſervation de l'Auteur ſur le* point vivant. *Suite du parallele.*

CE point vivant, *punctum ſaliens*, dont l'Auteur de la *Vénus phyſique* parle comme d'un prodige, & qu'il fait envisager comme le premier principe d'un animal qui ſe forme par *juxta-poſition*; ce point, dis-je, M. de HALLER l'a beaucoup obſervé dans le Poulet. Je l'y ai

(1) Chap. VII, à la fin.

obſervé moi-même une infinité de fois, il y a bien des années. Je m'arrêtois avec plaiſir à en contempler les mouvemens, toujours ſi prompts, ſi réglés, ſi conſtans. Je l'ai vu auſſi diſtinctement dans le germe de la Caille, que dans celui du Poulet. Les fours que M. de REAUMUR a inventés (1), mettent à portée de jouir en tout temps d'un ſpectacle ſi propre à intéreſſer la curioſité d'un Phyſicien, & lui permettent de ſuivre à ſon gré le dévelop-pement du germe dans des oiſeaux de toute eſpece (2). Il ne faut pas même une grande habileté dans l'art d'obſerver pour découvrir

(1) *Art de faire éclorre & d'élever en toute ſaiſon des oiſeaux domeſtiques de toute eſpece, &c.* Paris, 1751, vol. 2.

(2) †† Ç'a été à l'aide d'un de ces fours chauffé par une lampe, que M. BEGUELIN, de l'Académie de Pruſſe, a tenté de ſuivre les progrès du Poulet dans l'œuf. Il s'y eſt pris d'une maniere auſſi neuve qu'ingénieuſe. Il a imaginé de faire une ouverture à la coquille, & de ſe ménager ainſi une fenêtre au travers de laquelle il contemploit ce qui ſe paſſoit dans l'intérieur de l'œuf. Il a plus fait encore; il a enlevé impunément le blanc de l'œuf, pour mettre l'embrion plus à découvert; & après qu'il l'avoit obſervé très à ſon aiſe, il faiſoit rentrer le blanc dans l'œuf. Il a ſuivi ainſi le développement juſqu'au quinzieme jour de l'incubation, & il l'auroit ſuivi plus loin ſans un accident imprévu. Nous avons fort à regretter que ce petit procédé ait été inconnu à l'illuſtre REAUMUR: de combien de vérités nouvelles n'auroit-il point enrichi ſon Livre! *Mém. de l'Acad. de Pruſſe*, 1749. *Collect. Acad.* Tom. VIII, pag. 162.

ce point vivant ; il ne faut que des yeux, & un jour tant ſoit peu favorable. ARISTOTE l'avoit apperçu le premier : HARVEY lui-même l'avoit auſſi obſervé, & après lui bien d'autres Auteurs (1).

Le point vivant, dit l'Auteur de la *Vénus phyſique*, *tiroit ſon accroiſſement d'une veine qui ſe perdoit dans la liqueur où il nageoit* : on ne peut méconnoître ici les rapports qui lient cette veine aux vaiſſeaux par leſquels le germe du Poulet reçoit ſa nourriture.

Les parties du corps, c'eſt toujours notre Auteur qui parle, *venoient bientôt ſe joindre au point vivant ; mais en différent ordre & en différens temps. Ce n'étoit d'abord qu'un mucilage diviſé en deux petites maſſes, dont l'une formoit la tête, l'autre le tronc.* C'eſt encore ainſi que le Poulet ſe montre d'abord : il eſt mucilagineux, & diviſé de même en deux petites maſſes, dont l'une forme la tête, & l'autre le tronc (V FAIT.). Mais ces parties ne vont pas ſe joindre au point vivant, il eſt aiſé de reconnoître qu'elles co-exiſtent dès le commencement avec lui.

(1) *Mémoires de M. de* HALLER *ſur le Poulet : expoſé des faits* ; pag. 4 & ſuiv.

Tout cet admirable ouvrage, continue l'Auteur, *lorsqu'il paroît une fois commencé, s'acheve fort promptement. Huit jours après la premiere apparence du point vivant, l'animal est très-avancé. Mais encore un coup, cet ouvrage ne se fait que par parties : celles du dedans sont formées avant celles du dehors ; les visceres & les intestins sont formés avant que d'être couverts du thorax & de l'abdomen, &c.* Les accroissemens du Poulet ne sont jamais plus rapides que pendant les premiers jours. Ses visceres paroissent de même se former successivement, & avant les parties destinées à les recouvrir. Le cœur se montre le premier sous la forme d'un point vivant : il est très-visible sur la fin du second jour. (III FAIT.) Autour de ce point, on voit naître successivement tous les visceres. Le foie est celui dont la formation paroît s'achever le plutôt : on le découvre le quatrieme jour. L'estomac, le poumon, les reins s'offrent ensuite le cinquieme & le sixieme jour. Enfin, les intestins apparoissent le septieme jour ; la vésicule du fiel, le huitieme (1). Les tégumens ne semblent pas exister encore.

Si l'Auteur de la *Vénus physique*, toujours

(1) *Mémoires sur le Poulet*, Sect. VIII, IX, X. *Corollaires mêlés*, page 176., 177.

prévenu de l'*épigénese*, avoit eu à expofer ces phénomenes, il en auroit fans doute tracé un tableau parfaitement femblable à celui qu'il nous a tracé des expériences de HARVEY. Il eft pourtant des preuves inconteftables que ce ne font là que de fimples phafes, de pures apparences, & que toutes les parties du Poulet co-exiftent à la fois. Dès qu'un vifcere devient vifible, on l'apperçoit en entier. On ne le voit point fe former par un aggrégat de molécules, croître par *juxta-pofition*. Le poumon n'eft vifible que lorfqu'il a atteint dix centiemes de longueur : il eft démontré qu'il auroit pu l'être avec quatre de ces centiemes feulement. (III FAIT.) S'il ne l'étoit pas, c'étoit donc uniquement à caufe de fa tranfparence; car il n'a pu acquérir tout d'un coup dix centiemes de longueur. Les reins ne font vifibles que le fixieme jour, & cependant ils fourniffoient déja l'urine à une *allantoïde* confidérable dès la fin du troifieme jour (1). Des membranes d'une fineffe & d'une tranfparence parfaites, s'épaiffiffant peu à peu, forment enfin les *tégumens* (2) qui, pour me fervir des termes

(1) *Mémoires fur le Poulet*, Sect. X, *Corollaires mêlés*, page 192.

(2) Corol. mêl. page 175.

de l'Auteur de la Vénus physique, *ne paroissent ajoutés que comme un toit à l'édifice.*

Je ne pousserai pas plus loin ce parallele entre les observations de Harvey & celles de M. de Haller : les traits de ressemblance que je viens de recueillir sont les plus saillans, & suffisent à mon but (1).

(1) ††. De tous les Auteurs qui se sont déclarés dans ces derniers temps pour l'*épigénese*, M. Wolf Professeur d'Anatomie à Pétersbourg, est celui qui l'a le mieux défendue. Il s'est élevé contre moi avec chaleur dans un écrit Allemand que je n'ai pu lire, parce qu'il n'a pas été traduit. Il a sur-tout combattu les conséquences que j'avois tirées des observations Hallériennes sur le Poulet, & même contredit plusieurs de ces observations par d'autres faits de même genre, que ses propres observations sur les progrès du Poulet dans l'œuf, lui avoient fournis. En un mot; il n'a rien négligé pour établir l'épigénese sur des fondemens plus solides que ceux sur lesquels elle reposoit auparavant.

Cette forte insurrection de notre habile Epigénésiste n'a pas été inutile au perfectionnement de la science. En combattant les découvertes sur le Poulet, il a donné lieu à M. de Haller de vérifier ses premieres observations & de les pousser plus loin Je transcrirai ici ce qu'il m'en avoit lui-même écrit, afin qu'on puisse juger si les objections de M. Wolf infirment les conséquences que j'avois déduites des premieres observations de mon illustre ami.

Le 18 de Février 1765. „ J'entrevois que M. Wolf prétend que la membrane du jaune, continue avec l'intestin du „ Poulet, n'est pas celle qui étoit dans la Poule, qu'elle „ est nouvelle & née dans l'œuf".

Le 10 de Mars 1765. „ M. Wolf va me faire reprendre „ les expériences des œufs. Il s'agit de reconnoître, si les

CHAPITRE X.

Remarques sur les métamorphoses , *sur l'*évolution & *sur l'*accroissement.

CLIX. *Uniformité dans la maniere dont les quadrupedes & les oiseaux se développent.*

Changemens du Poulet comparés aux métamorphoses.

LEs quadrupedes comme les oiseaux, parviennent donc à l'état de perfection par une

„ *traces* sont des vaisseaux, ou si ce sont des globules sans „ parois. Ne seroit-il pas étonnant que ces globules se for„ massent d'une veine circulaire, & puis revinssent au cœur? „ Des globules répandus dans le mésentere d'une Grenouille „ n'ont certainement pas entrepris un pareil ouvrage ".

Le 4 d'Avril 1765. „ Je n'ai qu'une observation qui se „ rapporte à M. WOLF: c'est de bien revoir que les *traits* „ & les *points* ne sont que des vaisseaux pliés, & qui ne „ paroissent rouges que dans les endroits les mieux remplis. „ Tout le reste ne m'importe plus; mais ce seul phéno„ mene établit le systeme de M. WOLF ou bien le détruit ".

Le 23 d'Avril 1765. „ Je ferai des expériences sur les „ œufs, & ne doute pas que M. WOLF n'ait tort. Il paroît „ dans la figure veineuse des traits & des points, avant qu'il „ y ait des vaisseaux complets & suivis. Je prends ces traits „ pour de véritables vaisseaux, dont une partie est transpa„ rente. M. WOLF les prend pour des *chemins* par lesquels „ les grains de la substance veineuse, mis en solution, se *évolution*, dont les degrés sont plus ou moins sensibles. Des organes qui n'existoient point à

„ portent au fœtus. Notez que cette substance est la mem-
„ brane du jaune pliée, qui persiste & s'étend ".

Le 25 d'Août 1765. „ Voici un mois que je passe dans
„ les expériences sur les œufs. Elles se sont assez réunies
„ avec les précédentes ".

„ Sur la question; les parties de l'œuf existent-elles dans
„ la mere? y sont-elles réunies avec l'embrion?

„ La membrane du jaune vient certainement de la mere,
„ elle se trouve également dans l'œuf non fécondé, & n'est
„ donc pas une production du sperme.

„ Comme elle forme très-sûrement le conduit du jaune,
„ & que ce conduit tient à la peau & à l'épiderme du fœtus,
„ l'embrion invisible est continu avec le jaune.

„ Il me semble que tout est dit.

„ Les vaisseaux de l'aire ombilicale (nom qu'il faut cor-
„ riger) ou la figure veineuse sont-ils des vaisseaux ou des
„ passages que le suc nourricier se forme dans une matiere
„ pulpeuse?

„ J'ai essayé deux expériences pour décider cette question.
„ J'ai planté la pointe d'une lancette très-fine dans ces
„ chemins encore jaunes ou pâles & sans rougeur: je l'y
„ ai planté quand ils avoient du rouge, & paroissoient des
„ traits & des taches. Les chemins ne se sont point déran-
„ gés par le scalpel; le sang ne s'est pas répandu, le che-
„ min a suivi la pointe du scalpel à droite ou à gauche, &
„ s'est rétabli quand on l'a remis en liberté. J'ai expliqué
„ favorablement ce phénomene. La pointe trop obtuse pour
„ percer la membrane d'un vaisseau très-fin n'a fait que
„ l'entrainer sans l'ouvrir. Si c'étoit un chemin sans mem-
„ brane, le sang se seroit répandu, le chemin élargi, &
„ seroit devenu irregulier &c.

„ L'autre expérience s'est faite avec le vinaigre, qui noir-
„ cit le sang. Versé sur les chemins, il n'a pas altéré la
„ couleur du sang que long-temps après, & l'acide pé-

notre égard, exiſtoient par rapport à l'embrion, & s'acquittoient de leurs fonctions eſſentielles:

„ nétre les vaiſſeaux ſûrement perfectionnés, il brunit le
„ ſang peu à peu dans les veines, mais il ne le fait pas
„ tout d'un coup, comme il le fait quand il touche im-
„ médiatement le ſang.

„ Voilà ce qui fera le fond d'un nouveau ſupplément
„ aux œufs: je crois que M. WOLF ſe tranquilliſera ".

Ceux de mes Lecteurs qui deſireront plus de détails, les trouveront dans le ſupplément dont parle ici M. de HALLER, & qu'il a inſéré dans le Tom. II de ſes *Opera minora*.

Il réſulte donc des dernieres expériences de ce grand Phyſiologiſte, que ce que M. WOLF prenoit pour de ſimples *traces*, pour de ſimples *traits* ou pour *des chemins*, étoit de véritables vaiſſeaux, déja tout formés, & qui s'étoient offerts aux yeux de l'Epigénéſiſte ſous des apparences qui lui en avoient impoſé. Nous pouvons donc compter plus que jamais ſur la préexiſtence de l'embrion dans l'œuf, & par analogie, ſur celle de l'embrion dans la véſicule des Quadrupedes vivipares.

Mais nous ne ſommes plus bornés aujourd'hui aux ſeules expériences ſur les œufs des oiſeaux: il en eſt d'autres qui ont été faites depuis ſur divers Amphibies, & qui concourent toutes à établir la grande vérité de la préexiſtence des germes à la fécondation. Je parle des obſervations de M. l'Abbé SPALLANZANI ſur les prétendus œufs de la Grenouille, qu'il me communiqua le 6 de Juillet 1767, & que j'ai rapportées dans la partie XI de la *Palingénéſie philoſophique*. Il a prouvé de la maniere la plus rigoureuſe, que ce qu'on nomme le frai ou les œufs de la Grenouille, n'eſt que le *Têtard* lui-meme préexiſtant en entier à la fécondation. Il a repris l'année derniere 1777, ſes premieres recherches & les a pouſſées plus loin. Il m'en a fait part dans une lettre datée du 18 de Septembre, qui m'apprend qu'il a étendu ces belles recherches à différentes eſpeces de Grenouilles & de Crapauds, ainſi qu'aux Salamandres aquatiques, & qu'il le terme de leur apparition eſt ce qu'on a pris par erreur, pour le commencement de leur exiſtence.

s'eſt convaincu par ſes propres yeux, que dans toutes ces eſpeces, l'embrion préexiſte en entier à la fécondation. Nouvelle préſomption bien forte en faveur de la préexiſtence des germes dans les ovaires des grands vivipares.

M. Wolf n'eſt pas le ſeul Ecrivain qui ait attaqué le livre des *Corps organiſés*. Il a été critiqué encore, mais avec la plus grande honnêteté, par un Auteur très-eſtimable, qui m'a paru n'être inſpiré dans ſa critique que par l'amour du vrai. Je parle de M. Paul, qui nous a donné un excellent abrégé des Mémoires de l'Académie de Pruſſe, & c'eſt là qu'il combat quelques-uns de mes principes ſur la génération. J'ai repondu à ſes principales objections dans une longue Lettre que j'ai adreſſée à M. Spallanzani le 29 de Novembre 1777, & qu'on trouvera dans le Tome V de mes *Oeuvres*. Je ne toucherai ici qu'à une ſeule des objections de M. Paul. Il inſiſte fortement ſur la poſſibilité d'une *greſe* entre le germe fourni par le Coq & le jaune fourni par la Poule. Il objecte, que puiſque le cœur de l'embrion eſt capable de faire circuler le ſang du jaune, l'énorme diſproportion des calibres n'eſt point un obſtacle à la greffe dont il s'agit. Comme cette objection portoit directement contre M. de Haller, je le priai de m'en dire ſa penſée. Sa réponſe fut auſſi ſimple que claire. „ M. Paul non plus que le Philoſophe [*] „ dont vous me parliez, m'écrivoit-il, [**] n'a point vu „ un Poulet. L'objection qu'il fait porte à faux. Les vaiſ„ ſeaux du *jaune* tiennent d'un côté à la mere, de l'autre „ au fœtus. Dans la matrice c'eſt la mere qui les anime. „ Ces vaiſſeaux naiſſent manifeſtement des arteres de la ma„ trice. Détachés de la mere, ces vaiſſeaux n'ont plus que

[*] Conſultez la note de l'Art. CLI.

[**] Le 21 de Janvier 1770.

LES changemens que le Poulet ſubit dans l'œuf, peuvent être comparés aux *métamorphoſes* des Inſectes. Sous ſa premiere forme, le Poulet paroît ne différer pas moins du Poulet parfait, que la *Chenille* differe du *Papillon*. Mais le Papillon comme le Poulet, parvient à l'état de perfection par une évolution dont les MALPIGHI (1), les SWAMMERDAM (2), les REAUMUR (3), nous ont dévoilé les degrés.

CLX. *Apparences trompeuſes dans les métamorphoſes des Inſectes.*

IL ne faut à la Chenille que quelques inſtans pour paroître à nos yeux ſous la forme de *Chryſalide*, & l'on ſait que la Chryſalide n'eſt que le Papillon lui-meme emmaillotté. L'Inſecte paroît donc paſſer ſubitement de l'état de Chenille à celui de Papillon. Avant qu'on

„ l'impulſion du cœur du fœtus: elle eſt dormante, & le
„ jaune ne prend aucun accroiſſement, tant que l'œuf n'eſt
„ pas fécondé. Dès qu'il l'eſt, ſon cœur mis en vigueur
„ fait jouer les vaiſſeaux du jaune, les dilate, &c. Voilà
„ la marche de la Nature ".

(1) *Diſſert. Epiſt. de Bomb.*

(2) *Hiſt. Inſect. Gen. Bib. Nat.*

(3) *Mém. pour ſervir à l'Hiſt. des Inſectes*, Tome I, Mém. VIII, & XIV.

ſe fût aviſé de ſoupçonner que tous les ſecrets de la Nature n'étoient pas renfermés dans les anciens, on regardoit le changement ſubit de la Chenille en Papillon comme une véritable métamorphoſe, dont on ſe mettoit peu en peine d'expliquer le comment. Des hommes qui recevoient ſans ſcrupule les générations *équivoques*, pouvoient-ils ne pas admettre les métamorphoſes? Mais enfin, le temps eſt venu où les Naturaliſtes ſe ſont apperçus qu'ils avoient des yeux pour obſerver, & des doigts pour diſſéquer: on a donc obſervé & diſſéqué, & les métamorphoſes ont diſparu. On eſt allé chercher le Papillon dans la Chenille elle-même, & l'on eſt parvenu à l'y découvrir. Sa trompe, ſes antennes, ſes ailes étoient roulées, contournées, & pliées avec un tel art qu'elles n'occupoient qu'une très-petite place ſous les deux premiers anneaux de la Chenille. Dans les ſix premieres jambes de celle-ci, étoient emboîtées les ſix jambes du Papillon. Ce n'eſt pas tout encore, l'on eſt parvenu à découvrir les œufs du Papillon dans la Chenille, aſſez long-temps avant la transformation (1).

(1) *Mém. pour ſervir à l'Hiſt. des Inſectes*, Tome I, page. 359, in-4°.

CLXI. *Conséquence de la préexiſtence du Papillon.*

TOUTES les parties extérieures & intérieures du Papillon qu'on a découvertes dans la Chenille, y avoient déja acquis une grandeur conſidérable : elles exiſtoient donc auparavant, & on les découvriroit ſans doute dans la Chenille naiſſante, ſi l'art humain pouvoit aller juſques là.

CE que l'œuf eſt au Poulet, la Chenille l'eſt donc au Papillon. Elle raſſemble, digere & façonne les ſucs deſtinés à procurer le développement de celui-ci. Les viſceres de la Chenille ſont les eſpeces de laboratoires où ces préparations s'opérent (1).

CLXII. *Que les végétaux ſuivent, comme les animaux, la loi de l'évolution.*

LA même évolution qui conduit les animaux à la perfection qui eſt propre à leur eſpece, y conduit tous les végétaux. On les retrouve

(1) †† Je me ſuis fort étendu ſur les métamorphoſes des Inſectes dans la *Contemplation de la Nature.* Je renvoie donc le Lecteur aux Chap. V, VI, & ſuivans de la Partie IX de cet ouvrage.

deſſinés en miniature dans les graines & dans les boutons. Les fleurs du *Poirier* que nous voyons s'épanouir au Printemps, étoient déja viſibles dès l'année précédente. La ſagacité de quelques Obſervateurs a percé cette nuit, & ſurpris la Nature occupée à préparer de loin les *pépins* (1). On remonte plus haut encore dans la formation des plantes *à Oignon.* Le noyau de l'*Amande* renferme originairement une ſubſtance glaireuſe analogue au jaune de l'œuf, ſurmontée d'une véſicule pleine d'une liqueur tranſparente analogue au blanc, & qui ſont l'une & l'autre deſtinées à nourrir l'embrion caché dans le fruit (2). Il tire cette nourriture par de petits vaiſſeaux qu'on voit enſuite ſe ramifier dans l'intérieur des *lobes*, & qui peuvent être comparés aux vaiſſeaux *ombilicaux* du Poulet. Je ſuis parvenu à les rendre très-ſenſibles par des injections colorées (3). L'embrion offre deux parties tres-diſtinctes, la *plumule* & la *radicule.* La pre-

(1) *La Phyſique des arbres*, par M. DUHAMEL, Liv. III, Art. I, page 203, premiere Partie, in-4°. Paris, deux Parties, 1758.

(2) *Phyſ. des arb.* Liv. III, Art. VIII, premiere Partie, Liv. IV, Chap. I, page 3, ſeconde Partie.

(3) *Recherches ſur l'uſage des feuilles dans les Plantes*, &c. Art. XC.

micre contient les élémens de la tige & des branches ; la feconde ceux de la racine & de fes ramifications. La radicule perce bientôt la terre pour y puifer des nourritures plus fortes, & les injections m'ont encore appris que c'eft à fon extrémité, terminée en pointe, que fe trouvent les organes qui pompent ces nourritures, & les font paffer dans le corps de la plante (1). Ces organes font à la plante, ce que la bouche eft à l'animal. Les parties de l'embrion logé dans la graine ou dans le bouton, y ont des formes & un arrangement qui different beaucoup de ceux qu'elles auront apres s'être développées ; mais elles n'en renferment pas moins dès le commencement, tout ce qui eft effentiel à l'efpece.

CLXIII. *Le cœur principale puiffance dans l'animal.*

Changemens de couleur du fang & l'offification.

Les Corps organifés croiffent donc par le développement de leurs parties en tout fens, & à mefure qu'elles fe développent, leurs formes & leur fituation primitives fubiffent des changemens plus ou moins confidérables, &

(1) *Recherches fur l'ufage des feuilles*, &c. Art. XC.

plus ou moins rapides. (V FAIT.) La principale puissance qui paroît opérer ce développement dans les animaux, est l'impulsion du cœur. Animé dans la conception par l'influence de la liqueur séminale, il se dilate, & en se contractant subitement, il chasse le fluide dans les vaisseaux. Ce fluide, qui sera dans la suite du véritable sang, n'est encore qu'une liqueur transparente, & presque sans couleur. Bientôt il perd sa transparence & devient jaune, & au bout de trois jours, d'un rouge très-vif (1). L'impulsion du sang contre les membranes les étend de plus en plus. De cette extension résultent le prolongement & l'élargissement des principaux troncs, & le développement successif de toutes les branches. Les sucs nourriciers en pénétrant en même temps dans les mailles des tissus, augmentent les masses. (CHAP. II.) Les élémens se rapprochent, & leur attraction mutuelle croît en raison de leur approximation & du contact. (II FAIT.) L'ossification ne commence que lorsque les vaisseaux devenus plus larges admettent des globules rouges. Le battement continuel des artères qui rampent entre les lames osseuses, tend à endurcir ces lames. La *terre* que les globules

(1) M. de HALLER, *Mém. II sur le Poulet*, Sect. IV, page 35 & suiv.

rouges charient avec eux, & dont la proportion augmente de jour en jour, contribue aussi à la dureté & à la fragilité des parties osseuses (1). La pulsation des arteres qui rampent entre les parties molles, peut concourir de même à augmenter la consistance de ces parties.

Tous ces effets dépendent en dernier ressort de la force du cœur; celle-ci dépend elle-même de la chaleur. Dans les fœtus foibles ou mal couvés, le sang demeure plus long-temps jaune; l'ossification commence plus tard, & le développement est plus lent (2).

CLXIV. *Evolution dans la* membrane ombilicale *du Poulet.*

La membrane ombilicale fournit un exemple de l'accroissement, qui peut s'appliquer à toutes les parties du corps. Cette membrane n'est d'abord qu'une espece de parenchyme, une pulpe molle. La force du cœur y fait naître

(1) *Mémoires sur la formation des os*, par M. de HALLER, page 252 & suivantes: à Lausanne, chez Bousquet, in-12. 1758.

(2) *Mém. II, sur la formation du Poulet*, pag. 35 & suiv. 262.

par degrés des traces réticulaires. Ces traces ne sont au commencement que des points. Bientôt elles deviennent des lignes. Ces lignes se colorent peu à peu, & ce sont enfin des arteres & des veines divisées à de fort petits angles. Ces angles grandissent ; des aires blanches se forment entre les vaisseaux ; elles se dilatent insensiblement, à-peu-près comme se dilatent les espaces compris entre les nervures d'une plante (1). „ Qu'on rétrograde, dit M. „ de HALLER, dans la considération des chan- „ gemens successifs de cette membrane ombi- „ licale, on se convaincra aisément qu'elle a „ toujours existé avec ses vaisseaux, qu'elle a „ été repliée sur elle-même, que l'impulsion „ du sang a prolongé les arteres, ou dévidé „ ces plis, qu'elle a éloigné les vaisseaux les „ uns des autres, & a donné à la membrane „ sa largeur, sa longueur, ses aires blanches, „ sa solidité même ".

CLXV. Solides *de l'embrion repliés sur eux-mêmes. Jambes & aîles du Papillon.*

IL semble donc que les solides de l'embrion soient repliés originairement sur eux-mêmes,

(1) *Corollaires mêlés*, pag. 173 & suiv.

&

& que l'impulſion du ſang tende continuellement à les déployer. On découvre à l'œil ce repliement dans les jambes du Papillon, pendant qu'elles ſont encore emboitées & comme concentrées dans celles de la Chenille incomparablement plus courtes. On croit voir un reſſort à *boudin* chargé d'un poids. Bientôt l'impulſion des humeurs déploie ces jambes & en efface les plis (1). Il en eſt à-peu-pres de même des aîles. Avant la naiſſance du Papillon, elles ont beaucoup d'épaiſſeur & fort peu d'étendue. Elles ſemblent etre repliées ſur elles-mêmes en maniere de zig-zag. Immédiatement après la naiſſance, l'impulſion des liquides, aidée de certains mouvemens, les déploie, & elles perdent en épaiſſeur ce qu'elles gagnent en étendue (2).

CLXVI. *Augmentation de maſſe des ſolides. Injections colorées.*

MAIS, ſi le méchaniſme organique ſe réduiſoit à cette ſimple évolution, les Corps organiſés n'acquerroient pas plus de maſſe en ſe

(1) *Mémoires pour ſervir à l'Hiſtoire des Inſectes*, Tom. I, page 365 & 366.

(2) Ibid. page 614 & ſuiv.

développant. Il en feroit de tous les folides comme des aîles du Papillon. L'augmentation de masse qu'ils acquiérent en croissant, leur vient du dehors. Elle est le produit de l'association d'un nombre infini de molécules différentes, que la nutrition leur assimile. Nous ignorons, & nous ignorerons long-temps le secret de cette assimilation. Nous voyons en général, qu'elle peut dépendre de l'appropriation du calibre des vaisseaux à la grosseur, & peut-être encore à la figure des molécules qu'ils doivent admettre ou séparer pour une certaine fin (1). Il paroît clairement que la Nature fait passer la matiere alimentaire par une suite de vaisseaux dont les diametres se dégradent de plus en plus, & qui l'introduisent enfin dans les mailles ou le tissu cellulaire des solides. L'incorporation de la *Garance* dans le tissu cellulaire des os (2), & celle des matieres colorantes dans le tissu des plantes qu'on injecte (3), donnent une légere idée de l'asso-

(1) †† A la dégradation des calibres, il faut joindre encore l'inclinaison plus ou moins grande, des branches & des plus petits rameaux.

(2) *Mémoires sur la formation des os*, par M. de HALLER, page 257.

(3) *Recherches sur l'usage des feuilles dans les Plantes*, Art. XC. *Physique des arbres*, Liv. V, Chap. II, Art. VII,

ciation des matieres alimentaires. Les arteres ne se nourrissent pas de ce même sang qu'elles distribuent par-tout : elles ont de petits vaisseaux qui apportent à leurs tuniques la nourriture qu'ils ont séparée du sang. J'ai déja touché à l'accroissement dans le Chap. II. J'ai traité dans le Chap. VI de la nutrition considérée relativement à la génération : je renvoie mon Lecteur à ces deux Chapitres.

CLXVII. *Transpiration insensible de l'embrion.*

Moyens d'abréger ou de prolonger sa vie.

Principe vital dans l'animal.

TANDIS que le fœtus se développe dans l'œuf, il transpire ; car la coque dure & crustacée sous laquelle il est renfermé, a des pores préparés pour laisser passer la matiere de la transpiration insensible. L'enveloppe crustacée des Chrysalides a aussi ses pores, & pour la même fin. Des expériences curieuses que je n'ai fait encore qu'indiquer, nous ont appris qu'en accélérant ou en retardant la transpiration insensible, l'on abrege ou l'on prolonge presque à volonté, la durée de la vie des Papillons, & de plusieurs autres especes d'Insectes.

On voit aſſez que je veux parler des expériences dont M. de REAUMUR a donné le détail, dans le premier Mémoire du ſecond volume de ſa belle hiſtoire des Inſectes. Pour devenir Papillons, quelques eſpeces de Chryſalides doivent perdre par la tranſpiration inſenſible, environ la dix-huitieme partie de leur poids. Cette quantité varie en différens ſujets. La matiere de la tranſpiration eſt une liqueur très-limpide. Pendant que cette matiere demeure renfermée dans l'intérieur de l'animal elle ſépare en quelque ſorte les élémens, elle s'oppoſe à leur union, & retarde ainſi l'accroiſſement & l'endurciſſement. On accélérera donc l'un & l'autre, ou ce qui revient au même, l'on abrégera la durée de la vie de l'Inſecte, ſi on le tient dans un lieu chaud, par exemple, dans une étuve ou dans un four à Poulet. Là, un jour ſera pour l'Inſecte, ce qu'auroient été pour lui, dans l'ordre naturel, une ſemaine, ou même un mois. Le contraire arrivera ſi l'on renferme la Chryſalide dans un lieu froid, tel qu'une cave ou une glaciere, ou ſi on l'enduit d'un vernis impénétrable à l'eau. Aucun de ces procédés ne nuira à l'Inſecte. Dans les œufs enduits de même de graiſſe ou de vernis, le germe ſe conſerve très-long-temps, & ces œufs ſont des mois & des années dans l'état d'œufs frais. La longue vie des Poissons & de quelques Peuples du Nord, a probablement pour cause principale la diminution de la transpiration insensible, toujours excessive dans les habitans des climats chauds.

Ainsi la vie dans les machines animales n'est proprement que la suite des mouvemens du cœur & des vaisseaux. Le principe vita paroît être dans l'*irritabilité*, cette propriété de la fibre musculaire, dont nous devons encore la connoissance aux profondes recherches de M. de Haller (1). Le cœur est le muscle qui possede cette propriété dans le degré le plus éminent. C'est par un effet de sa nature irritable qu'il se contracte au seul attouchement du sang, soit qu'il tienne encore à l'animal, soit qu'il s'en trouve séparé. En se contractant, il exprime le sang hors de sa cavité, & le chasse dans les vaisseaux encore repliés sur eux-mêmes. L'impulsion du liquide les déploie, & la durée de cette évolution est la durée de l'accroissement. Il diminue à proportion que la résistance augmente. Il cesse lorsqu'elle s'est accrue au point d'anéantir l'effet de la force expansive. Les solides endurcis ne

(1) *Dissertation sur l'irritabilité. Mémoire sur le mouvement du cœur*, à Lausanne, in-12.

ſont plus ductiles. Cela ſe voit clairement dans les os, & mieux encore dans les Vers que j'ai multipliés de *boutures* (1). Le *tronçon* ne s'étend point ; mais de nouveaux anneaux ſe développent aux extrémités. L'accroiſſement ſe meſure donc par l'eſpace parcouru, & par le temps employé à le parcourir. L'Inſecte à qui il n'a fallu que peu de jours pour parvenir à ſon parfait accroiſſement, a autant vécu que l'Inſecte de même eſpece, qui n'a atteint ce terme qu'au bout de pluſieurs mois ou de pluſieurs années (2). Quelque compoſées que ſoient les machines organiques, leur développement eſt ſuſceptible d'une certaine latitude, dont les circonſtances ou l'art peuvent reſſerrer ou étendre les limites. Les roues qui meſurent la vie organique précipitent ou retardent leurs révolutions ; mais la ſomme des effets demeure toujours la meme.

CLXVIII. *Recherches ſur la puiſſance qui opére le développement dans le végétal. Expérience de l'Auteur ſur le mouvement de la ſeve.*

Nous ne voyons rien dans les végétaux qui

(1) *Traité d'Inſectologie*, ſeconde Partie, Obſ. VII.

(2) *Mémoires pour ſervir à l'Hiſtoire des Inſectes*, Tom II, Mém. I.

leur tienne lieu de cœur & d'arteres. Les mouvemens ſi remarquables de leurs tiges, de leurs feuilles, de leurs fleurs, de leurs graines, de leurs trachées (1) paroiſſent dépendre de toute autre cauſe que de l'irritabilité, & ce caractere plus approfondi, ſerviroit peut-être à diſtinguer l'animal du végétal (2). Cependant la ſeve, qui eſt le ſang des plantes, s'y meut avec une force capable d'élever le mercure à pluſieurs pouces, & qui équivaut quelquefois à tout le poids de l'atmoſphere, & le ſurpaſſe même. J'ai pu juger à l'œil de la rapidité de la ſeve dans les plantes que j'ai abreuvées de liqueurs colorées. J'ai vu la liqueur parcourir ſous mes yeux une étendue d'un pouce & demi en demi-

(1) *Recherches ſur l'uſage des feuilles dans les Plantes.* Mém. II & V. *Phyſique des arbres*, Liv. IV, Chap. VI.

(2) †† Le ſavant GMELIN, dans ſa *Diſſertation ſur l'irritabilité des Plantes*, produit divers faits qui ſemblent prouver qu'elles ne ſont pas privées de ce principe vital. C'eſt ſurtout dans les *parties ſexuelles*, qu'il a cru reconnoître des ſignes non-équivoques d'irritabilité. Il a vu les *étamines* de quelques eſpeces herbacées, ſe contracter & ſe relâcher alternativement, lorſqu'on les irritoit dans un lieu chaud. Je parlerai ailleurs plus au long de ces obſervations ſur l'irritabilité des Plantes : mais il ſeroit fort à deſirer qu'on les répétât & qu'on les pouſſât beaucoup plus loin. Il eſt bien facile de ſe méprendre dans ce genre d'expériences, & d'attribuer à une vraie irritabilité, ce qui dépend de toute autre cauſe.

heure (1). M. HALES, dans son admirable *Statique des végétaux*, a très-bien prouvé que les feuilles sont les principaux organes de la transpiration. Il les a regardées comme les puissances qui élevent la seve. Mais la force prodigieuse des *pleurs* de la Vigne nous apprend que les feuilles ne sont pas les seules puissances que la Nature met ici en œuvre (2). Les injections m'ont confirmé la même vérité : la matiere colorante s'est élevée assez haut dans des branches dépourvues de feuilles, & dans une saison assez froide. Mais d'un autre côté, je ne l'ai point vu s'élever dans des plantes desséchées & à larges pores. La seve ne s'introduit donc pas dans les plantes, comme l'eau dans une éponge : son mouvement dépend d'une méchanique qui nous est encore inconnue, & que de nouvelles expériences pourront nous découvrir. Le ressort des trachées qu'excite celui de l'air, influe sans doute sur ce mouvement, mais l'on a peine à concevoir leur action dans l'épaisseur d'un bois très-dur (3).

(1) *Rech. sur l'usage des feuilles*, Art. XC.

(2) *Physique des arbres*, Liv. V, Art. IV.

[3] †† C'est une ignorance bien profonde que celle où nous sommes de la nature intime ou de l'*essence* des diverses *forces* répandues dans l'univers, & en particulier de celles qui constituent la vie dans le végétal & dans l'animal. Nous

CLXIX. *Effets généraux de la puissance vitale dans les plantes.*

Maniere dont les arbres croissent.

Parallele de cet accroissement avec celui des os.

Quelle que soit la puissance qui préside au mouvement de la seve, il est certain qu'elle existe, & qu'elle produit dans le végétal les mêmes effets essentiels que la force du cœur produit dans l'animal. C'est cette puissance qui chasse la seve dans les tuyaux repliés ou concentrés, qui les déploie, & étend en tout sens les lames infiniment déliées qu'ils composent par leur assemblage. Ces lames sont autant de petits cônes inscrits les uns dans les autres, &

ne connoissons un peu les forces que par leurs effets. Toutes nos observations sur la structure des corps, ne nous en découvrent que l'extérieur ou la premiere écorce: le fond de cette structure nous demeure voilé. Nous entrevoyons bien l'arrangement & les rapports des parties les plus grossieres; mais nous ne saurions pénétrer jusqu'aux *élémens* dont ces rapports dérivent. Ainsi nous n'appercevons que les derniers effets des machines naturelles, & le secret de leur construction nous demeure toujours inconnu; car des membranes, des vaisseaux, des fibres ne sont pas les premiers & les vrais ressorts. Il y a plus; les vrais ressorts ne le sont pas par eux-mêmes: leur action dépend du concours d'une force secrette qui ne peut tomber sous nos sens.

dont le nombre eſt indéfini. Les plus extérieurs contiennent les rudimens de l'écorce : les plus intérieurs, ceux du bois. Tous ne ſont dans le germe qu'une eſpece de gelée : c'eſt l'état ſous lequel l'animal ſe montre les premiers jours. [II & III FAIT.] Ils deviennent herbacés par degrés ; & cet état répond à celui que revêt le cartilage quand il ceſſe d'être membraneux ou plutôt muqueux. Enfin, les cônes intérieurs s'endurciſſent peu à peu ; ils acquiérent ſucceſſivement la conſiſtance de l'écorce & celle du bois : c'eſt le cartilage qui acquiert enfin la conſiſtance de l'os. Le cône le plus intérieur s'endurcit le premier, & ceſſe de croître. L'accroiſſement continue dans celui qui l'enveloppe immédiatement. Les lames qui ſont les rudimens de la véritable écorce, ne ſe convertiſſent pas en bois ; celui-ci a une organiſation qui lui eſt propre ; ſes tuyaux ſont plus fins, plus ſerrés, & il a des trachées qui manquent à celle-là. Mais les lames qui contiennent les élémens du bois paſſent par l'état de ſubſtance corticale : des couches ligneuſes ſemblent ſe détacher de l'écorce pour s'appliquer au bois. De l'épaiſſiſſement des lames réſulte l'accroiſſement en groſſeur, de leur prolongement réſulte l'accroiſſement en hauteur. Celui-ci ceſſe avant celui-là. L'endurciſſement commence toujours à la baſe des cônes ; les ſommets ſont encore ductiles : c'eſt le corps de l'os qui s'oſſifie le premier ; enſuite les extrémités & les épiphyſes. La racine ne croît que dans ſon extrémité. Je ne parle ici que des arbres (1). A l'extrémité de la jeune tige qu'a fourni la *plumule*, paroît en Automne un bouton. Ce bouton contient le germe d'une nouvelle tige. Il s'ouvre au Printemps. La petite tige en ſort encore herbacée ; elle s'étend en tout ſens, & s'endurcit à ſon tour comme la premiere. Un bouton paroît auſſi à ſon extrémité qui donne naiſſance à une autre tige. L'arbre ſe forme ainſi annuellement d'une ſuite de tiges ou de petits arbres implantés les uns ſur les autres. Dans les herbes *annuelles*, une ſeule tige ſe développe, qui prend peu à peu l'accroiſſement & la conſiſtance propres à ſon eſpece. Dans les herbes *vivaces*, des boutons ſortent de la baſe ou des racines de l'ancienne tige.

L'ACCROISSEMENT des végétaux peut être accéléré ou retardé comme celui des animaux. Les végétaux tranſpirent, & ils s'endurciſſent d'autant plutôt que leur tranſpiration eſt plus

(1) *Phyſique des arbres*, Liv. IV, Chap. III.

accélérée ou plus abondante. Par la raifon des contraires, plus une plante tire de nourriture, & plus fon endurciffement eft lent; elle croît donc plus long-temps. A l'aide de certaines précautions ou de certaines circonftances, le germe vit pendant un temps fort long dans la graine, comme l'embrion dans l'œuf.

Il faut lire dans l'excellent ouvrage de M. Duhamel, les détails intéreffans & fi fagement expofés, dont je viens de crayonner l'efquiffe. Tout y concourt à établir l'*évolution*.

CLXX. *Elémens de la théorie de l'Auteur fur la méchanique de l'accroiffement.*

Toutes les parties d'un Corps organifé ont à croître, & tandis qu'elles croiffent elles continuent à s'acquitter des fonctions qui leur font propres. L'aptitude à s'en acquitter dépend de leur ftructure. La ftructure des parties ne change donc point pour l'effentiel pendant toute la durée de l'accroiffement. Cependant elles augmentent de maffe, & cette augmentation provient de l'incorporation des molécules que la nutrition affimile. La méchanique de chaque partie eft donc telle qu'elle arrange ou difpofe les molécules alimentaires, dans un rapport direct à sa structure. Cette structure est essentiellement la même dans le germe que dans l'animal développé. Le Poulet le démontre. Les molécules alimentaires ne forment donc rien ; mais elles aident au développement de ce qui est préformé, & en augmentent la masse. Le développement & l'intussusception suivent ainsi la loi de la constitution primordiale des parties. Cette constitution dérive en dernier ressort de la nature, de l'arrangement, & en général de toutes les déterminations des élémens propres à chaque espece d'organes ; & ce que je dis des organes, je puis le dire des fibres dont ils sont composés. Ce sont donc les élémens des parties du germe qui déterminent, dès le commencement, l'union & l'arrangement des nouveaux élémens que la nutrition leur associe. Ce sont encore ces élémens qui déterminent le degré d'accroissement, de consistance ou d'endurcissement que chaque partie peut acquérir. (Chap. II & VI.) Au-delà de ces principes généraux, je ne vois que ténebres plus ou moins épaisses.

Au reste, en développant ailleurs cette espece de théorie, j'essayerai de montrer comment un Tout organisé, parvenu à son parfait accroissement, est un composé de ses parties originelles ou *élémentaires*, & des matieres que la nutrition leur a associées: en sorte que si l'on pouvoit extraire ces matieres du tout, on le concentreroit, pour ainsi dire, en un point, & on le rameneroit ainsi à son état primitif de *germe*. C'est de la même maniere, à-peu-près, qu'en extrayant d'un os la substance *crétacée*, qui est le principe de sa dureté, on le ramene à son état primitif de cartilage ou de membrane (1).

[1] †† C'est à M. HERISSANT que nous devons les connoissances les plus certaines sur la méchanique de l'*ossification*. Il a démontré par une suite d'expériences très-ingénieuses, que les os sont composés de deux substances principales, l'une *parenchymateuse* ou membraneuse, l'autre *crétacée*. Il a fait voir que celle-ci pénetre dans les mailles de celle-là par la nutrition; & que le tissu parenchymateux s'incruste ainsi peu à peu de la matiere terreuse, à laquelle l'os doit sa dureté. Il est parvenu à dépouiller entiérement le parenchyme de la matiere dont il étoit incrusté, & a converti ainsi les os les plus durs en simples membranes. Il a plus fait encore: il a rendu au parenchyme ou à la membrane sa premiere dureté, ou pour parler plus exactement, il l'a ramenée à son état primitif d'*os*.

On voit combien ces curieuses expériences s'accordent avec mes-premieres méditations sur la méchanique secrette de l'accroissement. Le parenchyme des os nous représente ce fond primordial que je supposois toujours dans le Tout organisé: la substance terreuse qui incruste le parenchyme de l'os, nous représente les molécules alimentaires qui s'incorporent par la nutrition au Tout organique. L'ossification est ainsi une représentation grossiere de ce qui se passe dans l'accroissement de toutes les parties du corps animal, & même des plus délicates. Le tissu primordial de toutes s'incruste par

CHAPITRE XI.

Que les obſervations ſur la formation du Poulet achevent de détruire le ſyſtême des molécules organiques.

Faits qui concernent les graines *&* *les* boutons, *ainſi que les* greffes *& les* boutures, *ſoit* végétales, *ſoit* animales, *& la multiplication par rejettons, & celle par diviſion naturelle.*

CLXXI. *L'évolution, loi de la Nature.*

JE viens de mettre ſous les yeux de mes Lecteurs bien des faits intéreſſans, qui ſemblent ſe réunir pour faire de l'*évolution* une loi générale du ſyſtême organique. Cette loi

degrés des matieres étrangeres que la nutrition y fait pénétrer.

Mr. HERISSANT a étendu, depuis ſes expériences à l'accroiſſement de quantité de corps marins, comme les Coraux, les Madrépores, &c; & il a reconnu que la Nature emploie par-tout la même méchanique eſſentielle. Il en a conclu que j'avois bien raiſonné ſur la maniere dont s'opére l'accroiſſement. J'ai expoſé tout cela aſſez en détail en traitant plus à fond de cette grande matiere dans la Partie XI de la *Palingénéſie*.

ſuppoſe manifeſtement la préexiſtence des germes; rien ne peut ſe développer qui n'ait été préformé. L'animal végete comme la plante. Mais l'évolution n'exclut point par elle-même l'*épigéneſe*. L'animal formé par *juxta-poſition* du concours des deux ſemences, ſubiroit enſuite la loi du développement. Il falloit donc démontrer que l'animal exiſte dans l'œuf indépendamment du concours des ſexes, & c'eſt ce que les obſervations de M. de HALLER ont mis dans une pleine évidence.

CLXXII. *Qu'il n'eſt point de véritable génération dans la Nature.*

JE ſuis donc ramené plus fortement que jamais au grand principe dont je ſuis parti en commençant cet ouvrage; c'eſt qu'il n'eſt point dans la Nature de véritable génération; mais, nous nommons improprement *génération*, le commencement d'un développement qui nous rend viſible ce que nous ne pouvions auparavant appercevoir. Les reins nous paroiſſent engendrés au moment qu'ils tombent ſous nos ſens; ils ſéparoient pourtant l'urine lorſque nous ne nous doutions pas le moins du monde de leur exiſtence. (VI FAIT.) Ce qui eſt vrai d'un organe, l'eſt de l'animal qui réſulte

résulte de l'assemblage de tous les organes. Ne jugeons donc pas du temps où les Êtres organisés ont commencé à exister, par celui où ils ont commencé à nous devenir visibles, & ne renfermons pas la Nature dans les limites étroites de nos sens & de nos instrumens.

CLXXIII. *Opposition des découvertes sur le Poulet avec les systêmes qui les avoient précédées.*

Les Physiciens qui ont cru qu'il n'y a point de germe dans les œufs inféconds, ont pris une idée favorite pour la regle des choses. Ils voyoient des animalcules dans la semence des mâles, & ils en concluoient que ces animalcules étoient destinés à s'introduire dans les œufs, & à y devenir le principe de la génération.

Ceux qui ont rejetté les œufs & retenu les animalcules, ont voulu qu'il y eût dans la matrice un lieu assigné où ils se fixoient & se développoient.

L'examen d'un œuf de Poule a suffi pour renverser ces hypotheses fameuses, soutenues avec tant de chaleur par d'habiles gens.

CLXXIV. *Réflexions ſur les anciens. De quelques opinions modernes ſur l'origine des Etres organiſés.*

Les anciens penſoient que le fœtus réſultoit du mêlange des deux ſemences, & cette idée vient ſi naturellement à l'eſprit, que ce n'étoit pas la peine de leur en faire un mérite. L'Auteur de la *Vénus phyſique*, qui s'eſt plu à réchauffer cette opinion, loue pourtant à ce ſujet les anciens. „ Lors, dit-il (1), que nous „ croyons que les anciens ne ſont demeurés „ dans telle ou telle opinion, que parce qu'ils „ n'avoient pas été auſſi loin que nous, nous „ devrions peut-être plutôt penſer que c'eſt „ parce qu'ils avoient été plus loin; & que „ des expériences que nous n'avons pas encore faites, leur avoient fait ſentir l'inſuffiſance des ſyſtèmes dont nous nous contentons ".

J'admettrai, ſi l'on veut, que les anciens ont vu tout ce qu'ils pouvoient voir: la Nature leur avoit fait d'auſſi bons yeux qu'à nous, mais elle ne les avoit pas armés d'un verre. Ils appercevoient le *point ſautillant* (2),

(1) Chap. XVI, page 97.
(2) Art. CLVIII.

& ils ne pouvoient en démêler les *phases*. Ils ont voulu faire à force de génie ce que les modernes ont exécuté à force de méthode & d'instrumens. Les anciens ont été loin ; ils auroient été plus loin encore si, sans avoir nos instrumens, ils avoient eu seulement nos méthodes, & ce sont ces méthodes qui distinguent le plus notre siecle. Les erreurs de l'antiquité n'ont pas de quoi nous surprendre ; elles étoient l'appanage de la primogéniture. Mais, ce qui doit nous étonner, c'est de voir des Physiciens qui, dans un siecle aussi éclairé que le nôtre, se ressaisissent de ces erreurs, & déploient toute la force de leur génie, pour nous persuader qu'un animal se forme comme un crystal, & qu'un amas de farine se convertit en *Anguilles*. On a rappellé les qualités *occultes* que la bonne Philosophie avoit bannies de la Physique. On a eu recours à des *instincts*, à des *forces de rapports*, à des *affinités chymiques* (1), à des *molécules organiques*, qui ne sont ni végétal ni animal, & qui forment par leur réunion, le végétal & l'animal (2).

(1) *Vénus physique*, Chap. XVII, XVIII, XIX.

(2) *Histoire Naturelle, générale & particuliere, &c.* T. II.

CLXXV. *Remarques sur l'exposition que l'Auteur a donnée du système de M. de* BUFFON, *& sur un passage de la* Vénus physique.

BIEN des Lecteurs me reprocheront sans doute de m'être trop étendu sur le système de M. de BUFFON. Ils prétendront que des songes, qui ne sont pas même philosophiques, ne méritoient pas qu'on s'y arrêtât. Je ne chercherai point à me justifier de ce reproche; mais j'avouerai que j'ai cru devoir quelque chose à la célébrité du Songeur, & à la singularité de ses songes (1). Je les ai donc exposés avec toute la clarté dont ils étoient susceptibles, & je n'en ai pas fait un examen en forme. Je me suis borné à indiquer quelques faits qui m'ont paru évidemment contraires à l'hypothese de l'illustre Auteur. Tel est celui que nous offre le *mulet* chez les Abeilles. Si le fœtus résulte du concours des molécules organiques que renferment les deux semences; si ces molécules sont moulées dans les différentes parties qui composent le corps du mâle & celui de la femelle; si enfin elles acquiérent par-là la capacité de représenter en petit le fœtus, pourquoi l'Abeille *ouvriere* a-t-elle des organes qu'on

(1) †† Voyez la note que j'ai mise à la fin de l'Art. CIX & celle qui est à la fin du Chap. VIII.

ne trouve ni à la *Reine-abeille*, ni aux *Bourdons?* Pourquoi encore la Reine-abeille & les Bourdons ont-ils des organes qu'on ne trouve point à l'Abeille *ouvriere* (1)? L'Auteur de la *Vénus physique* fait une réflexion judicieuse, qui reçoit ici une application très-naturelle. „ Je demande pardon, dit-il (2), aux Physi-
„ ciens modernes, si je ne puis admettre les
„ systèmes qu'ils ont si ingénieusement imagi-
„ nés. Car je ne suis pas de ceux qui croient
„ qu'on avance la Physique en s'attachant à un
„ système, malgré quelque phénomene qui lui
„ est évidemment incompatible; & qui, ayant
„ remarqué quelqu'endroit d'où suit nécessaire-
„ ment la ruine de l'édifice, achevent cepen-
„ dant de le bâtir, & l'habitent avec autant
„ de sécurité, que s'il étoit le plus solide ".
Je demande pardon à mon tour aux partisans

(1) †† Si les expériences qui ont été faites il y a quelques années, sur les Abeilles, par un Amateur de Lusace, sont vraies, il n'y a chez ces Insectes que deux sortes d'individus; des mâles & des femelles. Les *Mulets* ou les *Neutres* sont originairement de véritables femelles, dont le développement a été modifié par des circonstances étrangeres, mais qui entroient dans le plan de la Nature. J'ai rendu compte en détail des expériences de Lusace, dans deux Mémoires qu'on trouvera dans le *Journal de Physique* de l'Abbé ROZIER, Avril & Mai de 1775.

(2) Chap. XVI, page 96 & 97.

des *instincts* & des *molécules organiques*, si je ne puis admettre leur système, & si je n'ose me loger dans un édifice ruineux, *qu'ils habitent cependant avec autant de sécurité que s'il étoit le plus solide.*

CLXXVI. *Que les observations de M. de* REAUMUR *sur les globules mouvans, prouvent leur véritable origine & la fausseté des opinions contraires.*

CES *globules mouvans* (1) qu'on découvre dans les infusions végétales ou animales, & en particulier dans la semence de diverses especes d'animaux ; ces globules que M. de BUFFON aime à nous représenter comme de nouveaux ordres d'Etres organisés, qui n'appartiennent proprement ni à la classe des végétaux, ni à celle des animaux, & qui forment pourtant les végétaux & les animaux, ces globules, dis-je, dont j'ai recherché la nature dans le Chap. VIII, un grand Observateur les a étudiés depuis, avec toute l'attention qu'ils exigeoient. Il a reconnu ce qui en avoit imposé à MM. NÉÉDHAM & de BUFFON. Il s'est assuré *que ce sont de véritables animaux, qui*

(1) Voyez le Chap. VII.

ont des ordres de générations semblables qui se succédent; qu'il est très-faux que ces générations soient d'animaux de plus en plus petits, comme l'ont avancé les Auteurs du nouveau systême; que tout va ici à l'ordinaire, que les petits deviennent grands à leur tour. C'est ce qu'on a pu voir dans la note que j'ai mise à la fin de l'Article CXXXV. L'autorité de M. de REAUMUR est ici d'un trop grand poids pour qu'on puisse l'infirmer. Les petits animaux étoient son domaine, & personne n'a possédé à un plus haut degré que cet illustre Académicien, l'art de se conduire dans la recherche des vérités physiques (1).

A l'égard de la maniere dont ces animalcules sont produits dans les infusions, un Philosophe pourroit-il se résoudre à admettre qu'ils proviennent de la transformation de la matiere même de l'infusion en animalcules? Une telle Physique choqueroit également le raisonnement & l'expérience. Ce seroit renouveller les générations *équivoques*, dont la fausseté est si bien prouvée. En vérité, il n'y a qu'un amour

(1) †† Je dois renvoyer ici à la note que j'ai ajoutée à celle de l'Art. CXXXV, & au précis des observations de M. SPALLANZANI, sur les Vers spermatiques, que j'ai donné dans la grande note placée à la fin du Chap. VIII.

étrange du paradoxe, qui puisse porter à débiter sérieusement de telles fables, & j'ai regret que la postérité ait à les reprocher à notre siecle. N'est-il pas plus raisonnable de penser que les œufs de ces animalcules, ou les animalcules eux-mêmes, existoient dans la matiere de l'infusion, ou qu'ils ont passé de l'air dans cette matiere? Tout ce que nous connoissons de plus certain sur la génération des Insectes, nous sollicite à embrasser ce sentiment, & pour s'y refuser, il ne faudroit pas moins qu'une démonstration rigoureuse de la vérité du sentiment contraire (1).

CLXXVII. *Que les découvertes de M. de* HALLER *sur le Poulet détruisent l'édifice de M. de* BUFFON.

MAIS quand les molécules organiques auroient toute l'existence qu'il a plu à M. de BUFFON de leur accorder, il n'en seroit pas plus avancé. Les observations sur le *Poulet*

(1) †† La grande note qui est à la fin du Chapitre VIII, prouve que j'avois bien raisonné lorsque j'avois essayé de combattre le systême des *molécules organiques*. Je tracerai ailleurs un précis des découvertes de M. SPALLANZANI sur les *animalcules des infusions*, qui achevera de démontrer la fausseté des opinions des deux plus célebres Epigénésistes de notre siecle.

achevent de ruiner de fond en comble tout son édifice. Dès qu'il est démontré que le Poulet existe dans l'œuf avant la fécondation, (I FAIT.) il l'est qu'il ne tire point son origine des molécules organiques que renferme la semence du Coq. Il ne sauroit non plus la tirer des molécules organiques de la Poule ; car dans le systême de notre Auteur, comment pourroit-elle lui fournir les parties propres au mâle ?

AU reste, tout ce que j'ai dit des *molécules organiques*, ne m'a point été inspiré par le desir de critiquer M. de BUFFON. Les critiques n'ont jamais été de mon goût. Je respecte ce grand Écrivain ; mais je respecte encore plus la vérité.

CLXXVIII. *Réfutation du sentiment de M.* NÉÉDHAM, *sur l'origine du germe dans la graine.*

NOUS devons à la sagacité de M. NÉÉDHAM des découvertes intéressantes sur la fécondation des végétaux (1), & dont cet Observateur a tiré une conséquence qui me paroît hasardée.

(1) †† Voyez un précis de ces découvertes dans le Chap. X de la Partie X de la *Contemplation de la Nature.*

Il convient que je tranſcrive ici ſes propres termes (1). „ La ſemence ne contient point, „ avant que d'être fécondée, la plante en „ miniature, comme quelques Auteurs l'ont „ cru : mais c'eſt la pouſſiere de la fleur qui „ renferme le premier germe ou bouton de la „ nouvelle plante ; ce germe pour ſe dévelop- „ per & pour croître, n'a beſoin que du ſuc „ qu'il trouve tout préparé dans l'ovaire. Car „ ſi l'on réfléchit ſur les conſéquences d'une „ obſervation qui a déja été faite par divers „ Naturaliſtes, c'eſt qu'avec les meilleurs mi- „ croſcopes, on ne découvre rien dans la „ graine d'une plante, juſqu'à ce que les ſom- „ mets des étamines ſe ſoient déchargés de „ leur pouſſiere ; que juſqu'à ce temps-là cette „ graine eſt tout-à-fait vuide, & qu'on n'y „ voit rien que ſa peau, ou ſon enveloppe ex- „ térieure ; mais que dès qu'elle a été imprégnée „ de la pouſſiere, on y apperçoit un véritable „ germe, ou une petite tache verdâtre qui „ nage dans une liqueur limpide, &c. ".

M. NÉÉDHAM admet, comme l'on voit, qu'il n'y a point de germe dans la graine qui n'a pas été fécondée. Il veut que ce ſoit la pouſ-

(1) *Nouvelles découvertes faites avec le microſcope*, pag. 89, 90.

ſiere des étamines qui l'introduiſe dans la graine. Cette hypotheſe n'a rien d'abſurde, & elle revient préciſément à celle qu'ANDRY & d'autres Auteurs ont adoptée pour expliquer la génération par les animalcules. Mais ſur quoi repoſe l'aſſertion de M. NÉÉDHAM? Uniquement ſur ce *qu'avec les meilleurs microſcopes, on ne découvre rien dans la graine d'une plante, juſqu'à ce que les ſommets des étamines ſe ſoient déchargés de leur pouſſiere.* Qui ne voit que cette maniere de raiſonner n'eſt pas exacte, & que c'eſt argumenter de l'inviſibilité à la non-exiſtence? A l'aide des meilleurs microſcopes, découvre-t-on le germe dans l'œuf qui n'a pas été fécondé? Cependant n'avons-nous pas des preuves directes qu'il y exiſte? (I FAIT.) (1) Je l'ai déja remarqué; la grande analogie qu'on obſerve entre les plantes & les animaux, & qui ſe manifeſte chaque jour par de nouveaux traits, ne laiſſe pas lieu de douter qu'il n'en ſoit ici de la graine comme de l'œuf, & il doit nous être permis de le penſer, juſqu'à ce qu'on nous produiſe des preuves directes du contraire. La petiteſſe & la tranſparence des parties du germe peuvent les mettre hors de la portée des plus excellens verres. L'action de

(1) Chap. IX, Art. CXLIII.

la pouſſiere les développe & diminue leur tranſparence. Elles commencent ainſi à devenir viſibles ; & de-là, cette *petite tache verdâtre qui nage dans une liqueur limpide*, & qu'on n'apperçoit qu'après l'imprégnation (1).

(1) †† Une obſervation que j'ai rapportée ſur la fin de la part. XI de la *Palingénéſie*, confirme bien ceci. La graine & l'embrion qui y eſt logé, ne forment enſemble qu'un même Tout organique. Les vaiſſeaux qui ſe ramifient dans l'intérieur de la graine, partent du germe & lui apportent la premiere nourriture. Or, on découvre nettement la graine avant la fécondation : combien eſt-il donc raiſonnable d'inférer de la préſence de la graine celle de l'embrion ! Je renvoye le Lecteur au Mémoire que j'ai publié *ſur la fécondation des Plantes*, *Journ. de Phyſ.* Octobre 1774.

Mais nous ne ſommes plus réduits ici à de ſimples inductions: M. SPALLANZANI vient d'inſtituer des expériences qui prouvent de la maniere la plus directe, que le germe préexiſte dans la graine à la fécondation. Des graines ſur leſquelles la pouſſiere fécondante n'avoit pu agir, n'ont pas laiſſé de produire. La pouſſiere fécondante n'avoit donc pas porté le germe dans ces graines : le germe fourni par la pouſſiere, ne s'étoit donc pas greffé avec la graine fournie par la Plante ?

Joignez cette obſervation importante à celles qui démontrent la préexiſtence du germe dans les œufs de divers Amphibies ; (voyez la note qui eſt à la fin du Chap. IX) réfléchiſſez en même temps ſur les faits qu'offre le Poulet, & ſur ce nombre prodigieux d'animaux qui multiplient ſans aucune copulation, comme quantité d'animalcules des infuſions, les Polypes d'eau douce & de mer, les Pucerons, divers coquillages ; & vous vous perſuaderez de plus en plus que la fécondation ne produit rien, & qu'elle ne fait que développer & modifier plus ou moins, ce qui étoit auparavant préformé.

CLXXIX. *Que la découverte ſur l'origine du Poulet conduit à celle de tous les Etres organiſés.*

QUAND on s'eſt aſſuré que le Poulet exiſte très-en petit dans l'œuf avant la fécondation ; quand on a obſervé la maniere dont ſes parties ſe développent après la fécondation, & les différentes phaſes ſous leſquelles elles ſe montrent ſucceſſivement, on peut légitimement en inférer qu'il en eſt de même de toutes les productions organiques, qu'elles ſont toutes renfermées originairement en petit dans certaines enveloppes. C'eſt à cet état primitif qu'on a donné le nom de *germe*.

AINSI lorſque nous voyons une branche ſe former ſur l'écorce d'un arbre, un Polype ſur la peau d'un autre Polype ; nous pouvons en conclure que la branche étoit renfermée en petit ſous l'écorce de l'arbre, le petit Polype ſous la peau du Polype-mere.

CLXXX. *Les boutons des arbres.*

UNE branche naiſſante eſt un arbre en miniature. Ce très-petit arbre eſt d'abord logé dans un bouton. Il eſt recouvert extérieurement de plusieurs rangs d'écailles posées en recouvrement, sous lesquelles on découvre différentes membranes plus ou moins épaisses. Toutes les parties de l'arbre sont repliées avec beaucoup d'art, & ne paroissent que comme des rudimens ou des ébauches.

CLXXXI. *La plantule. La graine. Comparaison de la graine avec l'œuf. Différence de la graine & du bouton. La bouture.*

Il n'y a pas moins d'art dans la maniere dont la plantule est logée au cœur de la graine: mais celle-ci a des parties que n'a pas le bouton. La graine est un œuf dans lequel un embrion doit prendre ses premiers accroissemens. Cet œuf est couvé dans la terre. L'embrion qu'il renferme ne peut tirer aucune nourriture de la plante qui l'a produit, & dont il est actuellement séparé : mais la Nature a mis en réserve dans la graine, les nourritures destinées à ses premiers accroissemens. Des vaisseaux (1) analogues aux vaisseaux ombilicaux du Poulet, puisent ces nourritures & les portent dans l'embrion. C'est une espece de lait dont il est d'abord abreuvé. Devenu plus fort, il va puiser

(1) Voyez le Chapitre précédent, Art. CLXII.

dans la terre un aliment plus grossier ou plus substantiel. Le bouton au contraire, ne contient aucun aliment : la petite plante qu'il cache, peut s'en passer. Elle demeure attachée à l'arbre, & trouve sous l'écorce des nourritures préparées. On peut cependant la sevrer de ces nourritures dès qu'elle a pris un certain accroissement. On la détache du sujet, & c'est une *bouture*, qui mise en terre, y pousse des racines & devient un arbre.

CLXXXII. *Expérience sur les lobes de la graine.*

On peut de même sevrer la plantule du lait qu'elle puise dans la graine. On y parvient en coupant adroitement les deux troncs de vaisseaux qui la tiennent attachée aux lobes. J'imaginai cette expérience délicate pour m'assurer de l'usage des lobes, & elle m'a réussi bien des fois. Mais les plantes que j'avois ainsi privées de leur lait, sont restées toute leur vie des plantes en miniature, d'une petitesse singuliere, & dont un Botaniste auroit méconnu l'espece. Ces miniatures ont pourtant poussé des feuilles & des fleurs, & cette curieuse expérience m'a appris combien les lobes sont utiles aux premiers accroiſſemens de l'embrion (1).

CLXXXIII. *La greffe. Maniere dont elle s'unit avec le ſujet. Expérience contraire à l'opinion d'un filtre.*

Si au lieu de planter en terre la bouture, on l'inſere dans le tronc d'un arbre, ce ſera une *greffe*, qui s'unira à cet arbre comme une branche naturelle. Cette union ne ſera point l'effet d'une production nouvelle: mais, des vaiſſeaux de la greffe & des vaiſſeaux du *ſujet*, qui ne ſe ſeroient point développés ſans le ſecours de l'opération, ſe développeront, & s'abouchant les uns avec les autres par différens points, formeront une infinité d'entrelaſſemens. Ils ſe montreront d'abord ſous la forme d'une ſubſtance gélatineuſe, puis herbacée, & enfin corticale & ligneuſe (2). Un *bourlet* naîtra à l'inſertion, & recouvrira la plaie. On a cru que ce bourlet étoit une glande *végétale* deſtinée à ſéparer du ſujet les ſucs propres à la greffe. Cette idée ingénieuſe me

(1) *Recherches ſur l'uſage des feuilles dans les Plantes*, Art. LXXXIX.

(2) *Phyſique des arbres*, Liv. IV, Art. VI.

paroît

paroît peu d'accord avec l'expérience. J'ai fait tirer de l'encre à un ſep de *Vigne* qui portoit des raiſins *violets*, & ſur lequel on avoit *enté* un rameau qui avoit appartenu à un ſep qui portoit des raiſins *blancs*. J'ai vu la matiere colorante paſſer ſans altération ſenſible, du *ſujet* dans la *greffe*, & s'élever par les *fibres ligneuſes* juſqu'au ſommet de celle-ci (1).

CLXXXIV. *Greffes naturelles, ſources de monſtruoſités.*

DIFFÉRENTES parties des plantes ſe greffent naturellement les unes aux autres *par approche*, tandis qu'elles ſont encore renfermées dans le bouton, & cette ſorte de greffe donne naiſſance à des *monſtruoſités* très-variées. Tantôt ce ſont deux fruits qui ſe collent l'un à l'autre, & ne forment plus qu'un ſeul Tout organique. Tantôt ce ſont deux feuilles, ou pluſieurs folioles de la même feuille, qui ſe réuniſſent pour n'en compoſer qu'une ſeule. On peut voir quantité d'exemples de ces monſtres dans le quatrieme Mémoire de mon Livre *ſur l'uſage des feuilles*.

(1) Premier Supplément au Livre *ſur l'uſage des feuilles dans les Plantes*: Art. V. *Oeuvres*, Tom. IV, de l'in-8°.

CLXXXV. *Polypes multipliant par rejettons.*

Un très-petit *bouton* paroît ſur le corps d'un Polype *à bras*. Ce bouton groſſit & s'étend. Il ne renferme pas un Polype ; mais il eſt lui-même un Polype en petit. Il eſt uni à ſa mere comme un *rejetton* l'eſt à ſon ſujet. La comparaiſon eſt exacte. La nourriture que prend le Polype naiſſant, paſſe à ſa mere, & ſi cette nourriture eſt colorée, elle la teint. La nourriture que prend la mere paſſe de même à ſon petit, & le colore. Le corps des Polypes eſt aſſez ſimple : il eſt façonné en maniere de tuyau. A l'extrémité du tuyau dont eſt formé le Polype naiſſant, eſt un trou, qui s'ouvre dans l'eſtomac de la mere. C'eſt par ce trou de communication que les alimens paſſent réciproquement de l'un à l'autre. Le jeune Polype croît, & lorſqu'il a pris un certain accroiſſement, le trou de communication ſe ferme peu à peu. Le Polype ſe détache enfin de ſa mere, & voilà l'étrange maniere dont les Polypes *à bras en forme de cornes*, multiplient naturellement *par rejettons* (1).

(1) *Mémoires pour ſervir à l'Hiſtoire d'un genre de Polypes d'eau douce, à bras en forme de cornes, par M.* Trembley. Troiſieme Mémoire, Edition in-4°. Leide, chez les freres Verbeeck; 1744. Edition in-8°. Paris, chez Durand, 1744; 2 Vol. Tom. II, page 7, 8 & 9.

CLXXXVI. *Multiplication de la Lentille aquatique par rejettons.*

Un grand nombre de plantes pouſſent des *rejettons* ; mais ils ne ſe ſéparent pas d'eux-mêmes de leur ſujet ; ſeulement ils peuvent en être ſéparés par art, & multiplier ainſi l'eſpece. Il eſt pourtant une plante très-commune, dont les rejettons ſe détachent naturellement pour propager l'eſpece. Telle eſt la *Lentille aquatique* qui couvre les eaux croupiſſantes, d'un tapis verd. Une feuille de cette plante flotte ſur l'eau. Il part de ſa ſurface inférieure un filet terminé par un petit renflement qu'on peut regarder comme la racine. D'autres feuilles ſe développent autour de la premiere, & s'en détachent enſuite avec leurs filets (1).

CLXXXVII. *Polypes chargés à la fois de pluſieurs générations de Polypes.*

Plusieurs *boutons* paroiſſent à la fois ſur le Polype, & il n'eſt preſque aucun point de ſon corps dont il n'en puiſſe ſortir. Ce ſont autant de Polypes naiſſans qui croiſſent ſur un tronc commun. Tandis qu'ils ſe développent,

(1) *Ibid.* Edit. in-8°, Tom. II, page 116 & ſuiv.

ils pouſſent eux-mêmes des boutons, c'eſt-à-dire, de petits Polypes, qui en pouſſent d'autres à leur tour. Ce ſont des branches qui produiſent d'autres branches, & celles-ci des rameaux. Pluſieurs générations demeurent ainſi attachées les unes aux autres, & toutes à la mere Polype. Cela ne reſſemble pas mal à un petit arbre fort touffu. La nourriture que prend un des Polypes, ſe communique bientôt à tous les autres. Enfin, le petit arbre ſe décompoſe en ſes branches & en ſes rameaux: les jeunes Polypes ſe détachent de leur mere & vont donner naiſſance à de nouvelles ſuites de générations, ou à de nouveaux arbres *généalogiques* (1).

CLXXXVIII. *Polypes à fourreaux. Productions marines qui ont été priſes pour des plantes.*

DIVERSES eſpeces de Polypes *de mer* ſont logées à leur naiſſance dans des fourreaux de matiere cruſtacée. Ces Polypes multiplient comme ceux d'*eau douce*, *par rejettons*. Les fourreaux demeurent implantés les uns ſur les autres, & imitent la forme & le port d'une plante. Ce ſont des *Polypiers* qui ont été pris pour de

(1) *Ibid.* Tom. II, édit. in-8°. page 56 & 57.

très-belles *plantes marines*, par d'habiles Botanistes qui aimoient à retrouver par-tout des végétaux. La célebre découverte des *fleurs* du Corail n'étoit que celle d'une espece de Polype dont le *Corail* est le fourreau (1) (2).

CLXXXIX. *Polypes multipliant de bouture.*

A la propriété de multiplier par rejettons, les Polypes joignent encore celle de pouvoir

(1) Voyez la belle Préface que M. de REAUMUR a mise à la tête du sixieme Volume de ses *Mémoires pour servir à l'Histoire des Insectes.*

(2) ††. L'expression de *Polypier* que j'ai employée ici d'après M. de REAUMUR, n'est point du tout exacte. Cet illustre Naturaliste avoit dit un *Polypier*, comme l'on dit un *Guêpier*: mais le prétendu *Polypier* n'est point du tout un nid de Polypes, comme un *Guêpier* est un nid de Guêpes : il est un ensemble de Polypes, qui demeurent attachés toute leur vie les uns aux autres, & qui en croissant font croître cette masse branchue qui a reçu le nom de *Corail*. Il en est de même des autres productions marines de ce genre, qui avoient été prises pour des Plantes. Elles sont toutes des amas organiques de petits Polypes. La substance parenchymateuse des Polypes s'incruste peu à peu d'une substance terreuse ou crétacée, qui donne à la masse organique la consistance qui lui est propre. Il en est donc de la formation du Corail, des Corallines, des *Pores*, des *Madrépores*, &c. comme de celle des os. M. HERISSANT l'a démontré. Il faut voir dans la Partie XI de la *Palingénésie* le précis des curieuses recherches de cet Académicien sur l'accroissement de divers corps marins.

être multipliés comme les plantes, *de boutures*. Un Polype coupé tranſverſalement ou longitudinalement en deux ou pluſieurs parties, ne meurt point, mais chaque partie devient en peu de temps un Polype complet. Cette ſorte de fécondité eſt ſi grande dans ces Inſectes, qu'un très-petit morceau de la peau d'un Polype peut devenir un animal parfait. Cette reproduction ſi remarquable a lieu également dans les jeunes Polypes qu'on partage tandis qu'ils ſont encore attachés à leur mere, & ſi l'on mutile la mere elle-même pendant qu'elle produit des petits, elle recouvrera en aſſez peu de temps les parties qu'on lui aura enlevées. Un ſimple tronçon met au jour des petits, & reprend enſuite une tête, des bras & une queue. Quelquefois il produit des petits ſans ſe compléter lui-même. D'autres fois la tête d'un jeune Polype prend la place de celle qui auroit dû pouſſer à la partie antérieure du tronçon (1).

CXC. *Hydres produites par la ſection.*

Si l'on fend un Polype en commençant par

(1) Hiſtoire des Polypes, par M. Tremblay, Mém. III & IV. *Eſſai ſur l'Hiſtoire naturelle du Polype-Inſecte*, par M. Backer.

la tête, & qu'on ne pouſſe la ſection que juſques vers le milieu du corps, on aura un Polype à deux têtes, qui mangera à la fois par deux bouches. Si l'on répete l'opération ſur chaque tête, l'on fera une Hydre à quatre têtes, & en répétant encore, une Hydre à huit têtes. Enfin, ſi l'on abat ces têtes, l'Hydre en repouſſera de nouvelles, & ce que la Fable même n'avoit oſé inventer, chaque tête abattue produira un Polype dont on pourra faire une nouvelle Hydre (1).

Si au lieu de fendre ainſi un Polype, on l'ouvre ſimplement d'un bout à l'autre, & qu'après en avoir étendu la peau, on la déchiquette à l'extrémité antérieure, l'on aura de même une Hydre; & ce qu'il importe beaucoup de remarquer, les nouvelles têtes ſe détacheront quelquefois d'elles-mêmes de leur tronc, & deviendront autant de Polypes (2).

CXCI. *Polypes hachés, & comment ſe forme le nouvel eſtomac.*

Enfin, un Polype haché donne autant de

(1) Mémoires ſur les Polypes, par M. Trembley, Mém. IV, édit. in-8°. Tom. II, page 194, 195.

(2) *Ibid.* page 197.

Polypes qu'on a fait de fragmens. J'ai dit que le corps de ces Insectes est façonné en maniere de tuyau. La cavité de ce tuyau leur tient lieu d'estomac. Les bords opposés d'un fragment ne se rapprochent pas pour former ce tuyau ; comme il arrive dans les Polypes partagés suivant leur longueur ; mais, le fragment se renfle intérieurement ; il y naît une petite cavité qui est l'ébauche d'un tuyau (1).

CXCII. *Vers aquatiques qui multiplient de bouture. Organisation de ces Vers.*

Régularité de la circulation du sang.

Ver qui repousse successivement douze têtes.

Rien d'unique dans la Nature. Dès qu'on s'est convaincu qu'une propriété a été accordée à une espece, on peut en conclure qu'elle l'a été à d'autres. Avant que je susse si le Polype appartenoit à la classe des animaux, je m'étois assuré par une expérience, qu'il a été donné à l'animal de pouvoir être multiplié de *bouture* (2). J'avois suivi la reproduction d'un

(1) *Ibid.* pag. 206, 207.

(2) *Traité d'Insectologie ; ou Observations sur quelques especes de Vers d'eau douce, qui coupés par morceaux, deviennent*

Ver aquatique, *sans jambes*, que j'avois partagé transversalement en deux. L'intérieur du Polype n'offre rien qui ressemble aux visceres des autres Insectes. C'est un tuyau vuide, & la peau qui le forme, ne présente à l'œil armé du microscope, qu'une multitude innombrable de petits grains qui se colorent par la nourriture. L'intérieur de mon Ver m'offrit au contraire, le même appareil d'organes, ou à-peu-près, qu'on découvre dans celui de la plupart des Insectes. La principale artere surtout, avec ses ramifications latérales, formoit un grand spectacle. Je ne pouvois me lasser d'y contempler la circulation du sang, qui se faisoit réguliérement de la queue vers la tête (1). Un Être en qui l'on découvroit un cœur, un estomac, des intestins; un Être en qui circuloit une liqueur analogue au sang, ne pouvoit être pris un instant pour une plante; & si cet Être se multiplioit de bouture, il étoit démontré que cette propriété étoit commune au végétal & à l'animal. J'observai donc les visceres se prolonger dans chaque partie du Ver coupé; je vis de nouveaux organes se former peu à peu, une tête, des anneaux, une queue;

autant d'animaux complets. Seconde Partie, Introduction, Paris, 1745, 2 vol.

(2) *Ibid.* Obs. I.

& en aſſez peu de temps, j'eus deux Vers très-complets (1).

Je partageai de ces Vers en vingt-ſix portions qui n'étoient preſque que des atômes, & ces atômes devinrent ſous mes yeux des animaux parfaits (2). La circulation du ſang étoit auſſi réguliere dans ces atômes avant la reproduction, qu'elle l'étoit dans le Tout dont ils faiſoient auparavant partie (3).

Je dreſſai des échelles de l'accroiſſement graduel de différentes portions de ces Vers, & ces échelles m'apprirent ce que l'on n'auroit pas ſoupçonné, que des huitiemes & des dixiemes, faiſoient en temps égal autant de progrès que des moitiés & des quarts (4).

Je vis le même individu laiſſé dans l'eau pure, pouſſer ſucceſſivement douze têtes, après avoir été mutilé onze fois dans ſa partie antérieure (5).

Je découvris enſuite pluſieurs autres eſpeces

[1] *Ibid.* Obſ. II.
[2] *Ibid.* Obſ. III.
[3] *Ibid.* Obſ. XV.
[4] *Ibid.* Obſ. IV, IX.
[5] *Ibid.* Obſ. X.

de Vers d'eau douce, du même genre que les précédens, & que je multipliai de même par la section. Mais parmi ces especes, il y en eût une qui m'offrit une grande singularité dont j'ai fait mention dans le Chapitre IV, Article LIV. (1) (2).

CXCIII. *Vers de terre qui multiplient de bouture.*

Les *Vers de terre* sont des Eléphans, comparés à ceux dont je viens de parler ; & ces Eléphans peuvent être aussi multipliés par boutures, mais beaucoup plus lentement. Je m'en suis assuré en faisant sur eux les mêmes ex-

(1) *Ibid.* Obs. XXI & suiv.

[2] †† M. Muller, excellent Observateur Danois, a publié en 1771 un bel ouvrage in 4to, qui contient les expériences qu'il a tentées sur des Vers aquatiques du même genre que les miens, & par lesquelles il a confirmé mes propres expériences. Son ouvrage ajoute beaucoup au mien; mais comme il est écrit en Allemand, je n'ai pu en juger que par la traduction qu'un ami m'a faite de vive voix, de quelques morceaux. Je dois beaucoup de reconnoissance à l'estimable Auteur du soin qu'il a pris de me suivre pas à pas, & de tout ce qu'il a bien voulu dire d'obligeant de mes observations. Je désirerois fort qu'on traduisît son écrit en François, pour mettre un plus grand nombre de lecteurs sur les voies de perfectionner de plus en plus ces intéressantes recherches.

périences que j'avois faites sur les Vers d'eau douce (1) (2).

CXCIV. *Que la même propriété a été découverte depuis dans d'autres animaux.*

Je n'ai eu que l'avantage d'avoir confirmé le premier une découverte qui sera à jamais célebre en Histoire naturelle, & dont on est redevable à la grande sagacité de M. Trembley, mon ami & mon Compatriote; elle l'a été depuis par d'excellens Observateurs qui ont étendu leurs recherches à des Insectes de différens genres. Les *Etoiles* & les *Orties* de mer, qui ont tant de rapport par leur structure avec les Polypes, n'en ont pas moins par la maniere dont elles se reproduisent après avoir été partagées. Une Etoile pousse de nouveaux rayons à la place de ceux qui lui ont été enlevés. Coupée ou déchirée elle donne autant d'Etoiles qu'on a fait de fragmens. L'Ortie,

(1) *Ibid.* Explication des Figures, page 208 & suivantes. *Oeuvres*, Tom. I, *Insect.* Part. II, Obs. XXXV.

(2) †† M. Spallanzani a bien plus approfondi que moi, la reproduction du Ver de terre. Je donnerai ailleurs les résultats de ses expériences. Voy. le *Programme* de cet Auteur, publié en Italien en 1768, & publié la même année en François, à Geneve, chez B. Chirol.

dont la forme eſt conique, coupée en différens ſens, donne de même pluſieurs cônes ou Orties à qui rien ne manque (1).

Une eſpece de *millepié*, malgré le grand nombre de ſes anneaux & de ſes jambes, peut auſſi être multipliée de bouture, & cette propriété appartient encore à une eſpece de *Sangſue* (2) (3).

(1) †† Voyez ſur les Orties & les Etoiles de mer la *Contemplation de la Nature*; Part. XII, Chap. XVII, XVIII.

(2) Voyez la Préface du ſixieme Volume *des Mémoires pour ſervir à l'Hiſtoire des Inſectes*.

[3] †† Les belles découvertes de M. Spallanzani ſur la régénération de la tête du Limaçon terreſtre & ſur celle des membres de la Salamandre aquatique ont fort enrichi depuis, l'Hiſtoire des reproductions animales & accrû beaucoup les connoiſſances que nous avions acquiſes ſur ce grand ſujet. Graces aux expériences de ce célebre Naturaliſte, nous ſavons aujourd'hui, que la tête du Limaçon, qui eſt un Tout organique ſi compoſé, & ſi admirablement compoſé, ſe régénere en entier; que tous les membres de la Salamandre dont la ſtructure imite celle des membres des grands Quadrupedes ſe régénerent de même, & que les membres reproduits ne ſont pas moins parfaits que ceux qu'on avoit retranchés. Je ne m'étendrai point ici ſur ces admirables reproductions: j'en ai tracé le tableau dans la Part. IX de la *Palingénéſie*: mais je dirai, que j'ai eu la ſatisfaction de contempler de mes propres yeux ces prodiges du monde organique, & de confirmer par mon témoignage la réalité de ces faits qui étoient ſi conteſtés par divers Naturaliſtes, qui n'avoient pas eu le bonheur de réuſſir dans ce genre d'expé-

CXCV. *Que cette propriété n'est pas moins étendue dans le végétal que dans l'animal. Preuves.*

LORSQU'ON voit un Polype ou un Ver haché en pieces, se reproduire dans des portions d'une petitesse extrême, on seroit tenté de croire que l'animal possede cette propriété dans un degré plus éminent que le végétal. Mais une feuille est bien à-peu-près à tout le Corps d'une plante, ce qu'est une de ces portions à tout le corps de l'Insecte. Or, une feuille peut devenir une plante; elle peut comme une plante entiere, ou comme une bouture, pousser des racines, & végéter ainsi par elle-même. C'est ce que j'ai eu le plaisir de voir plusieurs fois (1), & qui leve les doutes raisonnables qu'on pouvoit former sur les curieuses expériences d'AGRICOLA (2).

ON sait encore que certaines racines, cou-

riences. J'ai rendu compte au public de mes essais dans deux écrits qui ont été imprimés. *Journal de Phys.* Septembre & Novembre 1777.

(1) Recherches sur l'usage des feuilles dans les Plantes; Art. LXXVIII.

(2) *L'Agriculture parfaite*, &c.

pées par rouelles très-minces, peuvent devenir autant de plantes parfaites.

CXCVI. *Cause finale de cette propriété dans les Insectes.*

Les divers accidens auxquels plusieurs especes d'Insectes sont naturellement exposées, exigeoient apparemment qu'elles pussent réparer les pertes que ces accidens leur occasionent. J'ai pêché dans les ruisseaux, de ces Vers que j'ai multipliés de bouture, dont les uns avoient perdu la tête, les autres la queue, d'autres la tête & la queue à la fois. Parmi ces Vers, il y en avoit qui commençoient à se compléter, & qui ont achevé de se compléter sous mes yeux (1).

On pêche de même des Etoiles de mer qui n'ont qu'un seul rayon, accompagné d'un ou de plusieurs rayons naissans (2).

CXCVII. *Polypes & Anguilles qui multiplient* naturellement *de bouture.*

La multiplication par bouture de quelques

(1) *Traité d'Insectologie*, Obs. VI.

(2) Préface du sixieme Volume *des Mémoires pour servir à l'Histoire des Insectes.*

eſpeces d'Inſectes, ne dépend pas toujours de l'art ou des circonſtances extérieures. Il paroît qu'il leur a été accordé de ſe multiplier naturellement par cette voie. Les Polypes à bras ſe partagent quelquefois d'eux-mêmes. Il ſe forme quelque part ſur leur corps un léger étranglement. Cet étranglement augmente peu à peu, & devient enfin ſi profond, que les deux parties ne tenant plus l'une à l'autre que par un fil délié, le plus petit mouvement de l'animal ſuffit pour les ſéparer. Elles reprennent enſuite ce qui leur manquoit pour être des Polypes parfaits (1).

Mes obſervations ſur une très-petite eſpece d'Anguilles d'eau douce, conduiſent à penſer qu'il lui a été auſſi donné de ſe multiplier naturellement de bouture. J'ai montré juſqu'où cette étrange multiplication peut aller (2) (3).

(1) *Mémoires ſur les Polypes*, &c. Mém. III, in-8°. Tom. II, pag. 94 & 95.

(2) *Traité d'Inſectologie*, Obſ. XXI.

(3) †† J'avois cru d'abord que la multiplication de ces petites Anguilles étoit accidentelle. Mais M. Muller, qui l'a beaucoup mieux obſervée que je n'avois fait, a prouvé qu'elle eſt naturelle, & en a décrit la maniere & les progrès avec ſon exactitude ordinaire. Voyez ſon grand Ouvrage Allemand *ſur les Vers aquatiques*, publié à Coppenhague en 1771.

CXCVIII.

CXCVIII. Millepié *qui multiplie aussi de lui-même par bouture.*

Une petite espece de *Millepiés* aquatiques, remarquable par un dard charnu dont sa tête est armée, se multiplie aussi de bouture; mais d'une façon très-singuliere. Il naît une tête, environ aux deux tiers du corps de l'Insecte, à compter du bout antérieur. On voit le dard de cette nouvelle tête s'élever perpendiculairement sur le corps du Millepié. La partie postérieure, garnie de cette nouvelle tête, se sépare du reste du corps; & c'est ainsi que d'un seul Millepié il s'en forme deux (1). Cet Insecte peut aussi être multiplié par la section (2).

CXCIX. *Multiplication des Polypes* à bouquet *par division* naturelle.

Les ruisseaux sont peuplés d'une très-petite espece de Polypes, qui s'attache à différens corps, & qu'on prendroit pour une moisissure. Sa forme imite celle d'une cloche renversée. L'ouverture de cette cloche est la bouche du

(1) *Mém. sur les Polypes*, Mém. III, in-8. Tom. II, p. 152.

(2) *Ibid.* Préface du sixieme Volume des *Mémoires pour servir à l'Histoire des Insectes*, page 59.

petit animal ; les bords en ſont les levres. On y découvre un mouvement très-rapide, qui fixe agréablement l'attention, & que l'on compareroit volontiers à celui d'un petit moulin. Ce mouvement excite dans l'eau un courant qui entraîne dans la bouche les petits corps dont l'Inſecte ſe nourrit. La cloche eſt portée par un court pédicule, qui s'alonge peu à peu, & dont l'extrémité ſe fixe à quelque appui. La génération de ces très-petits Polypes differe beaucoup de celle des Polypes *à bras*. Lorſqu'un de ces Polypes eſt ſur le point de multiplier, il perd peu à peu la forme de cloche : ſa partie antérieure ſe ferme & s'arrondit. Les levres rentrent en dedans, & leur mouvement diſparoît. L'animal s'accourcit enſuite de plus en plus ; & enfin il ſe partage inſenſiblement par le milieu, ſuivant ſa longueur. Après cette diviſion, on voit deux corps ſéparés & arrondis par leur partie antérieure, & attachés au pédicule commun par un pédicule propre. Ce ſont deux nouveaux Polypes, plus petits que celui dont ils ont été formés. Leur partie antérieure s'évaſe peu à peu ; les levres ſe montrent davantage. On y apperçoit un mouvement d'abord très-lent, & qui s'accélere à meſure que la cloche s'ouvre. Vingt-quatre heures après, chaque Polype ſe partage encore ſuivant ſa longueur, & l'on voit quatre Polypes attachés à la même tige. Cette diviſion ſinguliere croît ainſi de jour en jour : elle va de quatre à huit, de huit à ſeize, de ſeize à trente-deux, &c. Tout cet aſſemblage forme un joli bouquet, qui a fait donner à ces Polypes le nom de *Polypes à bouquet*. Ils ſe détachent enſuite, & l'on ne trouve plus à la place du bouquet, que la tige accompagnée de ſes branches. Les Polypes qui ſe ſont détachés, vont en nageant ſe fixer ſur quelque corps où ils donnent naiſſance à de nouveaux bouquets (1).

CC. *Multiplication des Polypes en* entonnoir *par diviſion* naturelle.

D'AUTRES Polypes encore plus petits, dont la forme approche de celle d'un entonnoir, multiplient de même en ſe partageant en deux; mais tout autrement que les Polypes *à bouquet*. Les Polypes *en entonnoir* ſe partagent de biais ou en écharpe. Ainſi des deux Polypes qui proviennent de cette diviſion, l'un a l'ancienne tête & une nouvelle queue, l'autre une nouvelle tête & l'ancienne queue. On comprend

(1) *Mémoire ſur les Polypes à bouquet*, par M. TREMBLEY, tiré des *Tranſactions philoſophiques*, à Leide, chez Elie Luzac le fils, 1747.

que la tête eſt ici l'embouchure de l'entonnoir, la queue le fond. Ce que l'on apperçoit d'abord dans le Polype qui commence à ſe partager, ce ſont les nouvelles levres du Polype inférieur, ou de celui qui a l'ancienne queue. Elles ont un mouvement aſſez lent, qui aide à les faire reconnoître. Elles ne ſont pas diſpoſées en ligne droite ſur la longueur du Polype; mais de biais. La portion du corps qui eſt bordée par ces levres, ſe ramaſſe peu à peu; les levres ſe rapprochent inſenſiblement, & il ſe forme ſur un côté du Polype un renflement, qui devient enfin une nouvelle tête. Avant que ce renflement ait fait des progrès, on diſtingue déja les deux Polypes qui ſe forment; & lorſqu'il eſt fort avancé, le Polype ſupérieur ne tient plus au Polype inférieur que par ſon extrémité poſtérieure. Le Polype ſupérieur ſe donne alors des mouvemens qui tendent à le détacher de l'autre. Il ſe détache enfin, & va en nageant ſe fixer ailleurs. Le Polype inférieur reſte attaché à l'endroit où étoit le Polype dont il eſt une moitié. Ainſi cette eſpece de Polypes ne forme point de bouquet (1).

(1) *Ibid.* ſub. fine.

CCI. *Multiplication par division* naturelle, *de certains Polypes à bouquet, surnommés Polypes* à bulbes.

On trouve dans les ruisseaux une espece de Polypes *à bouquet*, beaucoup plus remarquable que celle dont j'ai parlé, & qui multiplie en se partageant aussi en deux. Ces Polypes ont, comme les autres, la forme d'une cloche; mais le bouquet qu'ils composent est différent. Les branches qui partent de la tige commune ne sont pas simples; elles portent elles-mêmes des branches plus petites, dont l'arrangement imite celui des nervures d'une feuille. A l'extrémité de toutes les branches est une cloche ou un Polype: & çà & là sur ces branches on découvre de petits boutons qui, par leur forme, par leur position & par leur immobilité, ne ressemblent pas mal aux *galles* qui s'élevent sur les nervures des feuilles du Chêne. Si l'on juge de ces Polypes uniquement par analogie, l'on ne doutera point qu'ils ne se multiplient comme les autres Polypes à *bouquet*, par la division successive de leurs cloches: mais l'analogie nous trompe souvent, & il faut que la Nature nous redresse. D'abord ce ne sont point les cloches qui se divisent; mais ce sont les petits boutons dont je viens de parler.

Ils croiſſent aſſez vite, & lorſqu'ils ont pris tout leur accroiſſement, ils ſont beaucoup plus gros que les cloches. Ils ſe détachent alors du bouquet, & vont en nageant ſe fixer ſur quelque corps. Ils s'y attachent par un très-court pédicule, qui s'alonge beaucoup en peu de temps. Ils quittent bientôt leur forme ſphérique, pour prendre celle d'un ovale. Chaque bouton ſe partage enſuite par le milieu ſuivant ſa longueur; & après la diviſion, l'on voit deux boutons ellyptiques, plus petits que le premier, mais plus gros encore qu'un Polype en cloche, qui tiennent à la même tige. Ils ne tardent pas eux-mêmes à ſe partager, & à former ainſi une ſorte d'aigrette terminée par quatre boutons, plus petits que les deux premiers, mais plus gros encore qu'un Polype en cloche. Les ſubdiviſions continuent de la même maniere, & bientôt le bouquet ſe trouve compoſé de ſeize boutons. Ils ne ſont pas tous égaux. Les plus petits commencent à ſe montrer ſous la forme d'une cloche, les autres continuent à ſe partager. Cette diviſion ne ceſſe que lorſque tous les boutons ſont parvenus à la forme & à la grandeur propres aux Polypes de cette eſpece. Cela va ſi vite, qu'en moins de vingt-quatre heures, l'on voit un bouquet compoſé de cent dix Polypes, provenus de la division d'un seul bouton (1). Mais lorsque les Polypes ont pris la forme de cloche, l'accroissement du bouquet se fait par leur subdivision, précisément comme dans l'espece dont on a parlé ci-dessus & dans tant d'autres (2).

(1) Mémoire de M. TREMBLEY, qui contient ses dernieres découvertes sur différentes especes de Polypes *à bouquet*. Ce Mémoire a été imprimé dans les *Transactions philosophiques*.

(2) †† La multiplication par *division naturelle* est commune à beaucoup d'especes d'animalcules aquatiques. J'ai raconté dans la Part. XV de la *Palingénésie*, l'histoire d'une espece de ces animalcules, à qui j'ai donné le nom de *Tubiformes*, qui propage en se divisant en deux, suivant sa longueur; & à la fin de la Part. XI du même ouvrage, j'ai rapporté dans une note les observations intéressantes de M. de SAUSSURE sur diverses especes d'animalcules des infusions, qui multiplient en se partageant naturellement les uns en deux, les autres en quatre. Mrs. SPALLANZANI & CORTI ont observé les mêmes choses sur d'autres animalcules de la même classe. *Opuscules de Physique animale & végétale* Tom. I. Chap. X. *Osservationi microscopiche sulla Tremella* &c. Les infusions de différentes sortes ont aussi leurs Polypes, & ces Polypes multiplient par *division naturelle*, comme les Polypes *à bouquet*.

Si les *Tremelles* dont on connoît plusieurs especes, sont de véritables Plantes, il aura été accordé à la Plante de multiplier par *division naturelle*, comme les Polypes à bouquet & divers animalcules des infusions. M. l'Abbé CORTI, Professeur de Physique à Reggio de Modene, & sage Observateur, m'a communiqué par lettres en 1774, les curieuses recherches qu'il venoit de faire sur la Tremelle, & dont il

CCII. *Polypes greffés.*

Des Insectes qui multiplient comme les plantes, par rejettons & de bouture, ont

a fait part au public dans ses observations microscopiques imprimées la même année.

La *Tremelle* se présente à l'œil nud comme un amas de fils très-déliés, de couleur verte, entrelassés les uns dans les autres, & qui tapissent le fond des marres & des étangs. Observés à la loupe, ces fils paroissent cylindriques & articulés dans toute leur longueur. Il en est de plus ou moins longs. On les voit se partager d'eux-mêmes transversalement en petites portions; & chaque portion est le principe d'une nouvelle Tremelle. Cette multiplication accroît prodigieusement en peu de temps, & voilà comment il arrive que la Tremelle parvient à couvrir un assez grand terrein. Après cela on ne sera pas surpris si j'ajoute, que la Tremelle coupée par petits fragmens, se reproduit dans chaque fragment.

M. Corti a découvert dans cette singuliere production, des mouvemens très-remarquables & qui pourroient faire douter à bon droit de sa nature végétale. Il a vu des filets plus ou moins courts se donner des vibrations assez promptes, se contracter, s'alonger, se contourner en divers sens; & ce qui est moins équivoque, il les a vu aller en avant, s'arrêter, reprendre leur course, & traverser d'un mouvement en apparence spontané, le champ du microscope. Il a observé encore ces filets s'entortiller les uns autour des autres, se dégager ensuite, & se mouvoir en liberté. Enfin, il les a vu chercher la lumiere du soleil comme M. Trembley l'a raconté des Polypes à bras.

Lorsque l'eau où nagent les petits filets de la Tremelle, vient à s'évaporer, les filets se dessèchent, & paroissent entiérement privés de vie. M. Corti les a gardés dans cet état pendant environ quinze mois : humectés ensuite, ils ont repris la vie & ont offert les mêmes mouvemens qu'auencore avec elles une autre conformité qui n'eſt pas moins frappante. Ils peuvent être *greffés*. La même main qui d'un ſeul Polype *à bras* en a fait pluſieurs, a pu encore de pluſieurs Polypes n'en faire qu'un ſeul. Si après avoir partagé tranſverſalement différens Polypes en deux ou pluſieurs portions, on rapproche ces portions les unes des autres, & qu'en les mettant bout à bout, on les force à ſe toucher, elles ſe réuniront, & ſe grefferont ainſi *par approche*. L'union ne ſe fera d'abord que par un fil très-court & très-délié. Les portions paroîtront ſéparées par de profonds étranglemens, qui diminueront peu à peu, &

paravant. Il en eſt donc des filets de la Tremelle comme des fameuſes *Anguilles* du Bled *rachitique* & des animalcules nommés *Rotiferes*. Je parlerai ailleurs des *Rotiferes* & des Anguilles du Bled *rachitique*. Voyez ſur celle-ci le *Journal de Phyſique*, Janvier 1775; & ſur ceux-là le Chap. III, Sect. II, du Tom. II des *Opuſc. de Phyſ.* &c.

Au reſte, quand la goutte d'eau dans laquelle on a mis quelques portioncules de Tremelle, commence à s'évaporer, on voit ces portioncules ſe donner les mêmes mouvemens que les animalcules des infuſions, pour ſe ſouſtraire au deſſéchement & gagner le fond de la goutte.

Je ne prononcerai point ſur la véritable nature de la Tremelle; mais j'ajouterai, que d'après les obſervations ſi répétées & ſi bien faites de M. Corti, j'inclinerois beaucoup à ranger cette production dans la claſſe des *Zoophytes* ou des animaux qui ſe rapprochent le plus des plantes. Elle ſera, ſi l'on veut, un nouveau lien qui unira l'animal au végétal.

difparoîtront enfin entiérement. On verra donc le contraire de ce qu'on voit arriver lorfque les Polypes fe partagent naturellement, comme je l'ai dit ci-deffus (1). Tandis que l'étranglement fera encore profond, l'union fera déja très-intime. Les alimens pafferont immédiatement de l'une des portions dans l'autre. Non-feulement les portions d'un même Polype, ou celles de Polypes de même efpece, peuvent être greffées, mais encore celles d'efpeces différentes. On peut greffer la tête ou la partie antérieure d'un Polype, fur le corps ou la partie poftérieure d'un Polype d'une autre efpece. Le Polype unique qui proviendra de cette union, mangera, croîtra, & multipliera comme tout autre Polype. L'on verra fortir des petits, foit de la partie antérieure, foit de la poftérieure (2).

Si ce qu'un Auteur rapporte eft exact, les Polypes *à bras* fe grefferoient naturellement *par approche*, comme j'ai dit que le font quelques parties des plantes (3). Deux rejettons ou

(1) Voyez Art. CXCVII.

(2) *Mémoires fur les Polypes à bras*, par M. Trembley, Mém. IV, in-8. Tom. II, pag. 285 & fuiv.

(3) Voyez Art. CLXXXIV.

deux jeunes Polypes qui poussoient fort près l'un de l'autre, étant parvenus à se toucher, se sont greffés, & s'étant ensuite détachés de leur mere, sont restés unis par la queue, & ont paru former un Polype unique à deux têtes (1).

Il est une autre maniere de greffer les Polypes, plus singuliere & plus difficile que celle dont j'ai fait mention. Elle consiste à introduire un Polype par sa queue dans la bouche d'un autre Polype, à l'y enfoncer jusques près de sa tête, à l'en doubler pour ainsi dire, & à l'y tenir assujetti pendant quelque temps. On sait que le corps du Polype est une sorte de tuyau : ce sont donc deux tuyaux à-peu-près de même longueur, que l'on insere en entier l'un dans l'autre. C'est si l'on veut, une espece de greffe *en flûte.* Quand l'insertion est faite, l'on ne voit qu'un seul Polype ; mais dont la tête est beaucoup plus garnie de bras que ne l'est celle du commun des Polypes, puisqu'elle réunit à la fois les bras de deux individus. Le Polype que l'on a ainsi forcé d'entrer dans un autre Polype, s'y trouve mal. Il fait de grands efforts pour en sortir ; &

(1) *Essai sur l'Histoire naturelle du Polype-Insecte*, par M. Backer, pag. 84, 85.

malgré les précautions que l'on prend pour l'y retenir, il parvient ſouvent à déchirer la peau du Polype qui le renferme, & à s'en ſéparer en tout ou en partie. Cette greffe réuſſit pourtant quelquefois : le Polype intérieur reſte dans le Polype extérieur. Les deux têtes ſe greffent l'une à l'autre, & n'en compoſent plus qu'une ſeule, & ce Polype d'abord double, & enſuite unique, mange, croît & multiplie (1).

Les *Orties de mer* peuvent auſſi être *greffées*. On peut réunir les moitiés de différentes Orties : mais pour les aſſujettir, on eſt obligé d'avoir recours à la ſuture (2).

CCIII. *La greffe de l'ergot du Coq ſur la crête.*

Nous avons un autre exemple de greffe *animale* dont je dirai un mot. Après avoir coupé la crête à un jeune Coq, on lui ſubſtitue un de ſes ergots. Il s'y greffe, & devient une corne de pluſieurs pouces de longueur.

[1] *Mémoires ſur les Polypes à bras*, Mém. IV, in-8. Tom. II, page 282.

[2] *Ibid.* Expérience faite par M. de Villars, & rapportée dans une Lettre de M. de Reaumur, à M. Trembley, Mémoires ſur les Polypes. Tom. II, pag. 294 & 295, in-8.

Cette corne tombe enſuite naturellement en tout ou en partie, & ſe reproduit. Le méchaniſme de cette chûte & de cette reproduction eſt très-ſimple. La corne eſt compoſée de plusieurs cornets emboîtés les uns dans les autres, & qui s'endurciſſent ſucceſſivement. Les cornets extérieurs s'endurciſſent les premiers; & l'endurciſſement commence toujours à la pointe de la corne. Celle-ci eſt déja oſſeuſe, tandis que la baſe eſt encore cartilagineuſe. Lorſque les cornets les plus extérieurs ont achevé de s'endurcir, ils ne peuvent plus céder à l'impulſion de ceux qui ſont au-deſſous, & qui tendent à les prolonger en tout ſens. Ils ſe détachent & tombent, & une nouvelle corne prend la place de l'ancienne (1).

CCIV. *Réfutation de* VALLISNIERI, *ſur la formation du* Tænia.

AVANT que l'expérience eût appris qu'un animal pouvoit être greffé comme une plante, l'on avoit imaginé que le *Tænia* étoit formé d'une ſuite de Vers qui ſe greffoient en quelque ſorte, les uns aux autres. VALLISNIERI, cet excellent Obſervateur, qui a tant enrichi

[1] M. DUHAMEL: *Mémoires de l'Acad. Royale des Sciences*, années 1746, 1751.

l'Histoire naturelle, a accrédité le premier cette étrange opinion, & son autorité a entraîné des suffrages illustres. J'ai osé le réfuter dans une Dissertation que l'Académie Royale des Sciences a publiée dans le premier Volume des *Savans étrangers*, & qui devoit composer la troisieme Partie de mon *Insectologie*. J'ai suivi cet Auteur pas à pas, & j'ai fait voir ce qui lui en avoit imposé. Il y a lieu de s'étonner que cet habile Naturaliste se soit contenté d'argumens aussi foibles que ceux sur lesquels il appuie son sentiment. Ils peuvent tous se réduire à ces trois. 1°. Les anneaux du *Tænia*, après avoir été séparés les uns des autres, lui ont paru capables des mêmes mouvemens que les Vers sans jambes ont coutume de se donner. 2°. Il croit avoir découvert à l'extrémité antérieure de ces anneaux, deux especes de crochets, lesquels vont s'insérer dans deux petites fosses qu'on observe à l'extrémité postérieure de l'anneau qui précede. 3°. Il n'a pu appercevoir de vaisseau continu d'un bout à l'autre du Tænia. On peut voir dans ma Dissertation (1) la discussion de chacun de ces argu-

(1) *Dissertation sur le Ver nommé en Latin* Tænia, *& en François* Solitaire, *où après avoir parlé du nouveau secret pour l'expulser des intestins dans lesquels il est logé, qui a eu d'heureux succès, l'on donne quelques Observations sur ces*

mens. Je me contenterai de rappeller ici: 1°. Que les membres de quantité d'Insectes conservent après avoir été séparés de l'animal, les mêmes mouvemens qu'ils avoient avant que d'en être séparés. 2°. Que ces prétendus crochets ne sont que des appendices charnus, incapables des fonctions que l'Auteur leur assigne. 3°. Que l'on a injecté les vaisseaux du Tænia, & que l'injection a passé sans interruption d'un anneau à un autre. Mais ce qui acheve de dissiper les doutes sur *l'unité* du Tænia, c'est la découverte que j'ai faite de sa tête. L'on sait combien l'existence de cette tête a excité de disputes parmi les Naturalistes. J'ai prouvé qu'elle est garnie de quatre mamelons ou suçoirs, dont j'ai décrit la forme, & qui sont placés à l'extrémité de ce fil délié qui compose la partie antérieure de l'Insecte [1]. Ce fil est formé d'une suite de petits anneaux, qui augmentent de grandeur par degrés, à mesure qu'ils s'éloignent du bout antérieur. Or, si le premier anneau du Tænia a des parties qu'on ne trouve point aux autres anneaux;

Insecte. Quest. IV, Mém. de Math. & de Phys. présentés à l'Académie Royale des Sciences par divers Savans, &c pag. 513 & suiv. Tome I, in-4. 1750. *Oeuvres*, Tom. III, de l'in-8.

[1] *Ibid.* Addition, pag. 495 & 496.

si ces parties sont propres par leur structure à faire l'office de bouche, comment se refuser à la conséquence naturelle qui en résulte, que le Tænia est, comme tous les Vers que nous connoissons, un seul & unique animal? Le jugement de M. de REAUMUR est d'un si grand poids dans cette matiere, que je ne puis me dispenser de le transcrire ici. Je le tire d'une Lettre qu'il me fit l'honneur de m'écrire le 17 Août 1747, dont voici l'extrait. *L'observation que vous n'aviez pas encore faite lorsque vous écriviez sur la quatrieme question, & que vous avez ajoutée à votre Lettre, décide cette question mieux que tous les bons raisonnemens par lesquels vous réfutez le sentiment de* VALLISNIERI. *Dès que le dernier anneau d'un des bouts a des parties qui ne se trouvent pas aux autres anneaux, & que ces parties sont faites comme celles qui sont destinées à sucer, il est bien démontré que cette longue chaine n'est pas faite d'une suite d'anneaux semblables; & dès que le dernier de la chaîne a seul les parties propres à sucer, il n'est pas moins démontré que ce dernier anneau est chargé de nourrir tous les autres, & qu'il est la tête.* Mais quand je dis que le Tænia n'est point formé d'une suite de Vers, je ne prétends point que ses anneaux séparés les uns des autres, & rapprochés sur le le champ, ne puissent se réunir, comme il arrive aux portions d'un Polype. J'ai montré dans ma Dissertation, Question V, qu'il est très-probable que le Tænia repousse après avoir été rompu : il pourroit donc ressembler encore au Polype par une autre propriété, par celle de pouvoir être *greffé*. M. de REAUMUR paroît porté à le soupçonner : c'est au moins ce qu'il m'est permis d'inférer d'un autre endroit de sa Lettre. *Il me semble*, dit-il, *qu'on ne peut gueres nier que les Vers cucurbitains ne s'attachent quelquefois les uns aux autres ; je crois avoir lu sur cela des Observations que je n'oserois croire fausses ; mais pour les croire vraies, je voudrois les tenir de vous. Vous ne vous seriez pas contenté de constater le fait, vous auriez examiné comment ces Vers s'unissent, & si c'est avec une régularité, qui puisse donner les apparences d'un Ver composé de plusieurs anneaux, s'il n'y a pas des irrégularités qui décélent la jonction faite pour ainsi dire, par art.* J'ajouterai cependant, qu'il me paroît très-difficile que la greffe dont il s'agit, puisse s'opérer dans un lieu tel que les intestins, où les mouvemens sont presque continuels, & les obstacles à la réunion si multipliés. M. TREMBLEY a remarqué, que si les portions du Polype qu'on veut réunir, ne se touchent pas exactement, & ne ſont pas dans un repos parfait, leur réunion ne ſe fait point [1].

CCV. *Polypes* retournés & déretournés. *Phénomenes qui ſuivent les* déretournemens *incomplets.*

Je ſuis las de raconter des prodiges. Les Polypes *à bras* en ont un autre à nous offrir, dont nous n'avions encore aucun exemple, ni dans le regne végétal, ni dans le regne animal. Ils peuvent être retournés comme un gant; & ce qui eſt vrai ſans être vraiſemblable, les Polypes ainſi retournés, mangent, croiſſent & multiplient comme s'ils n'avoient point été retournés. Cette opération qui ne pouvoit être imaginée & exécutée que par M. Trembley, fait donc de l'extérieur du Polype ſon inté-

[1] †† La tête à quatre ſuçoirs, dont je parle dans cet article, appartenoit à un de ces *Tænia* que j'ai nommés *à anneaux longs*. La tête du Tænia *à anneaux courts*, eſt tout autrement façonnée: elle reſſemble aſſez à celle d'un Lézard ou d'un Serpent. On croit lui voir une grande bouche garnie de levres. On en lira une deſcription détaillée dans les *Nouvelles Recherches ſur la ſtructure du Tænia*, que j'ai publiées, *Journ. de Phyſ.* Avril 1777, & qui fervent de Supplément à ma premiere Diſſertation ſur le Tænia. On trouvera encore dans ces *Nouvelles Recherches* diverſes particularités remarquables de l'organiſation du Ver, qui avoient été inconnues aux Naturaliſtes.

rieur, & de l'intérieur ſon extérieur. Les parois de l'eſtomac deviennent ainſi l'épiderme, & ce qui étoit auparavant l'épiderme devient les parois d'un nouvel eſtomac. On n'a pas oublié que tout le corps du Polype n'eſt qu'une eſpece de boyau ou de ſac : l'opération conſiſte donc à retourner ce ſac, & à le maintenir dans cet état (1). Un Polype qu'on retourne, a ſouvent des petits naiſſans attachés à ſes côtés. Après l'opération, ces petits ſe trouvent renfermés dans l'intérieur du ſac. Ceux qui ont déja pris un certain accroiſſement, s'étendent dans l'eſtomac de la mere, & vont ſortir par ſa bouche, pour s'en ſéparer enſuite (2). Ceux au contraire qui n'ont pris que peu d'accroiſſement, ſe retournent d'eux-mêmes, & ſe placent ainſi à l'extérieur de la mere, ſur les côtés de laquelle ils continuent à pouſſer (3).

Un Polype retourné pluſieurs fois ne ceſſe point de s'acquitter de toutes ſes fonctions. Il y a plus; le même Polype peut être ſucceſſivement coupé, retourné, recoupé, & retourné

(1) *Mém. ſur les Polypes*, Mém. IV, édit. in-8. pag. 208 & ſuiv. Tome II.

(2) *Ibid.* page 253.

(3) *Ibid.* page 226.

encore, sans que l'économie animale en souffre le moins du monde (1). Le Polype n'aime pas à demeurer retourné ; il tâche à se remettre dans son premier état : il se *déretourne* en tout ou en partie. On l'empêche d'y parvenir en le transperçant près de la bouche avec une soie de Sanglier, & cette espece de bride ne nuit à aucune des fonctions de l'animal.

Les Polypes qui se sont déretournés en partie, ne sont pas moins singuliers que ceux qui demeurent retournés en entier. Quelquefois les efforts que fait le Polype transpercé pour se déretourner, déchirent un peu ses levres, & cette petite plaie donne lieu à la production de deux têtes, qui d'abord n'ont point de col, & qui en acquiérent un dans la suite (2).

Mais ce sont les Polypes retournés, laissés à eux-mêmes, & qui sont parvenus à se déretourner en partie, qui offrent le plus de phénomenes intéressans. Ils revêtent successivement des formes très-bizarres ; ils font des productions de tout genre, & dont je ne saurois donner une idée nette sans recourir à des figures. Je me bornerai à quelques traits.

(1) *Ibid.* page 232.

(2) *Ibid.* page 224, 225.

QUAND un Polype entreprend de ſe déretourner, il renverſe ſa partie antérieure ſur la portion de ſon corps qui demeure retournée. Celle-là s'applique & ſe greffe ſur celle-ci. La peau du Polype eſt comme doublée à cet endroit. Les levres répondent ainſi au milieu du corps, qu'elles embraſſent comme une ceinture garnie de franges : ces franges ſont les bras du Polype, dirigés alors vers ſon bout poſtérieur. Le Polype n'a donc plus que la moitié de ſa longueur. On s'attend apparemment qu'il va pouſſer une nouvelle tête au bout antérieur, à ce bout où la peau a le double de l'épaiſſeur qu'elle a ordinairement, à ce bout, en un mot, qui eſt demeuré ouvert ; car le bout oppoſé eſt toujours fermé : il arrive toute autre choſe. Ici l'on riſque ſouvent de ſe tromper en voulant deviner la Nature ; les Polypes ſont d'excellens maîtres de Logique, qu'il faut conſulter. Ne cherchons donc point à deviner, & obſervons.

LE bout antérieur ſe ferme ; il devient une queue ſurnuméraire, qui s'alonge de jour en jour. Que fera donc ce Polype à deux queues & ſans tête ? Comment ſe nourrira-t-il ? Ne nous défions pas des reſſources que la Nature s'eſt ménagées dans l'économie merveilleuſe de l'Insecte. Sur le milieu du corps, près des anciennes levres, il se forme non une seule bouche, mais plusieurs; & ce Polype dont nous demandions, il n'y a qu'un moment, comment il se nourriroit, a maintenant plus d'organes qu'il n'en faut pour cela (1). On sait que la bouche des Polypes de ce genre est garnie d'un assez grand nombre de bras, qui ne sont que des fils déliés, capables de mouvemens très-variés, & qui s'alongent & se raccourcissent au gré de l'animal. C'est avec ces fils qu'ils saisissent les Insectes dont ils se nourrissent. Les nouvelles bouches qui se forment près des anciennes levres, ont quelquefois un de leurs côtés garni des anciens bras, tandis que de l'autre elles en poussent de nouveaux, d'abord très-courts, & qui atteignent peu à peu la longueur des anciens. Si on laisse tomber sur une de ces bouches un petit Insecte vivant, les bras s'en saisissent aussi-tôt, la bouche l'avale, & la nourriture se répand dans tout le corps. Immédiatement après que le Polype est parvenu à se déretourner en partie, il est étendu en ligne droite. Bientôt il se coude : la portion déretournée commence à faire un angle avec celle qui de-

(1) *Ibid.* page 238, &c.

meure retournée. Cet angle devient peu à peu aigu. La principale bouche eſt au ſommet. Les deux queues du Polype ſont les jambes de l'angle. Elles prennent de jour en jour plus d'accroiſſement, & de petits rejettons ſortent de toutes deux. Dans un Polype qui s'étoit déretourné en partie & coudé enſuite, un petit parut au bout antérieur de la portion qui étoit demeurée retournée ; il s'y greffa & ne compoſa plus avec elle qu'un ſeul Polype, d'autant plus ſingulier qu'il étoit formé d'un petit & d'une portion de ſa mere, ſur laquelle il étoit enté (1).

CCVI. *Promptitude des reproductions dans les Polypes.*

Au reſte, tout s'opére très-promptement dans les Polypes. Soit qu'on les coupe tranſverſalement, ou ſuivant leur longueur ; ſoit qu'on les ente ou qu'on les retourne, il ne leur faut en Été qu'un jour ou deux pour qu'ils puiſſent s'acquitter de leurs fonctions. Ils multiplient d'autant plus qu'ils prennent plus de nourriture, & ils prennent d'autant plus de nourriture qu'il fait plus chaud. Les Polypes *à bou-*

(1) *Mémoires ſur les Polypes à bras, &c.* Mém. IV, in-8°. Tom. II, pag. 256.

quet & ceux en *entonnoir*, ſe partagent en moins d'une heure (1).

CCVII. *Réflexion ſur la belle Hiſtoire des Polypes de M.* TREMBLEY, *& ſur un paſſage de l'Hiſtoire de l'Académie de Pruſſe.*

L'ESQUISSE que je viens de crayonner des découvertes de M. TREMBLEY, répond ſi imparfaitement au tableau qu'il nous en a lui-même tracé dans ſes beaux Mémoires, que je ne puis que renvoyer mon Lecteur à l'Ouvrage même. Je ne ſais ce que je dois y admirer le plus, des merveilles qu'il renferme, ou de la ſageſſe avec laquelle il eſt écrit. Je le propoſerai avec confiance aux Naturaliſtes, comme le meilleur modele qu'ils puiſſent ſuivre, & comme une Logique où ils doivent étudier l'art trop peu connu encore, de ſe conduire dans la recherche des vérités de la Nature.

JE ne ſaurois finir ce Chapitre, ſans relever un paſſage de l'Hiſtoire de l'Académie Royale des Sciences de Pruſſe, pour l'année 1745. Dans ce paſſage, le célebre Hiſtoriographe de cette ſavante Compagnie, M. FORMEY, entre-

(1) *Ibid.* Mém. III & IV. *Mémoires ſur les Polypes à bouquet.*

prend de prouver que la découverte des Infectes qu'on multiplie de bouture, n'eft pas auffi nouvelle qu'elle l'avoit paru. „ Je remar-
„ querai, dit-il (1), que, quelque étonnante
„ que foit la découverte des Polypes, elle n'eft
„ pourtant pas auffi nouvelle qu'elle l'a paru.
„ Il y a là-deffus quelque chofe de bien fin-
„ gulier & de bien marqué dans le petit traité
„ *de la connoiffance des bêtes* (2), que le Pere
„ PARDIES publia vers la fin du fiecle paffé.
„ Je vais en tranfcrire un paffage auquel je
„ fuis furpris qu'on n'ait pas fait plus d'atten-
„ tion. *Confidérons un de ces petits animaux à*
„ *plufieurs pieds, femblable à celui dont parle*
„ S. AUGUSTIN *au Livre de* la Quantité de
„ l'Ame. *Ce Saint Docteur raconte qu'un de fes*
„ *amis prit un de ces animaux, qu'il le mit fur*
„ *une table, & qu'il le coupa en deux, & qu'en*
„ *même temps ces deux parties ainfi coupées,*
„ *fe mirent à marcher & à fuir fort vîte,*
„ *l'une d'un côté, & l'autre de l'autre.....*
„ *J'ai fait fouvent une femblable expérience avec*
„ *bien du plaifir; &* ARISTOTE *dit que cela*
„ *arrive à la plupart des Infectes longs à plu-*
„ *fieurs pieds; & même il dit dans un autre*

(1) *Hift. de l'Acad. de Pruffe*, 1745, page 84.

(2) Page 48 de l'édition *de* la Haye.

„ *endroit, qu'il arrive à-peu-près à de certains*
„ *animaux ce que nous voyons dans les arbres:*
„ *car comme en prenant un rejetton & le transſ-*
„ *plantant, nous le voyons vivre, & de partie*
„ *d'arbre qu'il étoit auparavant, devenir lui-*
„ *même un arbre particulier; auſſi, dit ce Phi-*
„ *loſophe*, en coupant un de ces animaux, les
„ pieces qui auparavant ne faiſoient enſemble
„ qu'un animal, deviennent enſuite autant
„ d'animaux ſéparés. S. AUGUSTIN *dit que cette*
„ *expérience le ravit en admiration, & qu'il*
„ *demeura quelque temps, ſans ſavoir que penſer*
„ *de la nature de l'Ame.*

„ C'EST ainſi qu'on a tous les jours occaſion
„ de ſe convaincre de la maxime du Sage,
„ qu'il n'y a rien de nouveau ſous le ſoleil".

JE ferai remarquer à mon tour à M. FORMEY, que la découverte dont il eſt queſtion, ne conſiſtoit pas à prouver que des portions de Vers de terre, de Millepiés, &c. conſervoient la vie & le mouvement après avoir été ſéparées de l'animal. Les enfans ont ſu cela de tout temps. Mais il s'agiſſoit de démontrer par des expériencee bien faites, que chaque portion acquéroit ce qui lui manquoit pour être un Inſecte parfait, qu'elle pouſſoit une tête, des bras, une queue, &c. qu'il s'y développoit de nouveaux viſceres, un nouveau cœur, un nouvel eſtomac, &c. & voilà ce qu'ARISTOTE, S. AUGUSTIN & le Pere PARDIES n'ont pas vu, & n'ont pas même cherché à voir. Ils n'ont parlé que d'un petit fait, très-remarquable à la vérité, & qui étoit ſous les yeux de tout le monde; & quand ARISTOTE conclut de ce fait, que certains Inſectes multiplient de bouture, à la maniere des plantes, ſa concluſion eſt haſardée, puiſqu'elle ne repoſe ſur aucune preuve: car quelle conſéquence tirer de la conſervation de la vie & du mouvement dans les portions de l'Inſecte diviſé, à la reproduction, d'une tête, d'un cerveau, d'un cœur, &c.? Une Guêpe partagée par le milieu du corps, continue à marcher, & ſon ventre darde l'aiguillon comme le feroit la Guêpe elle-même. Seroit-on bien fondé à en conclure que la Guêpe multiplie de bouture? La concluſion ſeroit très-fauſſe.

LA maxime du Sage ne trouve donc pas ici ſon application. Le *retournement* & la *greffe* des Polypes n'ont-ils pas été *quelque choſe de nouveau ſous le ſoleil?* Et combien de merveilles inconnues au Sage & aux Anciens, que nos inſtrumens & nos méthodes nous ont dévoilées ! En rendant juſtice aux Anciens, il faut éviter de faire tort aux Modernes (1).

CHAPITRE XII.

Réflexions ſur la découverte des Polypes, *ſur l'*échelle *des Etres naturels*, *&* *ſur les regles prétendues* générales.

Expoſition abrégée de divers faits concernant les végétaux, *& à cette occaſion de l'*Analogie *des arbres & des os.*

Eſſai d'explication de ces faits.

CCVIII. *Réflexions ſur les cauſes qui ont retardé la découverte* des Polypes.

A PRÉSENT que nous ſommes un peu revenus de l'excès d'admiration dans lequel les Po-

[1] †† Les *Anémones* de mer paroiſſent appartenir à la nombreuſe famille des Polypes, non-ſeulement par divers traits de leur extérieur, mais encore par la propriété de pouvoir être multipliées de *bouture*, & de multiplier de même par *diviſion naturelle*. L'Anémone coupée tranſverſalement ou longitudinalement, donne autant d'Anémones qu'on a fait de ſegmens. L'Anémone tient par un empâtement circulaire à quelqu'appui: elle s'arrache elle-même de cet appui

lypes nous avoient jettés, & que nous sommes en état de comparer des faits de tout genre; nous pouvons commencer à raisonner sur la génération & sur la reproduction de ces Insectes.

TANDIS que les Naturalistes n'ont eu dans la tête que les modeles des animaux les plus connus, ils ne pouvoient soupçonner qu'il eût été accordé à l'animal de se multiplier par des voies qui avoient toujours paru propres au végétal. Il étoit cependant des faits bien constatés qui invitoient à faire en ce genre des expériences nouvelles. On avoit vu cent & cent fois des Vers de terre, des Millepiés, &c. dont les portions séparées continuoient de vivre & de se mouvoir. Il étoit sans doute très-naturel de chercher à découvrir ce que devenoient ces portions, & si elles reproduisoient l'espece. Mais quand on connoît la force des préjugés, on n'est pas étonné que depuis ARISTOTE jusqu'à M. TREMBLEY, personne n'ait tenté une expérience si facile. Les Anciens & les Modernes connoissoient pourtant des animaux qui s'éloignent beaucoup des au-

& y laisse des fragmens ou des lambeaux de sa base, qui deviennent eux-mêmes des Anémones. Consultez sur ce sujet les Mémoires de l'Abbé DICQUEMARE, & en particulier celui qui est imprimé, *Journal de* ROZIER; Octobre 1776.

tres par leur maniere de croître, je veux parler des Insectes qui se *métamorphosent*. Il étoit, ce semble, très-simple d'en tirer cette conséquence, qu'il ne falloit pas juger de tous les animaux par ceux qui étoient les plus connus; & cette conséquence devoit conduire à abandonner ici l'analogie pour se livrer à l'expérience. C'est néanmoins ce qui n'est point arrivé. L'idée d'un animal qui renaît de bouture, étoit pour tous les Physiciens une sorte de contradiction, & l'on ne s'avise pas de combattre une contradiction par des expériences. Mais les préjugés & les erreurs même sont quelquefois utiles. Le préjugé sur l'impossibilité de la multiplication d'un animal de bouture, qui sembloit n'être propre qu'à nous éloigner toujours de l'expérience, ce préjugé, dis-je, est précisément ce qui a valu à M. TREMBLEY sa belle découverte. Il en étoit imbu comme tous les Naturalistes; & ce fut pour s'assurer si son Polype étoit une plante ou un animal, qu'il s'avisa de le partager. Il en fait lui-même le modeste aveu dans ses Mémoires (1). „ L'idée, „ dit-il, dans laquelle on a été, qu'aucun ani- „ mal ne pouvoit être multiplié par bouture, „ ne paroît propre qu'à faire perdre les occa-

(1) *Mém. pour servir à l'Histoire des Polypes à bras*, page 328, Tom. II, in-8.

„ ſions de découvrir la propriété qu'on a trouvée aux Polypes lorſqu'on les a coupés : „ cependant il eſt arrivé par un haſard aſſez „ ſingulier, que cette idée a beaucoup contribué à cette découverte ; car je n'ai entrepris „ l'expérience dont elle a été une ſuite, que „ parce que j'ai ſuppoſé que les morceaux d'un „ animal ne pouvoient pas devenir des animaux „ complets ".

CCIX. *Que le Polype met en évidence la* gradation *qui eſt entre toutes les parties de la Nature.*

Prédiction de LEIBNITZ.

*Réflexions ſur l'*échelle des Etres naturels *publiée par l'Auteur.*

LA découverte de M. TREMBLEY a beaucoup étendu nos connoiſſances ſur le *ſyſtême organique.* Elle a mis pour ainſi dire, en évidence cette gradation admirable que quelques Philoſophes avoient apperçue dans les productions naturelles. LEIBNITZ avoit dit *que la Nature ne va point par ſauts* ; & il eſt très-remarquable que la Métaphyſique de ce grand Homme l'eût conduit à ſoupçonner l'exiſtence d'un Etre tel que le *Polype.* „ Les Hommes, „ écrivoit-il (1) à son ami HERMAN, tiennent „ aux animaux, ceux-ci aux plantes, & celles- „ ci derechef aux fossiles, qui se lieront à „ leur tour aux corps, que les sens & l'ima- „ gination nous représentent comme parfaite- „ ment morts & informes. Or, puisque la loi „ de la continuité exige que, *quand les déter-* „ *minations essentielles d'un Etre se rapprochent* „ *de celles d'un autre, qu'aussi en conséquence,* „ *toutes les propriétés du premier doivent s'ap-* „ *procher graduellement de celles du dernier,* „ il est nécessaire que tous les ordres des Etres „ naturels ne forment qu'une seule chaîne, „ dans laquelle les différentes classes, comme „ autant d'anneaux, tiennent si étroitement „ les unes aux autres, qu'il est impossible aux „ sens & à l'imagination de fixer précisément „ le point, où quelqu'une commence ou finit: „ toutes les especes, qui bordent ou qui oc- „ cupent pour ainsi dire, les régions d'in- „ flexions & de rebroussement, devant être „ équivoques & douées de caracteres, qui „ peuvent se rapporter aux especes voisines „ également. Ainsi l'existence de Zoophytes, „ par exemple, ou comme BUDDEUS les nomme,

(1) *Appel au Public*, par M. KOENIG; Leide, chez Elie Luzac, 1752, pag. 44 & suiv.

de

„ de *Plant-animaux*, n'a rien de monſtrueux ;
„ mais il eſt même convenable à l'ordre de
„ la Nature, qu'il y en ait. Et telle eſt
„ la force du principe de continuité chez
„ moi ; que non-ſeulement je ne ſerois point
„ étonné d'apprendre, qu'on eût trouvé des
„ Etres, qui par rapport à pluſieurs proprié-
„ tés, par exemple, celles de ſe nourrir, ou
„ de ſe multiplier, puiſſent paſſer pour des
„ végétaux à auſſi bon droit que pour des
„ animaux, & qui renverſaſſent les regles
„ communes, bâties ſur la ſuppoſition d'une
„ ſéparation parfaite & abſolue des différens
„ ordres des Êtres ſimultanés, qui rempliſſent
„ l'Univers ; j'en ſerois ſi peu étonné, dis-je,
„ que même je ſuis convaincu qu'il doit y en
„ avoir de tels, que l'Hiſtoire naturelle par-
„ viendra peut-être à connoître un jour,
„ quand elle aura étudié davantage cette infi-
„ nité d'Êtres vivans, que leur petiteſſe dé-
„ robe aux obſervations communes, & qui ſe
„ trouvent cachés dans les entrailles de la
„ terre & dans l'abîme des eaux. Nous n'ob-
„ ſervons que depuis hier, comment ſerons-
„ nous fondés à nier à la raiſon ce que nous
„ n'avons pas encore eu occaſion de voir ? "

RAREMENT la Métaphyſique eſt auſſi heureuſe à deviner la Nature. L'eſpece de prédiction qu'elle avoit inſpirée à LEIBNITZ, s'eſt accomplie. Le Polype *a* été découvert dans les eaux; & les deux regnes *organiques* ſe ſont unis. Frappé de cet enchaînement, je haſardai en 1744, de dreſſer une échelle des Êtres naturels, qu'on a pu voir à la fin de la Préface de mon *Traité d'Inſectologie.* Je ne la donnai alors que pour ce qu'elle étoit en effet, je veux dire pour une foible ébauche, & je n'en penſe pas plus favorablement aujourd'hui. Il y a certainement une gradation dans la Nature; bien des faits concourent à l'établir. Mais nous ne faiſons qu'entrevoir cette gradation; nous n'en connoiſſons qu'un petit nombre de termes. Pour la ſaiſir dans toute ſon étendue, il faudroit avoir épuiſé la Nature, & nous n'avons fait encore que l'effleurer, ou comme le dit LEIBNITZ, *nous n'obſervons que depuis hier.* Si le Polype nous montre le paſſage du végétal à l'animal, d'un autre côté, nous ne découvrons pas celui du minéral au végétal. Ici la Nature nous ſemble faire un ſaut; la gradation eſt pour nous interrompue, car l'organiſation apparente de quelques pierres & des cryſtalliſations, ne répond que très-imparfaitement à celle des plantes (1).

(1) †† Conſultez ſur l'échelle des Etres le Chap. XVII,

CCX. *Observations sur le sentiment de M.* BOURGUET, *&c. touchant la prétendue organisation des sels, des crystaux, des pierres.*

Que nous ignorons le passage du fossile *au* végétal.

UN Savant estimable dont l'imagination s'est plue à tout organiser, a voulu nous faire envisager les *sels* & les *crystaux* comme des Touts organiques, qui lient le minéral au végétal (1). Il avoit fait de curieuses recherches sur leur formation, qui l'avoient conduit à y reconnoître une merveilleuse régularité. Il avoit découvert que le crystal est formé de la répétition d'un nombre presqu'infini de triangles qui représentent pour ainsi dire, le Tout très-en petit. Mais le crystal, comme tous les

de la Partie VIII de la *Contemplation de la Nature*, où j'ai plus développé mes réflexions sur ce sujet. Les réflexions philosophiques sont l'ame de l'Histoire naturelle, comme elles le sont de l'Histoire. A quoi serviroit un corps d'Observations, si ce corps étoit sans ame?

(1) Lettres Philosophiques sur la formation des sels & des crystaux, & sur la génération & le méchanisme organique des plantes & des animaux, &c. par M. BOURGUET, à Amsterdam, chez François l'Honoré, 1729, in-8°. pag. 57 & 58. Rey, Libraire d'Amsterdam, a réimprimé ce bon Ouvrage en 1762.

corps *bruts*, ſe forme *par appoſition*, & un Corps organiſé ne ſe *forme* point à proprement parler; il eſt *préformé*, & ne fait que ſe développer. Les molécules triangulaires qui ſont les élémens ſenſibles du cryſtal, s'arrangent & s'uniſſent par les ſeules loix du mouvement & du contact. Les atomes nourriciers s'arrangent & s'uniſſent dans le Tout organique conformément aux loix d'une organiſation primitive. Ainſi les atomes nourriciers ne forment point le Tout organique; mais ils aident à ſon développement. Je renvoie là-deſſus à ce que j'ai expoſé dans le Chapitre VI, & en particulier dans le dernier paragraphe du Chapitre X. Ce ſeroit donc abuſer de la ſignification du mot d'*organiſation*, que de l'appliquer au cryſtal, aux ſels, & aux autres corps bruts dans leſquels on découvre une régularité conſtante. Comparer un ſel ou un cryſtal à une plante, c'eſt comparer une pyramide à une machine hydraulique. Il y a bien loin encore du corps brut le plus parfait à la plante la moins élevée dans l'échelle. De nouvelles obſervations viendront peut-être un jour remplir ce vuide.

Si les prétendues plantes marines qu'on avoit nommées *pierreuſes*, étoient en effet des *plantes*, la chaîne paroîtroit preſqu'auſſi continue du minéral au végétal, qu'elle l'eſt du végétal à l'animal : mais, on a vu ci-deſſus, Article CLXXXVIII, ce qu'on doit penſer de ces productions marines. Cependant quand il y auroit des plantes vraîment *pierreuſes*, ſi ces plantes ne différoient des autres que par la nature de leurs ſucs, cette différence ſeroit bien légere en comparaiſon de celle que l'organiſation met entre le végétal & le minéral. Celui-ci eſt-il contenu originairement dans un germe ? Regardera-t-on les petites pyramides des ſels & des cryſtaux comme autant de germes ? Ce ſeroit s'écarter beaucoup de l'idée qu'on attache au mot de *germe*, & que j'ai tâché à bien définir dans cet ouvrage. On ſeroit preſqu'auſſi fondé à dire, que la Nature paſſe du minéral à l'animal ; parce qu'on a découvert un coquillage dont tout le corps eſt compoſé extérieurement & intérieurement de petits cryſtaux (1).

(1) SWAMMERDAM a décrit ce coquillage ſingulier dans ſa magnifique Bib. de la Nature. *Concha, vivipara, mirabilis.*

†† Les Auteurs de la *Collection académique* ont traduit en François la *Bible de la Nature*, & l'ont inſérée dans le Tom. V de la Partie étrangere de cette *Collection*. L'hiſtoire du *Coquillage cryſtallin* ſe trouve à la page 106. Je remarquerai à cette occaſion, que ce petit coquillage ſi célébré par SWAMMERDAM, n'eſt peut-être pas auſſi ſingulier qu'il lui avoit paru l'être. Je m'explique. M. HERISSANT a démontré qu'il en eſt des coquilles comme des os : elles s'incruſtent

Rien ne prouve mieux ce que peut la prévention en faveur d'un systême, que la persuasion où étoit Tournefort, que les pierres végétoient. On sait ce qui en avoit imposé à cet habile Homme, & avant lui à Théophraste, à Peiresc, & depuis à d'autres (1). Aujourd'hui les pierres ne végetent plus, & l'art les imite: que dis-je! il égale en ce point la Nature. Un Physicien est parvenu par une voie très-simple à faire des cailloux artificiels semblables en tout aux cailloux naturels (2).

Concluons que nous ignorons encore par quels degrés la Nature s'éleve du minéral au

d'une matiere terreuse ou crétacée que la nutrition introduit peu à peu dans les mailles de leur parenchyme. J'ai développé cela d'après l'Anatomiste François, dans la Part. XI de la *Palingénésie*: je conjecture donc, que ce que le coquillage *crystallin* de Swammerdam offre de plus singulier, se réduit à une incrustation presque générale de toutes ses parties, tant intérieures qu'extérieures: au lieu que dans les autres coquillages, il n'y a que le parenchyme extérieur qui s'incruste de la matiere terreuse. L'Observateur Hollandois ignoroit le secret de l'*incrustation* des coquilles. Il remarque lui-même; que les *petits crystaux de son coquillage craquent sous les dents comme des grains de sable, & qu'ils produisent une grande effervescence avec l'esprit de vitriol*, page 108.

(1) *Voyage au Levant. Hist. de l'Acad.* 1708. *Obs. curieuses sur la Phys.* Tome I, pag. 419 & suiv. 1730.

(2) M. Bazin, *Hist. de l'Acad.* 1739, pag. 1 & 2.

végétal, & quel eſt le lien qui unit l'accroiſſement *par appoſition* à celui par *intuſſuſception*. Le minéral ne travaille pas les ſucs dont il eſt formé : le végétal s'aſſimile ceux dont il eſt nourri. Mais ne prononçons pas qu'il y a ici un ſaut, une lacune : la lacune n'eſt que dans nos connoiſſances actuelles.

CCXI. *Obſervation ſur l'opinion de M. de* MAUPERTUIS, *touchant l'échelle des Etres naturels.*

Réflexions ſur les progrès de l'eſprit humain dans les recherches phyſiques.

FEU M. de MAUPERTUIS a penſé différemment. Il a imaginé que l'approche d'une comete avoit détruit une partie des eſpeces, & que de là réſultoient les interruptions que nous remarquons dans l'échelle (1) : mais avant que de chercher une cauſe à ces interruptions, il falloit s'être aſſuré de leur réalité. Tandis que le *Polype* étoit encore ignoré, un chaînon ſembloit manquer à la chaîne. LEIBNITZ oſa prédire qu'on découvriroit ce chaînon, & il n'imagina point qu'une comete l'avoit détruit. Que penſeroit-on d'un Phyſicien qui ne faiſant

(1) *Eſſai de Coſmologie*; Leide, chez Elie Luzac, 1751, pag. 54 & ſuiv.

que d'entrer dans un riche cabinet d'Hiſtoire naturelle, ſe preſſeroit de prononcer que les *ſuites* n'en ſont pas complettes? Combien d'eſpeces ou de chainons dont nous ne ſoupçonnons point l'exiſtence, & que d'heureux haſards, ou de nouvelles recherches pourront nous découvrir! Voyez les progrès de la Phyſique & de l'Hiſtoire naturelle depuis la renaiſſance des Lettres: combien de vérités inconnues aux Anciens, & de conſéquences ſûres à déduire de ces vérités! On ne ſauroit dire quelles ſont les bornes de l'intelligence humaine en matiere d'expérience & d'obſervation; parce qu'on ne ſauroit dire ce que l'eſprit d'invention peut ou ne peut pas. L'antiquité pouvoit-elle deviner l'anneau de Saturne, les merveilles de l'électricité, celles de la lumiere, les animalcules des infuſions, &c.? L'invention de quelques inſtrumens nous a valu toutes ces vérités: & ne pourra-t-on pas un jour les perfectionner, ces inſtrumens, & en inventer de nouveaux, qui porteront nos connoiſſances fort au-delà du terme où nous les voyons aujourd'hui? L'Hiſtoire naturelle eſt encore dans l'enfance: quand elle aura atteint l'âge de perfection, je veux dire, quand on aura la nomenclature exacte de toutes les eſpeces que notre globe renferme, alors, & ſeulement alors, on pourra dire ſi l'échelle des Êtres naturels eſt réellement interrompue. En attendant, au lieu de ſuppoſer qu'une comete a frappé la chaîne de notre monde, l'on préférera ſans doute de penſer que ſi elle a frappé quelque choſe, c'eſt au plus le cerveau trop mobile de l'Auteur. Ce globe où il ne voit qu'un *amas de ruines*, eſt pour les vrais Architectes un édifice très-régulier, & dont toutes les parties ſont étroitement liées par des rapports qu'on apperçoit, dès qu'on n'a aucun intérêt à ne les pas voir. *La plupart des Etres ne paroiſſent à M. de* MAUPERTUIS *que comme des monſtres* (1) : il ne trouve *qu'obſcurité dans nos connoiſſances* : *la terre lui paroît un édifice frappé de la foudre.* Je ne ſuis point ſurpris qu'un Homme qui voyoit tant de monſtruoſités dans les détails, ait combattu les *fins*, & leur ait ſubſtitué la loi de la *minimité* (2). Je ſuis très-éloigné de chercher à infirmer la preuve que cette loi ſi chere à l'Auteur, lui fournit en faveur de l'exiſtence de DIEU ; mais je crois que le ſens commun avouera toujours que *l'œil a été fait pour voir*, & je ne penſe pas que cette preuve

(1) *Ibid.* page 57.

(2) *Ibid. Avant-Propos*, pag. 12, 13 & ſuiv.

le cede en évidence à celle qu'on peut tirer de la considération d'une loi de la Nature.

CCXII. *Lumieres que les Polypes peuvent répandre sur divers points de Physiologie.*

NON-SEULEMENT la découverte des Polypes conduit à admettre une gradation dans les productions naturelles ; elle peut encore contribuer à l'éclairciſſement de pluſieurs points intéreſſans de Phyſiologie. De grands Anatomiſtes qui ont médité les Polypes, un ALBINUS, un HALLER ſavent tout ce que peut fournir cette branche féconde de l'Anatomie *comparée.* Il ſe paſſe mille choſes dans le corps humain, ſur leſquelles la reproduction des Polypes répand du jour. Les fibres élémentaires, ſemblables en quelque ſorte à ces Inſectes, ſe reproduiſent auſſi dans les plaies de tout genre, & leur reproduction devient plus facile à ſaiſir, lorſqu'on la compare à celle des Polypes, & des autres Inſectes qui peuvent être greffés & multipliés de bouture. Les expériences qu'on tente ſur ces animaux, peuvent encore ſervir à éclaircir les grandes queſtions que nous offrent la *ſenſibilité* & l'*irritabilité* (1). Enfin, je mon-

(1) Voyez l'Ouvrage de M. de HALLER, qui a pour titre : *Mémoires ſur les parties ſenſibles & irritables du corps*

trerai ailleurs, que la découverte dont je parle, concourt à diminuer les ténebres qui couvrent la premiere origine des Êtres organisés.

CCXIII. *Que les Polypes nous enseignent à nous défier des regles générales.*

*Réflexions sur l'usage & l'abus de l'*analogie.

Mais cette découverte nous donne sur-tout l'importante leçon de nous défier des regles générales, & d'user sobrement de l'analogie. La Nature a certainement des loix constantes: la conservation du systême les suppose. De puissans génies nous ont découvert quelques-unes de ces loix: & combien en est-il que nous ignorons encore! Combien de forces, de propriétés, de modifications de la matiere, qui se derobent à nos sens & à notre entendement! On a voulu juger de la totalité des Êtres par un petit nombre d'individus. On a tiré des conclusions générales, de cas particuliers. On s'est pressé de faire des regles avant que d'avoir étudié tous les Êtres que l'on supposoit gratuitement leur être soumis. C'étoit avoir beaucoup fait que d'avoir démontré la fausseté des

animal. Tom. IV. Réponse à M. Whytt. Lausanne, chez d'Arnay, 1760.

générations *équivoques* : mais on étoit allé trop loin quand on en avoit inféré que toute génération exigeoit le concours des ſexes. Le *Puceron* eſt venu démentir cette regle prétendue générale. On avoit regardé comme un caractere diſtinctif du végétal, la propriété de pouvoir être multiplié de bouture : le *Polype* nous a appris que cette propriété eſt commune à un grand nombre d'eſpeces d'Inſectes. On a diviſé les animaux en deux claſſes générales, en *vivipares* & en *ovipares* : aujourd'hui nous connoiſſons des animaux qui ſont vivipares dans un temps, & ovipares dans un autre. Nous en connoiſſons encore qui ne ſont ni vivipares, ni ovipares ; mais qui multiplient en ſe diviſant & en ſe ſubdiviſant naturellement. Enfin, parce qu'on voyoit le ſang *circuler* dans les grands animaux, on en a conclu qu'il circuloit dans tous, & on a étendu cette concluſion juſqu'aux plantes. Cependant la *Moule* & le *Polype* ne nous offrent rien qui ait rapport au ſyſtême de la circulation, & j'ai montré dans le cinquieme Mémoire de mes *Recherches ſur l'uſage des feuilles dans les plantes*, combien il eſt probable qu'on a trop donné à l'analogie, quand on a ſoutenu la circulation de la ſeve. Il nous manque une *Logique* qui ſeroit infiniment utile, non ſeulement dans les ſciences phyſiques, mais encore dans les ſciences morales; je veux parler d'un *Traité de l'uſage & de l'abus de l'analogie.* J'y joindrois les principes de l'*art d'obſerver*, cet art ſi univerſel, & dont je puiſerois les préceptes & les exemples dans les grands maîtres qui nous ont découvert tant de vérités. Je voudrois que cet Ouvrage fût l'Hiſtoire de la marche de leur eſprit dans la découverte de ces vérités. Si l'analogie nous égare quelquefois, elle peut auſſi nous conduire au but. Le ſecret de la méthode analogique conſiſte principalement à raſſembler ſur chaque genre le plus de faits qu'il eſt poſſible, à les comparer, à les combiner, & à ſe rendre attentif aux conſéquences qui en découlent le plus immédiatement. C'eſt de la collection de ces conſéquences que doit naître l'hypotheſe qui éclairera le côté obſcur du phénomene.

CCXIV. *Introduction à l'explication des reproductions organiques.*

Je vais eſſayer, ſuivant ces principes, d'expliquer d'une maniere ſatisfaiſante, ce qui concerne les greffes & les boutures ſoit végétales, ſoit animales, & en général tous les faits que j'ai expoſés dans le Chapitre précédent. Je m'en ſuis déja occupé dans le Chapitre IV; mais je dois traiter à préſent plus en détail, ce que je n'ai encore conſidéré que d'aſſez loin, & approfondir autant que j'en ſuis capable un ſujet ſi digne des recherches du Phyſicien. Je commencerai par les *végétaux*, parce qu'ils ſont plus généralement connus, & plus faciles à obſerver. J'expoſerai quelques nouveaux faits, & je développerai un peu ceux que je n'ai fait qu'indiquer.

CCXV. *Des* plaies *des arbres & de leur conſolidation.*

Si l'on fait une *plaie* à un arbre en enlevant un fragment d'écorce, & qu'on mette ainſi le bois à découvert, il ſortira des couches les plus intérieures de l'écorce, ou ſi l'on veut d'entre l'écorce & le bois, un bourlet verdâtre. Ce bourlet ſe montrera d'abord à la partie ſupérieure de la plaie; puis ſur les côtés, & enfin à la partie inférieure où il demeurera toujours plus petit qu'à la partie ſupérieure. Ce ſera une nouvelle écorce qui s'étendra inſenſiblement ſur le bois, qui le recouvrira peu à peu; mais ſans s'unir jamais avec lui. Celui-ci ſervira ſeulement d'appui à la nouvelle écorce; & ſi cet appui venoit à lui manquer, la plaie ne se cicatriseroit point. Voilà ce qui se passe dans les plaies qu'on laisse à découvert : le bois n'y fait aucune production parce qu'il se desséche. Si l'on prévient ce desséchement en renfermant la plaie dans un tuyau de crystal, qui mette le bois à l'abri du contact de l'air, il concourra à former la cicatrice. On verra alors sortir du haut de la plaie un bourlet calleux, qui se montrera ensuite sur les côtés & à la partie inférieure. Peu après on observera çà & là sur la surface du bois, de petits mamelons gélatineux & isolés, qui paroîtront naître des interstices des fibres de l'*aubier*, qui étoient demeurées attachées au bois. On remarquera encore en divers endroits de la surface du bois, de petites taches rousses qu'on reconnoîtra bientôt pour des membranes ou des couches naissantes. On les verra s'épaissir par degrés. Des productions grenues, blanchâtres, demi-transparentes, gélatineuses paroîtront soulever les feuillets membraneux. Cette matiere gélatineuse deviendra grisâtre, puis verte ; & toutes ces productions en se prolongeant de haut en bas, recouvriront la plaie, & formeront la cicatrice. Cette cicatrice ne sera pas lisse ; mais comme elle résultera de la réunion de plusieurs parties qui étoient d'abord isolées, on y découvrira bien des inégalités. Si au lieu d'enlever ſimplement un fragment d'écorce; l'on fait au tronc une inciſion annulaire qui pénetre juſqu'au bois ; la plaie ſe cicatriſera un peu différemment. Il naîtra comme à l'ordinaire un bourlet cortical, qui tendra à recouvrir le bois, mais ce bourlet ne ſortira que de la partie ſupérieure de la plaie (1).

CCXVI. *Loix de la conſolidation des plaies végétales.*

Réſultats généraux.

LA *réunion* des plaies des arbres ſuit donc des loix conſtantes. C'eſt toujours le bord ſupérieur de la plaie qui fournit le plus à la réparation ; & dans certaines circonſtances, il l'opére ſeul. Les fibres qui en ſe développant recouvrent peu à peu le bois, tendent à ſe prolonger de haut en bas. Elles reſſemblent d'abord à une ſubſtance mucilagineuſe : elles deviennent enſuite herbacées, & enfin corticales ou ligneuſes, comme je l'ai dit ailleurs. (Article CLXIX.) On a vu ci-deſſus (2),

(1) *Phyſique des arbres*, par M. DUHAMEL, Liv. IV, Chap. III, Art. III & V.

(2) Article CXLVII.

(VI FAIT.) qu'au commencement de l'incubation, les viſceres du Poulet ſont preſque fluides, & que cette ſorte de fluidité qui n'eſt qu'apparente, cache une véritable organiſation. Une expérience démontre qu'il en eſt de même de l'état de mucilage que les fibres des arbres paroiſſent d'abord revêtir. Si l'on remplit d'eau le tuyau de cryſtal dans lequel on renferme la plaie, le mucilage ne s'y diſſoudra point, & la plaie ſe cicatriſera. Ce mucilage n'eſt donc qu'apparent, & il eſt eſſentiellement organiſé (1).

CCXVII. *Expérience qui conſtate la production d'un nouveau bois.*

NOUS venons de voir que le bois peut dans certaines circonſtances, produire une nouvelle écorce; l'écorce peut auſſi dans certaines circonſtances produire un nouveau bois. Si l'on applique ſur le bois mis à découvert, une feuille de papier ou d'étain, & qu'on remette ſur le champ en place le morceau d'écorce qu'on avoit détaché, il ſe greffera aux parties voiſines par le prolongement réciproque des fibres latérales, & au bout de quelques temps, l'on trouvera

(1) *Phyſ. des arbr.* Liv. IV, Chap. III, Art. II, §. VII.

la feuille de papier recouverte d'une nouvelle couche ligneuſe (1).

CCXVIII. *Bois parfait, incapable de faire des productions.*

Ordre & progrès de l'endurciſſement.

Mais quand on dit que le bois peut faire des productions, cela ne doit s'entendre que du bois encore imparfait, ou qui n'a pas achevé de s'endurcir. Car comme la fibre *animale* devenue *oſſeuſe* ne s'étend plus, de même auſſi la fibre *végétale* devenue *ligneuſe* n'eſt plus ſuſceptible d'accroiſſement. J'ai inſiſté là-deſſus dans le Chapitre X. J'y ai fait remarquer qu'un arbre eſt un compoſé d'un nombre preſque infini de petits cônes inſcrits les uns dans les autres. En effet, on voit à l'œil que le tronc & les branches ſont des cônes très-alongés. Les cônes les plus intérieurs s'endurciſſent les premiers, &c. Ainſi il y a à la baſe & au centre d'un arbre de cent ans, un cône ligneux de cent ans, tandis qu'à l'extrémité de la tige & des branches, il n'y a que des cônes d'un an. Il faut donc ſe repréſenter

(1) *Ibid.*

chaque cône ligneux ou deſtiné à devenir ligneux, comme formé lui-même d'un grand nombre de lames infiniment minces, dont les unes ſont déja endurcies, & dont les autres ſont encore capables de faire des productions.

QUAND on dit que l'écorce peut produire du nouveau bois, cela ne doit non plus s'entendre que de la partie de l'écorce qui eſt la plus intérieure, ou la plus voiſine du bois. Si l'on enleve une lame d'écorce qui n'ait que peu d'épaiſſeur, ce qui ſe reproduira à la place ne ſera que de l'*écorce*.

CCXIX. *L'*aubier, *ſa nature & ſes fonctions.*

L'*aubier*, cette ſubſtance blanche placée entre la vraie écorce & le vrai bois, eſt un bois imparfait, ou qui n'a pas encore acquis le degré de conſiſtance propre au bois parfait. On pourroit comparer l'aubier au cartilage qui doit devenir *os* : c'eſt un état mitoyen par lequel paſſe le bois en ſortant de celui d'écorce pour arriver à ſon état de perfection. La durée de cet état mitoyen eſt proportionnelle à la vigueur du ſujet : elle eſt d'autant plus courte qu'il eſt plus vigoureux. L'épaiſſeur & le nombre des couches de l'aubier obſervent la même proportion : elles ſont d'autant plus épaiſſes & d'autant moins nombreuſes que le ſujet a plus de vigueur. La plus grande épaiſſeur des couches de l'aubier réſulte donc du plus grand accroiſſement de chaque lame : la diminution du nombre des couches réſulte de la promptitude avec laquelle les lames ſe convertiſſent en bois (1).

Si l'on regarde les couches les plus extérieures de l'aubier comme faiſant partie de l'écorce, il ſera vrai de dire que cette partie de l'écorce peut devenir du véritable bois. Mais c'eſt un fait certain que les couches corticales qui ne tiennent point à l'aubier, ne ſe convertiſſent jamais en bois. Si donc l'on enleve quelques-unes de ces couches, la plaie ſe cicatriſera par la production de nouvelles couches purement *corticales* (2).

CCXX. *Différences entre le bois & l'écorce.*

Qu'il n'eſt point de converſion *de l'écorce en bois.*

Solution d'une difficulté de M. Duhamel.

Ce n'eſt pas ſeulement par ſa denſité & par

(1) *Phyſ. des arbres*, Liv. I, Chap. III, Art. VI.
(2) *Ibid.* Liv. IV, Chap. III, §. VIII.

ſa dureté que le bois differe de l'écorce ; il en differe encore par des caracteres plus eſſentiels : il a des organes qu'on n'a point trouvé juſqu'ici dans l'écorce. On ſait que les *trachées* des plantes ſont des tuyaux formés d'une lame élaſtique tournée en ſpirale, à la maniere d'un reſſort à *boudin* ; la conformité parfaite de ces trachées avec celles des Inſectes, ſuppoſe dans les unes & dans les autres les mêmes fonctions. Or, il n'y a que les couches ligneuſes, ou appellées à le devenir, qui poſſedent des trachées. L'aubier a donc des trachées, & l'écorce proprement dite n'en a point. Enfin, le bois a des fonctions qui lui ſont propres, & ces fonctions dépendent de l'action de vaiſſeaux dont l'écorce eſt dépourvue. J'ai prouvé fort au long dans le dernier Mémoire de mon livre *ſur l'uſage des Feuilles dans les Plantes*, que la ſeve ne s'éleve que par les fibres *ligneuſes*. Elles ſont donc les canaux deſtinés à porter le ſuc nourricier à toutes les parties ; & ſi je n'ai jamais vu ce ſuc monter par l'écorce, c'eſt une preuve qu'elle eſt dépourvue de ces canaux. Il y a plus ; quand j'ai dépouillé des branches de leur écorce, les liqueurs colorées n'ont pas laiſſé de s'y élever avec la même rapidité que dans les branches garnies de leur écorce (1). Ainſi

(1) *Rech. ſur l'uſage des feuilles dans les Plantes*, Art. XC.

comme le changement de la Chenille en Papillon n'eſt point une véritable *métamorphoſe* (1), le changement de l'écorce en bois n'eſt point non plus une véritable *converſion* (2). Le bois eſt eſſentiellement dans ſon origine ce qu'il ſera toujours, & il n'eſt pas moins *bois* quand il ſe montre à nous ſous l'apparence trempeuſe d'un *mucilage*, que lorſqu'il réſiſte au tranchant de la hache ou qu'il porte les plus grands fardeaux. Si donc l'écorce paroît dans certaines circonſtances produire du nouveau bois, ce n'eſt point qu'elle ſe convertiſſe réellement en bois; mais des fibres originairement *ligneuſes*, cachées ſous l'écorce, & qui ſans ces circonſtances ne ſe feroient pas développées, ſe développent & fourniſſent à de nouvelles couches ligneuſes. C'eſt ſur ces principes que j'eſſayerois de réſoudre la difficulté que Mr. DUHAMEL ſe propoſe, pag. 47 de la IIe. Partie de ſon excellent Livre ſur la *Phyſique des Arbres*. „ Néanmoins, dit-il, ſi l'hétérogénéité

(1) Voyez ci-deſſus, Art. CLX.

(2) Une autre preuve bien convaincante que le changement de l'écorce en bois, n'eſt pas une véritable *converſion*, c'eſt ce qui ſe paſſe dans le changement du cartilage en os. Le cartilage n'eſt pas *converti* en os; il demeure eſſentiellement cartilage; mais il s'incruſte de tartre. Voyez la note ſur l'Art. CLXX. Il eſt probable que la ſubſtance ligneuſe, d'abord *corticale*, s'incruſte d'une maniere analogue.

„ des souches destinées à devenir ligneuses ou „ corticales, étoit prouvée, comment concevoir que le même organe, qui est l'écorce, „ puisse former dans un même lieu, entre „ l'écorce & le bois, des productions si différentes? C'est une difficulté qui mérite l'attention des Physiciens ".

CCXXI. *Analogie du bois & des os, selon M.* DUHAMEL.

On peut comparer le corps ligneux aux os. Il est revêtu de l'écorce comme ils le sont du périoste. Des lames minces semblent se détacher de l'écorce pour fournir à l'accroissement & à la réparation du corps ligneux. De là, ces couches annuelles & concentriques qu'on remarque sur la coupe horizontale du tronc. Des lames minces semblent aussi se détacher du périoste pour fournir à l'accroissement & à la réparation de l'os. Cette analogie a fait pendant plusieurs années l'objet des profondes recherches de M. DUHAMEL, & il l'a suivie fort loin avec une grande sagacité (1). Mon dessein n'est point ici de traiter à fond de l'analogie des arbres & des os: je dois renvoyer

(1) *Mém. de l'Acad. Roy. des Sc.* An. 1739, 1741, 1743, 1746, &c.

cette discussion à mon *Parallele des plantes & des animaux*; mais j'indiquerai les faits qui ont le plus de rapport avec mon sujet, & qui peuvent servir à l'éclaircir.

Nous avons vu que toute l'écorce n'est pas propre à produire le bois : tout le périoste n'est pas propre non plus à produire l'os. Il peut arriver cependant que tout le périoste s'ossifie, comme il arrive, qu'une artere s'ossifie. Ce sont les lames les plus intérieures de l'écorce qui contiennent les élémens du bois : ce sont aussi les lames les plus intérieures du périoste qui contiennent les élémens de l'os. Comme l'écorce ne se convertit pas proprement en bois, de même encore le périoste ne se convertit pas proprement en os : mais les lames intérieures de cette membrane ont une organisation & des qualités d'où résultent l'ossification & ses effets divers. L'écorce & le périoste ne s'endurcissent que par degrés. Le bois qui a acquis toute sa dureté, ne s'étend plus : l'os parfait n'est plus susceptible d'accroissement. Dans les arbres blessés ou rompus, les fibres vraîment ligneuses ne concourent pas à la réparation; mais des fibres herbacées qui naissent de l'écorce, prennent peu à peu la consistance du bois, & la plaie est marquée par un bourlet que produit le développement de ces fibres. Dans les os percés ou rompus, les fibres vraîment osseuses ne concourent pas à la réparation ; mais des fibres membraneuses qui émanent du périoste, prennent peu à peu la consistance de l'os, remplissent le trou, ou recouvrent la fracture, qui se trouve marquée par une grosseur qu'on nomme le *cal*, & qui doit son origine au développement de ces fibres.

CCXXII. *Exposition du sentiment de M. de* HALLER, *sur la formation des os, en opposition avec celui de M.* DUHAMEL.

M. de HALLER, qui a vu de si près la formation du Poulet, a combattu cette analogie dans ses Mémoires sur les os (1). Je vais donner le précis de ses preuves.

DES extrémités d'un os rompu suinte un suc gélatineux, qui s'épaissit par degrés, & devient une gelée tremblante. Cette gelée acquiert peu à peu la consistance du cartilage, & enfin celle de l'os. Le *cal* s'acheve, & les deux extrémités se réunissent. On voit bien que cette gelée animale est organisée dès le

(1) *Mémoires sur la formation des os.* A Lausanne, chez Marc-Michel Bousquet, 1758, pag. 39 & suiv. pag. 245 & suiv.

commencement, comme l'eſt la gelée végétale. Mais ce qu'il n'importe pas moins de remarquer, c'eſt qu'elle ſe répand quelquefois ſur la ſurface extérieure du périoſte, & que celui-ci n'eſt point adhérent au cal. Loin de précéder la formation de l'os, le périoſte ne renaît que lorſque le cal eſt déja bien avancé.

La ſtructure du périoſte differe eſſentiellement de celle de l'os. Ce dernier eſt formé de fibres paralleles à ſon axe. Le tiſſu du premier eſt au contraire cellulaire : ſes fibrilles n'ont aucune direction conſtante, & c'eſt à ce défaut de direction qu'on reconnoît les oſſifications contre nature.

Dans les premiers temps le périoſte eſt d'une fineſſe extrême, & il n'eſt point lié à l'os. Lorſqu'il commence à s'y unir, c'eſt préciſément dans les endroits où l'oſſification ne ſe fait point encore.

Si les lames minces ſe détachoient du périoſte pour fournir à l'accroiſſement de l'os, il ſemble que cette membrane devroit être plus épaiſſe dans le fœtus que dans l'adulte.

Elle devroit encore être toujours fortement unie à l'os, & ſur-tout aux endroits où l'oſſification commence. Elle eſt conſtamment blanche : la *Garance* ne la colore jamais, & elle colore les os. Les vaiſſeaux du périoſte n'admettent donc pas des particules colorantes ; il ne nourrit donc pas les os ; il ne contribue donc pas à leur accroiſſement ; car l'expérience démontre que le cartilage ne devient os que lorſque ſes vaiſſeaux ſe ſont aſſez élargis pour admettre les globules *rouges* du ſang (1). Or les vaiſſeaux du périoſte demeurent toujours très-petits & preſque inviſibles.

ENFIN, il eſt des os que le périoſte ne revêt point, & qui croiſſent ſans ſon ſecours : tels ſont en particulier les *noyaux* oſſeux & les dents.

CCXXIII. *Réponſe de M.* FOUGEROUX *aux objections de M. de* HALLER, *en éclairciſſement des analogies de M.* DUHAMEL.

M. FOUGEROUX, de l'Académie Royale des Sciences, & neveu de M. DUHAMEL, vient de répondre à M. de HALLER. Il regne de part & d'autre dans cette diſpute une modeſtie, une politeſſe & une modération qui ne peuvent partir que d'un amour ſincere pour le vrai ; & ſi toutes les diſputes littéraires reſ-

(1) Voyez le Chapitre X, Art. CLXIII.

ſembloient à celle-ci, nous n'aurions pas à nous plaindre de l'indécence & de l'inutilité de pluſieurs. En abrégeant les réponſes de M. FOUGEROUX, je tâcherai de ne les point affoiblir (1). Je les expoſerai dans l'ordre où j'ai préſenté les objections de M. de HALLER.

EN bonne Phyſique un ſuc épanché ne peut former que de ſimples concrétions, & le cal n'eſt point une ſimple concrétion ; il eſt très-organiſé : mais par-tout où il y a rupture de vaiſſeaux, il y a épanchement de ſucs, & c'eſt le cas de toutes les plaies, ſoit des parties molles, ſoit des parties dures. Si donc le cal ſe montre d'abord ſous l'apparence trompeuſe d'une *gelée tremblante*, il ne faut pas s'imaginer qu'il ne ſoit en effet que cela, & que cette prétendue gelée provienne de l'épaiſſiſſement du ſuc épanché. Cette eſpece de mucilage n'eſt autre choſe que les lames les plus internes du périoſte tuméfié, qui commencent à ſe développer pour opérer la réunion. Il en eſt de ces lames comme de tous les Corps or-

(1) *Mémoires ſur les os, pour ſervir de réponſe aux objections propoſées contre le ſentiment de M.* DUHAMEL DUMONCEAUX, *rapporté dans les Volumes de l'Académie Royale des Sciences ; avec les Mémoires de MM. de* HALLER *&* BORDENAVE, *qui ont donné lieu à ce travail.* Paris, 1760, in-8°.

ganifés, qui commencent par être mols, ou prefque fluides, avant que d'acquérir le degré de confiftance propre à leur efpece. Le Poulet en fournit un exemple remarquable. (VI FAIT. CHAP. IX.)

LE périofte fe tuméfie toujours fur les fractures; & les tumeurs du périofte font des offifications naiffantes: or les lames dont je viens de parler, appartiennent fi bien à cette membrane, que fi on l'enleve, l'on enlevera avec elle la tumeur, & avec la tumeur le mucilage, & la fracture demeurera à découvert (1).

CE font ces mêmes lames d'abord mucilagineufes, enfuite cartilagineufes, qui forment enfin un tampon offeux dans les os qu'on a percés. On enleve ce tampon en enlevant le périofte: il n'en eft donc qu'une expanfion (2) (3).

(1) *Ibid.* Second Mémoire, pag. 119, 120.

(2) *Ibid.* pag. 105.

(3) †† Une autre preuve bien démonftrative de l'*offification* par le *périofte*, eft fournie par un fil de métal qu'on infere entre les lames encore molles du périofte, après avoir fracturé l'os, & qui fe trouve enfuite renfermé entre des lames vraîment offeufes. Qui ne voit donc que ces lames vraîment *offifiées* n'étoient originairement que des lames encore *membraneufes* du périofte?

On objecte donc en vain, que le périoste ne renaît qu'après le cal, puisqu'il est démontré que c'est le périoste lui-même qui produit le cal.

Si l'organisation du périoste differe de celle de l'os, l'organisation du cartilage destiné à s'ossifier, ne differe pas moins de celle de l'os: la difficulté se réduit donc ici à expliquer comment l'un & l'autre s'ossifient. La structure du périoste n'est pas encore bien connue, & elle varie en différens os. A l'aide de la macération, on apperçoit que les fibres des lames intérieures ont plus de régularité que celles des lames extérieures (1). C'est donc aller trop loin que d'affirmer, que les fibres du périoste n'ont aucune direction constante. Il se déchire plus facilement suivant sa longueur, que suivant sa largeur: les fibres qui le composent, ont donc une direction parallele à l'axe de l'os: on les rompt quand on déchire le périoste suivant sa largeur; on ne fait que les séparer, quand on le déchire suivant sa longueur (2).

On ne peut décider si toutes les lames du périoste sont originairement propres à s'ossifier;

(1) *Ibid.* premier Mém. pag. 31.
(2) *Ibid.* page 32.

mais il eſt prouvé que les lames les plus intérieures s'oſſifient, & que c'eſt par la ſur-addition de ces lames à l'os, qu'il croît en tout ſens; en groſſeur par l'appoſition, en longueur par le prolongement des lames. On peut donc regarder la partie interne du périoſte comme l'organe deſtiné à la formation & à la réparation de l'os, de la même maniere que la partie interne de l'écorce eſt l'organe deſtiné à la formation & à la réparation du corps ligneux.

Si dans les premiers temps le périoſte ne paroît pas uni à l'os; ſi lorſqu'il commence à s'y unir, c'eſt préciſément dans les endroits où l'oſſification ne ſe fait point encore, cela ne prouve pas que le périoſte ne ſoit point l'organe de l'oſſification. Un mucilage ne peut être bien adhérent; & nous avons vu que les lames du périoſte qui doivent s'oſſifier, ſont d'abord mucilagineuſes. L'écorce n'eſt jamais moins adhérente au bois, que lorſqu'elle le produit: ſes fibres ſont alors ſi abreuvées de ſucs, qu'elles ſemblent n'être qu'une gelée épaiſſe. Il en eſt de même de celles du périoſte avant qu'elles aient pris la conſiſtance du cartilage. Mais quand elles ſe ſont endurcies juſqu'à un certain point, elles adhérent à l'os, & elles y adhérent d'autant plus fortement, qu'elles ſe ſont plus oſſifiées. Et comme l'oſſification commence toujours à la partie moyenne de l'os, il arrive qu'on trouve des lames du périoſte qui ne ſont qu'à demi-oſſifiées. Ces lames ſont très-adhérentes à la partie moyenne, & fort peu aux extrémités, où elles ne ſont encore que cartilagineuſes ou membraneuſes (1).

Dans l'embrion tout l'os eſt ſi mol qu'on ne peut le diſtinguer du périoſte ; il eſt preſque tout périoſte. On ne doit donc pas affirmer que la naiſſance de l'os précede celle du périoſte. Il eſt encore plus difficile de diſtinguer ces deux choſes dans un embrion auſſi petit que celui du Poulet.

En fourniſſant des couches à l'os, le périoſte ne doit point s'appauvrir ou diminuer d'épaiſſeur, parce qu'à meſure que des lames s'en détachent pour s'unir à l'os, il s'en développe de nouvelles, ſoit cartilagineuſes, ſoit membraneuſes. C'eſt ainſi que l'écorce ne s'appauvrit point par les couches concentriques qu'elle fournit annuellement au bois : chaque année il s'en développe de nouvelles, ſoit ligneuſes, ſoit corticales (2).

(1) *Ibid.* pag. 38, 39.
(2) *Ibid.* pag. 37

S1

Si la *Garance* ne colore point le périoste, ce n'est pas que les lames intérieures de celui-ci ne puissent l'admettre dans la suite; mais, tandis que ces lames demeurent membraneuses ou cartilagineuses, elles n'ont pas toutes les conditions requises pour la coloration.

Une belle expérience démontre que les os doivent leur dureté & leur fragilité à un *tartre osseux*, à une substance *crétacée* ou terreuse, qui pénetre dans les mailles du cartilage & s'y incorpore. L'on dissout ce tartre en plongeant l'os dans de l'esprit-de-nitre affoibli; & l'on voit avec surprise l'os s'y transformer en cartilage, & ce cartilage s'y diviser en plusieurs lames qui décelent son origine. Le *cal* parfait offre le même phénomene; il a aussi la même origine. C'est ce tartre osseux qui se charge de la teinture de Garance, & qui la porte dans le tissu de l'os encore imparfait: car les os qui ont acquis toute leur dureté ne se colorent point; ils ne peuvent plus admettre de tartre, & conséquemment de particules colorantes (1). Ce n'est donc que lorsque les

(1) †† Si après avoir nourri un animal avec des alimens mêlés avec de la *Garance*, on le nourrit ensuite avec des alimens où cette racine ne soit plus mêlée, les os qui avoient rougi, reviendront peu à peu à leur blancheur pri-

vaiſſeaux du périoſte ou du cartilage, ſe ſont aſſez élargis pour admettre le tartre, que l'oſſification & la coloration commencent (1).

Sans doute que le bois doit auſſi ſa dureté à une ſubſtance terreuſe qu'on n'a pas encore tenté d'en retirer : ſi l'on y parvenoit, l'on transformeroit ainſi le bois en écorce ; ou du moins on donneroit aux fibres du bois, la ſoupleſſe de celles de l'écorce : mais cette écorce auroit des vaiſſeaux que n'a pas l'écorce proprement dite (2). (Voy. Art. CCXX.)

L'expérience du ramolliſſement des os par un acide, donne un moyen très-ſimple de diſtinguer les concrétions vraîment oſſeuſes ou organiques, des concrétions purement tartareuſes ou inorganiques. La diſſolution de celles-ci eſt complette, & elle ne laiſſe après elle aucune trace de cartilage. C'eſt ce qui arrive dans les concrétions des goutteux (3).

mitive. Si on continue à alterner ainſi, on aura des lames alternativement blanches & rouges, &c.

(1) *Ibid.* Diſcours préliminaire, page 25. Premier Mém. pag. 25 & ſuiv. pag. 33 & ſuiv.

(2) Voyez vers la fin de la Partie XI de la *Palingénéſie*, ce que j'ai expoſé touchant la dureté du bois.

(3) *Ibid.* pag. 33, 34.

QUAND on obſerve les progrès de l'oſſification, on voit le tartre ſe dépoſer dans les lames cartilagineuſes, tantôt par grains, tantôt par filets, ou par ramifications qui ſe prolongent peu à peu (1).

LES *noyaux oſſeux* ſont des concrétions qui ont pour baſe un cartilage, & ce cartilage fait à l'égard du noyau les fonctions de perioſte, ſi même il n'a pas été une fois perioſte (2). L'*émail* des dents eſt une ſubſtance particuliere; mais leurs racines ſont de véritables os, qui ſe diviſent en lames diſtinctes & concentriques, que la Garance colore, & qui ont leur perioſte (3).

CCXXIV. *Raiſons qui portent l'Auteur à ſuſpendre ſon jugement ſur la queſtion controverſée.*

CE n'eſt point à moi qu'il appartient de prononcer entre MM. DUHAMEL & de HALLER. Je ſuis fait pour les aimer & les admirer, & non pour les juger. Je me renferme donc dans

(1) *Ibid.* page 46.

(2) *Ibid.*

(3) *Ibid.* page 47.

l'office de ſimple Rapporteur, & je laiſſe aux Académies, ou plutôt à l'expérience, la déciſion de ce fameux procès. Quoique j'aie fort reſſerré les preuves de part & d'autre; je me flatte de ne leur avoir rien fait perdre, & d'avoir expoſé clairement l'état de la queſtion; l'amitié & la confiance que veulent bien avoir pour moi ces deux célebres Phyſiciens, & que je mérite par les ſentimens que je leur ai voués, les ont portés depuis pluſieurs années à me communiquer par Lettres leurs idées oppoſées, & à me demander les miennes. Je les ai écoutés comme mes Maîtres, & il m'a été d'autant plus facile de ſuſpendre mon jugement, que j'étois entre deux autorités qui me paroiſſoient également reſpectables. M. Duhamel me fit part de ſes dernieres idées ſur la formation des os, dans une aſſez longue Lettre qu'il m'écrivit de Paris, le 27 de Juillet 1757. Je me hâtai d'envoyer cette Lettre en original à M. de Haller, perſuadé qu'il ne feroit pas moins touché que je l'avois été, de la modeſtie & de la candeur qui y régnoient. Il en a fait une mention honorable, à la page 251 de ſes Mémoires ſur les os; mais il auroit été à déſirer qu'il l'eût analyſée. J'inſérerois ici cette Lettre comme une nouvelle preuve que M. Duhamel n'eſt pas moins digne de l'eſtime au Public par les qualités de son cœur, que par celles de son esprit, si la lecture du Discours préliminaire de M. FOUGEROUX ne m'apprenoit qu'elle a été imprimée dans le *Journal de Médecine*, mois de Septembre 1757 (1) (2).

CCXXV. *Résultats généraux des faits, indépendans de la question agitée.*

QUELQUE parti qu'on prenne sur la formation des os, & sur leur analogie avec les arbres, il demeurera toujours vrai, que les uns

[1] *Ibid.* page 22.

[2] †† Je dois mettre ici sous les yeux du public, ce que M. de HALLER lui-même m'écrivoit sur la question dont il s'agit, le 25 de Septembre 1764, c'est-à-dire, deux ans après la publication de mon ouvrage.

„ Vous pouvez annoncer une nouvelle qui fera plaisir à „ votre ami M. DUHAMEL. J'ai vu dans mes derniers Pou„ lets, & sur-tout le 15 & le 17me jour de l'incubation, „ l'os du front à moitié membraneux, les fibres osseuses, „ flexibles encore, serrées dans la partie osseuse, & s'épar„ pillant à d'assez grands angles, le 15me, sur la membrane „ qui fait leur base. Elles laissent de l'intervalle entr'elles. „ En serrant des doigts l'os en question, on peut détacher „ la partie membraneuse des fibres osseuses, qui alors lais„ sent entr'elles des intervalles vuides. Le 19me jour tout „ est déja trop serré.

„ Cela est pour les os plats. Les os longs sur lesquels j'ai „ toujours travaillé, ne m'offrent jamais qu'un cartilage qui „ devient osseux en se chargeant de terre ".

& les autres ne parviennent à leur état de perfection que par un développement successif. Leurs parties essentielles se montrent d'abord sous l'apparence trompeuse d'une gelée ou d'un mucilage qui paroît s'épaissir par degrés. Il devient peu à peu membrane, cartilage, os; il est par succession herbe, écorce, bois. Les vaisseaux se déploient, s'élargissent; ils admettent des molécules crétacées ou terreuses, sources de la dureté: ces molécules s'incorporent au tissu; le cartilage devient os; l'écorce, bois. La division de l'os & du bois en lames minces, prouve qu'ils croissent par l'addition de couches concentriques qui, avec le temps, s'épaississent, s'alongent & s'endurcissent L'extraction du tartre osseux par l'acide, & la permanence du cartilage, démontrent que celui-ci est le fond qui reçoit les molécules de ce tartre & qui les retient. J'essayerai ailleurs d'appliquer ceci à la théorie générale de l'accroissement (1). Je reviens aux divers faits qui concernent les *végétaux*.

[1] Je prie qu'on relise l'Article CLXX, & en particulier le dernier paragraphe; l'on en comprendra mieux ce que je veux insinuer ici.

†† Au reste, j'ai fait l'application dont il s'agit, dans la Partie XI de la *Palingénésie*, où j'ai traité plus à fond de la méchanique de l'*accroissement*.

CCXXVI. Bourlets *des plaies végétales, leur nature, leur formation, leurs effets. Maniere de faire reprendre de bouture toutes sortes d'arbres.*

Nous avons vu les plaies des arbres se cicatriser. J'ai indiqué les principales particularités qu'on observe dans la formation de ces cicatrices. J'ai fait remarquer que si l'on fait à une branche, une incision annullaire qui pénetre jusqu'au bois; il se formera un *bourlet* au-dessus de l'incision, & que ce bourlet, en s'étendant, recouvrira peu à peu la plaie (1). On remarquera la même chose, si l'on fait une forte ligature à la branche. Ce bourlet mérite une grande attention. Il est un ouvrage de la Nature, qui sert de préparation à des productions plus importantes. J'ai dit (2) que les injections colorées prouvent d'une maniere directe, que la seve s'éleve par les fibres du bois: ces mêmes injections démontrent, qu'elle descend par les fibres de l'écorce, pour fournir au développement & à la nourriture des racines. Cela est très-naturel; car il ne le seroit point du tout que les racines se nourrissent du suc

[1] Voy. Art. CCXV.

[2] Voy. Art. CCXX.

crud qu'elles tirent immédiatement de la terre; le cœur ne se nourrit pas du même sang qui passe dans ses cavités ; il est nourri d'un autre sang qui lui est apporté par des arteres qui lui sont propres. Le *bourlet* dont il est question, est une autre preuve de la seve descendante : il ne se montre qu'à la partie supérieure de l'incision ou de la ligature : il est donc produit par une seve qui descend des extrémités de la tige & des branches. Si la ligature n'avoit point intercepté le cours de cette seve, elle seroit parvenue aux racines, & n'auroit formé aucun bourlet. On peut donc en conclure, que ce bourlet tient de la nature des racines ; il est une espece de *bulbe* ou d'oignon ; & cette conclusion est d'autant plus légitime, que si on l'enveloppe de mousse humide, l'on en verra sortir des radicules qui se prolongeront dans la mousse. En travaillant sur les couches intérieures de l'aubier, la seve descendante y occasione le développement d'un grand nombre de fibrilles ou de petites lames, & de ce développement accidentel naît la tumeur ou la bulbe. Quand on dissèque cette bulbe après l'avoir fait bouillir ; on découvre dans son intérieur de petits *mamelons* ligneux, qu'on peut regarder comme les *boutons* des radicules. Si l'on scie la bulbe suivant sa longueur, on obſervera que les anciennes fibres ligneuſes, celles qui exiſtoient avant qu'on fît la ligature, auront conſervé leur direction naturelle ; je veux dire, qu'on les trouvera paralleles à l'axe de la tige ou de la branche ; tandis que les nouvelles fibres, celles que la ſeve deſcendante aura fait développer, n'auront, au contraire, aucune direction conſtante. On remarquera çà & là dans la bulbe, des *nœuds* qui tendront ou à un mamelon, ou à une radicule. Chaque mamelon ſera formé d'un très-petit cône ligneux, recouvert d'une écorce, qui, en ſe prolongeant, auroit produit une radicule (1).

Si l'on coupe la branche au-deſſous du bourlet, & qu'on la plante en terre après que le bourlet aura commencé à produire des radicules, elle y deviendra un arbre, & c'eſt là une maniere très-ſimple & très-ſûre de faire reprendre de *bouture* toutes ſortes d'arbres. De pluſieurs branches d'Orme, égales & ſemblables, qu'on aura plantées en terre, il n'y aura que celles qui auront été pourvues du bourlet qui reprendront (2).

(1) *Phyſ. des arbres*, Liv. IV, Chap. V, Art. I, pag. 110 & ſuiv. de la ſeconde Partie.

(2) *Ibid.* pag. 111.

CCXXVII. *Confirmation de l'usage & de l'importance des bourlets dans les boutures.*

Le bourlet est donc une préparation nécessaire à la germination des radicules. Cette marche est si essentiellement celle de la Nature, que si l'on plante des boutures sans préparation, & qu'on les arrache lorsqu'elles auront commencé à reprendre, l'on verra que toutes les racines partiront d'un bourlet (1).

Souvent la Nature ne se mettra pas en nouveaux frais pour la production du bourlet. La tumeur naturelle qui sert de support à un bouton, de petites excroissances accidentelles ou inégalités de l'écorce, tiendront lieu du bourlet (2).

C'est donc un moyen d'assurer la reprise des *boutures* que de faire ensorte que leur bout inférieur, le bout qui doit être mis en terre, soit fort chargé de tumeurs ou de bourlets.

CCXXVIII. *Expériences de l'Auteur sur les boutures.*

Plusieurs années avant que j'eusse eu

(1) *Ibid.* page 112.
(2) *Ibid.* page 114.

connoiſſance des belles expériences de M. DU-HAMEL ſur la végétation des boutures, j'en avois fait quelques-unes dans les mêmes vues que ce célebre Académicien. Je les ai rapportées dans mon ſecond Mémoire *ſur la végétation des plantes dans différentes matieres, & principalement dans la Mouſſe*, que l'Académie Royale des Sciences a publié (1). J'avois apperçu les tubercules ou bourlets, & voici comment je les avois décrits. „ Je me propoſois „ en 1746, d'examiner l'état de la partie inférieure des boutures, ce qui me paroiſſoit „ digne d'attention. Je découvris à leur bout, „ à la ſurface faite par la ſection, de petits „ tubercules blanchâtres, d'inégale groſſeur, & „ dont le plus gros approchoit de celle d'une „ lentille; ils ſortoient de l'épaiſſeur de l'écorce, & formoient autour du bois placé „ au centre, une eſpece de couronne, qui „ dans une des boutures étoit complette, mais „ qui dans les autres ne l'étoit qu'en partie: „ ces tubercules étoient fort délicats; pour „ peu qu'on les preſſât avec l'ongle, on les „ détachoit; leur forme varioit autant que leur „ groſſeur, mais en général elle ſe rapprochoit

(1) *Mémoires de Mathém. & de Phyſ. préſentés à l'Académie par divers Savans, & lus dans ſes Aſſemblées.* Tom. I, 1750, in-4°. pag. 442 & ſuiv. *Oeuvres*, Tom. III, de l'édit. in-8°.

„ de celle de boutons plus ou moins arron-
„ dis ". Je pensai que ces tubercules faisoient dans ces boutures l'office de racines (1). J'étois bien près de la découverte de M. DUHAMEL.

CCXXIX. *Remarques sur la seve* descendante.

Que cette seve descend par une force qui lui est propre.

NOUS ignorons ce qui constitue la vie dans les plantes, ou pour m'exprimer en d'autres termes, nous ignorons quelle est la puissance qui éleve la seve. Nous connoissons seulement quelques causes particulieres qui peuvent augmenter ou diminuer son mouvement : mais nous savons très-bien, que cette puissance n'est pas celle qui éleve l'eau dans une éponge (2). Si l'on prétendoit connoître mieux la cause qui fait descendre la seve, si l'on affirmoit que cette cause est la pesanteur, on se tromperoit. Nous avons vu naître un bourlet au-dessus d'une ligature ; & nous avons été en droit d'en conclure, qu'il étoit produit par la seve descendante. Si cette seve descendoit uniquement par son propre poids, il ne devroit point

(1) *Ibid.* page 444.

(2) Voy. les Art. CLXVIII & CLXIX.

ſe former de bourlet dans une branche tenue renverſée, & ſur laquelle on auroit pratiqué une inciſion ou une ligature. Or il arrive préciſément le contraire, il ſe forme un bourlet, placé comme à l'ordinaire du côté de l'extrémité de la branche, & qui ne differe point du tout de ceux qui naiſſent ſur les branches qu'on laiſſe dans leur ſituation naturelle. La deſcente de la ſeve, comme ſon aſcenſion, eſt donc l'effet d'une force expreſſe (1).

CCXXX. *Effet des deux bourlets qui naiſſent au-deſſus & au-deſſous de la plaie.*

TOUT concourt à établir que la ſeve deſcendante eſt deſtinée au développement & à la nourriture des racines, & que ſi cette ſeve eſt interceptée par une inciſion ou par une ligature, elle produit un bourlet qui peut donner naiſſance à des racines. Quand un arbre a pluſieurs plans de racines placés les uns au-deſſus des autres, les racines du plan ſupérieur ſont toujours les plus groſſes. Et comme les branches ſont nourries au contraire par la ſeve aſcendante, celles du plan inférieur ſont toujours les plus conſidérables. Si donc il naiſſoit

(1) *Phyſ. des arb.* Liv. IV, Chap. V, Art. I, page 103, de la ſeconde Partie.

un bourlet au-dessous de l'incision ou de la ligature, ce bourlet tendroit à produire des bourgeons, comme le bourlet supérieur tend à produire des racines. Il naît en effet un bourlet au-dessous de l'incision ; mais il est constamment plus petit que l'autre. Si l'on entretient autour de lui une humidité convenable, il en sortira bientôt de petits bourgeons (1).

CCXXXI. *Que ces deux bourlets sont de même nature.*

Arbres plantés, les racines en enhaut, & qui reprennent.

Ne nous pressons pas néanmoins d'inférer de ces expériences, que les deux bourlets different essentiellement. L'expérience elle-même nous conduit à penser qu'ils sont de même nature. Si l'on étête un arbre, & qu'on ait soin de le dépouiller de tous ses rejettons, il sortira d'entre le bois & l'écorce un gros bourlet, qui donnera naissance à de petits bourgeons. Si l'on coupe de même une des principales racines de cet arbre, & qu'on recouvre de terre le *chicot*, il se formera pareillement entre le bois & l'écorce un bourlet,

(1) *Ibid.* pag. 113, 123.

d'où ſortiront de petites racines. Mais ſi le *chicot* n'eſt point recouvert de terre, & qu'il ſoit à l'air, le bourlet produira des bourgeons (1).

Tous les bourlets ſont donc propres à produire des bourgeons & des racines; des bourgeons dans l'air, des racines dans la terre. Cette circonſtance purement extérieure, a ici tant d'influence, qu'elle va juſqu'à faire développer des branches ſur les racines, & des racines ſur les branches. Un Saule planté à contre-ſens, je veux dire les branches dans la terre, les racines dans l'air, ne périt pas; mais ſi l'on a ſoin de prévenir le deſſéchement des racines par une enveloppe qui n'interdiſe pas tout accès à l'air, elles produiront des bourgeons comme les branches naturelles. Il ſortira en même temps des branches qu'on aura miſes en terre, une multitude de racines, dont les principales naîtront des nœuds qui ſont aux trifurcations des branches, & du petit bourlet naturel qui ſert de ſupport aux feuilles (2).

Puis qu'un arbre planté à contre-ſens con-

[1] *Ibid.* page 102.
[2] *Ibid.* page 115.

tinue de vivre, & fait de nouvelles productions, on voit déja qu'il en doit être de même des boutures plantées aussi à contre-sens. On peut même les disposer de maniere que les racines se développeront au-dessus des bourgeons naissans. On aura un plan de racines placé au-dessus d'un plan de bourgeons. Mais la Nature n'aime pas la contrainte : dans tous ces cas, les productions seront d'abord moins vigoureuses que dans l'ordre naturel (1).

CCXXXII. *Conséquence des expériences précédentes contre les* valvules *admises dans les vaisseaux.*

Expérience à ce sujet.

L'ANALOGIE avoit porté à imaginer des *valvules* dans les fibres ligneuses, parce qu'on en découvroit dans les vaisseaux sanguins : on avoit même cru entrevoir ces valvules ; les expériences que je viens d'indiquer ne laissent pas lieu à les admettre. J'ai vu une teinture d'encre s'élever assez haut dans des boutures que j'y avois plongées à contre-sens. Les traits qui marquoient le passage de la teinture étoient seulement plus fins, ou plus foibles que dans

(1) *Ibid.* pag. 115, 136.

la

la ſituation naturelle (1). J'ai dit là-deſſus,
„ que les vaiſſeaux ſéveux de la tige étant de
„ petits cônes fort alongés, dont la baſe eſt
„ au *collet*, les traits que la matiere colorante
„ y produit, doivent être plus fins & s'éten-
„ dre moins, lorſque cette matiere pénetre
„ dans la tige par le ſommet des cônes, que
„ lorſqu'elle y pénetre par leur baſe. Dans le
„ premier cas, les particules colorantes ſont
„ en bien moindre quantité; & ſe diviſant de
„ plus en plus à meſure qu'elles s'élevent,
„ parce qu'elles ont à occuper un plus grand
„ eſpace, elles deviennent toujours moins ſen-
„ ſibles ".

CCXXXIII. *Pourquoi le bourlet ſupérieur eſt plus gros que l'inférieur. Action des feuilles.*

Au reſte, ſi le bourlet qui ſe forme au-deſſus, de l'inciſion ou de la ligature, eſt conſtamment plus gros que celui qui ſe forme au-deſſous, c'eſt ſans doute qu'il ſe joint à la ſeve aſcendante, une autre ſeve que les feuilles pompent dans l'air, & qu'elles tranſmettent aux branches & aux troncs, d'où elle deſcend vers les racines. J'ai traité avec beaucoup d'é-

[1] *Rech. ſur l'uſage des feuilles dans les plantes*, page 257.

tendue de l'*usage des feuilles dans les plantes*, & en particulier dans les arbres. J'ai prouvé par un grand nombre d'expériences répétées avec soin, que c'est à la surface inférieure des feuilles, que sont les principaux organes qui les mettent en état de pomper l'humidité répandue dans l'air, & avec elle les particules hétérogenes dont elle est imprégnée (1). J'ai démontré de plus, que c'est encore à la surface inférieure des feuilles que sont les principaux organes de cette transpiration dont M. HALES a suivi si loin & avec tant de sagacité, les effets divers (2).

CCXXXIV. *Que les bourlets favorisent l'éruption des germes; mais qu'ils ne lui sont pas nécessaires.*

Preuves tirées de quelques boutures singulieres de l'Auteur.

JE ne veux pas laisser penser que les tumeurs ou bourlets, soit naturels, soit artificiels, soient absolument nécessaires à la production des racines: ils la favorisent seulement, & c'est de là qu'elles partent plus volontiers. J'ai parlé dans

[1] Art. VI, VII, IX, X, XV.

[2] *Rech. sur les feuilles*, Art. XVI, XVII, LXXXVIII.

le Chapitre précédent, Article CXCV, de boutures ſingulieres, de boutures qui provenoient de ſimples feuilles détachées de leur ſujet, & qui avoient pouſſé des racines. J'ai vu ces racines ſortir immédiatement de la ſurface de l'écorce, & s'alonger beaucoup. Quelquefois elles étoient en grand nombre: les unes demeuroient ſimples; les autres pouſſoient elles mêmes des radicules. C'étoit du pédicule qu'elles partoient; tantôt elles ſortoient de ſon extrémité, tantôt de ſes côtés. Dans ce dernier cas, celles des feuilles du *Haricot* affectoient un arrangement ſymmétrique très-remarquable. Elles ſe diſtribuoient ſur quatre lignes parallelеs, & à égale diſtance les unes des autres. J'ai obſervé le même arrangement dans des radicules qui ſortoient de la tige. Je voyois çà & là ſur l'écorce, de petites ouvertures oblongues qui annonçoient l'éruption des radicules. Examinées à la loupe, elles paroiſſoient toutes ſortir d'une pareille ouverture. La tige ayant été plongée dans une teinture de *Garance*, les radicules y ont pris une forte teinte de rouge, & la tige eſt demeurée blanche. Ces radicules reſſembloient en naiſſant à de petites épines (1).

[1] *Ibid.* Art. CVI.

CCXXXV. *De l'union de la* greffe *avec son* ſujet, *conſidérée dans les différentes ſortes de greffes.*

L'UNION des *greffes* avec leur *ſujet*, s'opére comme la réunion de toutes les plaies qui intéreſſent l'écorce & le bois. Dans les greffes *en fente*, la principale attention conſiſte à faire coïncider exactement l'*aubier* du *ſujet* avec celui de la *greffe*. Bientôt il ſort de l'un & de l'autre, une ſubſtance d'abord gélatineuſe, puis herbacée, & enfin corticale ou ligneuſe, qui opére l'*union*, & fait de la greffe une branche naturelle du ſujet. J'ai dit en pluſieurs endroits de cet Ouvrage, que le bois une fois formé ne s'étend plus : auſſi remarque-t-on que le bois du ſujet & celui de la greffe, ne contribuent point du tout à leur union. Les nouvelles couches qui ſe développent dans l'un & dans l'autre, s'uniſſent en différens points, & l'on voit celles du ſujet s'incliner vers celles de la greffe. A meſure que l'union ſe fortifie par le développement de ces couches, & par l'endurciſſement qu'elles contractent peu à peu, il ſe forme un bourlet ſur l'*inſertion*, qui tend à recouvrir la plaie. Ce bourlet a la même origine que celui que nous avons vu ſe former au-deſſus des inciſions ou des ligatures : il eſt produit par la ſeve qui deſcend de la greffe dans le ſujet. Et ce qui ne laiſſe pas lieu d'en douter, c'eſt que ſi on le recouvre de terre, il produira des racines de même nature que celles de l'arbre dont la greffe aura été tirée, & ſi ces racines viennent à pouſſer des *rejettons*, ils porteront tous les caractères de la greffe, & non ceux du ſujet. Dans ce cas, la greffe ceſſera de l'être, & deviendra une *bouture* (1).

Je crois avoir démontré ci-deſſus, Article CLXXXIII, que le bourlet dont je parle, n'eſt pas un *filtre* ou une glande végétale, comme l'ont penſé quelques Phyſiciens.

La greffe *en écuſſon* offre les mêmes particularités eſſentielles que celle en fente. Il ſort des bords de l'écuſſon une ſubſtance ſemblable à celle que j'ai décrite, qui forme tout autour des points d'adhérence avec le ſujet, en ſorte que l'écuſſon paroît couſu à celui-ci. Il ſe développe enſuite ſur la ſurface intérieure de l'écuſſon un feuillet ligneux qui acquiert de jour en jour plus d'épaiſſeur, & qui s'unit par

[1] *Phyſique des arbres*, Liv. IV, Chap. IV, Art. VI, ſeconde Partie, page 80 & ſuivantes. Chap. V, Art. I, page 109.

différens points au ſujet, dont les productions concourent auſſi à cette union (1).

La greffe *en couronne* & celle *en ſifflet* ou *en flûte*, ne ſont que des modifications de la greffe *en fente* & de celle *en écuſſon*. La greffe *par approche* tient de l'une & de l'autre, & c'eſt par-tout le même principe d'union & de régénération.

On exécute des greffes qu'on pourroit nommer *corticales*, parce qu'elles conſiſtent dans la ſimple union de deux morceaux d'écorce; ſoit qu'on les détache de leurs ſujets, ſoit qu'on greffe *par approche* en n'entamant que les écorces. Dans l'un & l'autre cas, l'union s'opérera par le développement de petites veines herbacées qui naîtront des deux écorces [2].

Comme le bois une fois formé ne croît plus, de même auſſi l'écorce une fois formée, eſt incapable de faire de nouvelles productions. Les régénérations de toute eſpece ne s'opérent que dans les couches corticales ou ligneuſes qui n'ont pas achevé de ſe développer [3].

[1] *Ibid.* Chap. IV, Art. VI.
[2] *Ibid.* page 84.
[3] *Ibid.*

CCXXXVI. *Essai d'explication de la régénération des plaies végétales. Ressources ménagées de loin par la Nature.*

J'AI rassemblé assez de faits, & de faits certains sur les végétaux & sur leurs productions diverses : il s'agit maintenant de tirer de la comparaison de tous ces faits, une explication raisonnable.

ON a vu que le corps d'un arbre est un composé d'un nombre indéfini de cônes très-alongés, inscrits les uns dans les autres [1]. Cette composition s'observe jusques dans les plus petits rameaux. Chaque cône n'est pas simple : il est lui-même formé de lames très-minces appliquées les unes sur les autres. Dans leur premiere origine, tous ces cônes étoient gélatineux ou presque fluides : j'ai montré comment ils s'endurcissent peu à peu, & quelles sont les loix qui président à cet endurcissement : j'ai indiqué la méchanique qui détermine l'accroissement en grosseur & en hauteur ; je suppose que mon Lecteur a tout cela présent à l'esprit. Voyons maintenant ce qui doit se passer dans la régénération d'une *plaie* qui pénetre jusqu'au bois.

[1] Voyez Art. CLXIX.

Cette plaie a intéreſſé tous les cônes compris depuis la ſurface extérieure de l'écorce juſqu'au bois : tous ont ſouffert à cet endroit une ſolution de continuité. Les levres de la plaie ſont donc formées d'un aſſemblage de feuillets d'inégale épaiſſeur & d'inégale conſiſtance. Parmi ces feuillets il en eſt qui ſont encore gélatineux ou herbacés ; tandis que d'autres ont achevé de s'endurcir. Il eſt prouvé que ceux-ci ne peuvent contribuer à la réunion de la plaie, parce qu'ils ſont incapables d'extenſion. Ce ſera donc ſur les autres que la ſeve travaillera. Nous avons vu que c'eſt conſtamment celle qui deſcend des parties ſupérieures de l'arbre pour la nourriture & le développement des racines, qui contribue le plus à la régénération des plaies. Si cette ſeve éprouvoit par-tout la même réſiſtance, elle travailleroit uniformément ſur tous les feuillets qui n'ont pas achevé de ſe développer ou de s'endurcir ; & tel eſt le cas d'un arbre qui n'a point été bleſſé. Mais la réſiſtance diminue autour des bords d'une plaie : les parties qui réagiſſoient ont été ſupprimées : la ſeve deſcendante devra donc ſe porter avec plus de facilité aux extrémités des feuillets placés autour du bord ſupérieur de la plaie : elle devra tendre à les prolonger de haut en bas, & ſur les côtés. On verra donc ſortir entre l'écorce & le bois, de petits feuillets herbacés, que l'on reconnoîtra facilement à leur couleur verte, & à la délicateſſe de leur tiſſu. Le retranchement des canaux interceptant le cours de la ſeve, elle ſéjournera autour des bords de la plaie; elle y développera un grand nombre de fibres & de fibrilles qui ſe prolongeront en divers ſens, & qui formeront le bourlet que j'ai décrit, Art. CCXV.

MILLE accidens divers menaçoient les Êtres organiſés: l'AUTEUR de la Nature qui les avoit prévus, a préparé de loin des ſources de réparation. Il a conſtruit ſon Ouvrage ſur des rapports plus ou moins directs à certains cas poſſibles. Il l'a organiſé dans le rapport à la ſanté & à la maladie. Un arbre ſain contient originairement une multitude de fibres, qui ne ſont appellées à ſe développer que dans certaines circonſtances purement *accidentelles*. Telles ſont la plupart de celles qui fourniſſent à la *réunion* des plaies de tout genre.

CCXXXVII. *Comment toutes les fibres s'endurciſſent peu à peu, & paroiſſent revêtir une autre nature.*

CES fibres ſe montrent d'abord ſous la forme

d'une gelée : mais l'expérience prouve que ce n'est là qu'une simple apparence qui cache une véritable organisation (1). Dans ce premier état les canaux sont d'une finesse extrême : ils n'admettent que les sucs les plus déliés. Une impulsion secrette les développe (2) : leur calibre augmente, & se proportionne à des particules hétérogenes & grossieres. Il augmente de plus en plus, & admet enfin la *terre*, source de la plus grande dureté. Ainsi la prétendue gelée devient *herbe*, *écorce*, *aubier*, *bois*.

Mais l'aliment que l'Être organisé *s'assimile*, ne change point la structure des organes : le Chêne logé dans l'étroite capacité d'un gland, est essentiellement ce qu'il sera lorsqu'il portera dans les airs sa tête majestueuse. L'aliment n'organise rien ; mais ce qui étoit auparavant organisé, le reçoit, le prépare, l'arrange, se l'incorpore (3). Ne dites donc pas, l'écorce *se change* en bois : vous ne seriez pas exact : vous le serez si vous dites, des couches ligneuses qui n'avoient que la consistance de l'écorce, acquiérent celle du bois (4).

[1] Voyez Art. CCXVI.
[2] Voyez Art. CLXVII, & CLXVIII.
[3] Voyez Art. CLXX.
[4] Voyez Art. CCXX.

CCXXXVIII. *Germes répandus dans tout le corps de la plante.*

Preuves de cette dissémination.

Il est dans les Etres organisés d'autres sources de réparation : je veux parler des *germes* destinés à la production des *Touts organiques*. Plus on approfondit la nature de l'*organisation*, & plus on se persuade que celle de la moindre fibre ne peut être le résultat du simple épaississement des sucs. A plus forte raison un organe & un système d'organes ne peuvent-ils avoir une pareille origine. Le Poulet met cette vérité dans le jour le plus lumineux : il est prouvé que toutes ses parties co-existent à la fois, & que leur invisibilité ne tient qu'à leur transparence & à leur petitesse (1). Une *radicule*, un *bourgeon* naissans, existoient donc très-en petit dans le sujet qui paroît les produire. Ils ne proviennent pas du prolongement des fibres de l'aubier dans lequel ils ont pris leurs premiers accroissemens. Il est aisé de s'assurer qu'un *bouton* renferme une branche en miniature. Ses parties ont des formes, des proportions, des rapports, un arrangement que n'ont point les

[1] Voyez les Art. CXLII, III, IV, V, &c.

fibres qui composent les couches de l'aubier, & qu'elles ne pourroient acquérir par aucune méchanique à nous connue. Si la Nature a concentré, pour ainsi dire, dans un point, tous les organes du *Poulet*, pourquoi n'auroit-elle pas de même concentré dans un point, tous les organes d'une *plante?* Nous sommes fondés à l'admettre, puisque nous le voyons à l'œil dans la dissection d'un bouton, ou dans celle d'une graine. Nous découvrons les *pépins* long-temps avant que le bouton s'ouvre (1). Je me borne à rappeller ces faits très-connus, & j'évite de recourir aux prodiges que les microscopes de LEUWENHOECK ont enfanté en ce genre : il est trop difficile de percer après lui dans cette région de l'infini : on aura plus de confiance aux observations moins merveilleuses des MALPIGHI, des GREW, des DUHAMEL.

ON observe une grande conformité entre la production des racines & celle des branches. Les racines doivent leur naissance à des *mamelons* très-analogues aux *boutons* d'où sortent les branches (2).

SI les racines & les branches étoient ren-

[1] Voyez Art. CLXII.
[2] Voyez Art. CCXXVI.

fermées originairement dans des *germes*, il faut reconnoître que ces germes ſont répandus univerſellement dans tout le corps de l'arbre. Cette conſéquence eſt très-légitime, puiſqu'il ne s'y trouve aucun point dont il ne puiſſe ſortir, ou dont on ne puiſſe faire ſortir des *radicules* & des *bourgeons*. Les boutures de feuilles en fourniſſent une preuve bien remarquable (1) (2).

[1] Voyez Art. CXCV.

[2] †† On lit dans l'*Hiſtoire de l'Académie des Sciences de Paris* 1754, une obſervation qui prouve bien, que les *germes* ſont répandus dans tout le corps de la Plante. On ſait que les oignons de *Scille* ſont recouverts d'écailles. Un de ces oignons qui ſe gâtoit, ayant été dépécé, on en jetta les écailles dans une armoire placée derriere un four de Boulanger, elles s'y conſerverent tout l'Hiver, & au Printemps ſuivant, elles donnerent ſur leur ſurface intérieure, quantité de bulbes & oignons, qui ayant été mis en terre pouſſerent & produiſirent leur Plante. Voilà donc des écailles qu'on ne regarde que comme la ſimple enveloppe d'un oignon, qui contiennent de véritables germes deſtinés à la multiplication de la Plante. C'eſt donc avec raiſon que l'Hiſtorien de l'Académie ajoute; *il s'en faut bien qu'on connoiſſe encore en ce point, toutes les richeſſes de la Nature.*

CCXXXIX. *Comment certaines circonstances favorisent l'éruption des germes.*

Tous ces germes ne parviennent pas *naturellement* à se développer. Il en est un grand nombre qui ne se développent qu'à l'aide de circonstances purement *accidentelles*, pour lesquelles ils paroissent avoir été mis en réserve.

Si les germes éclosent plus ordinairement dans les bourlets *naturels* ou *artificiels*, c'est que la seve y éprouve des retards qui donnent lieu à un travail & à des préparations favorables à l'éruption des germes. Les plis & les replis que les vaisseaux souffrent dans ces tumeurs, produisent sur la seve les mêmes effets essentiels qu'y produisent les contournemens des vaisseaux *déférens des fruits*. Les incisions & les ligatures interceptent le cours de la seve, & le détournent au profit des germes & des vaisseaux qui leur correspondent. Les canaux devenus plus ou moins tortueux, rallentissent plus ou moins le mouvement de la seve, & l'on a mille preuves que ce ralentissement est très-avantageux à la *fructification.*

XX

CCXL. *Comment une bouture, une ſimple feuille, &c. peuvent faire par elles-mêmes des productions.*

Les organes eſſentiels à la vie ſont répandus dans tout le corps de la plante, & juſques dans ſes moindres parties. On retrouve dans une ſimple feuille, tous les vaiſſeaux & tous les viſceres propres au végétal, des *fibres ligneuſes*, des *trachées*, des *vaſes propres*, des *utricules.* La feuille a donc en elle-même tout ce qui eſt néceſſaire à la vie végétale. Elle peut donc continuer à végéter ſéparée de ſon *ſujet*, pouſſer des racines & devenir une *bouture.* C'eſt ainſi que les *boutures ordinaires*, les *greffes*, les *écuſſons*, peuvent faire par eux-mêmes de nouvelles productions. Ils ſont pourvus d'organes qui reçoivent, préparent, digerent les ſucs qu'ils pompent au-dehors [1].

[1] †† A l'occaſion des expériences de M. Spallanzani ſur la régénération de la tête du Limaçon & des membres de la Salamandre, j'ai tâché d'approfondir davantage la doctrine des germes; & j'ai expoſé mes nouvelles méditations ſur ce ſujet, dans la Partie X de la *Palingénéſie.*

CCXLI. *Explication des* greffes.

Une *greffe* eſt une ſorte de *bouture* plantée dans un tronc vivant. Elle n'y pouſſe pas de véritables racines ; mais elle pouſſe des vaiſſeaux qui en exercent les fonctions les plus eſſentielles. Ils s'*anaſtomoſent* ou s'uniſſent à ceux qui partent du *ſujet* : ils ne s'abouchent pas bout à bout : la diſſection des greffes montre que les uns & les autres changent de direction ; qu'ils ſe replient en divers ſens : ils s'uniſſent donc par différens points [1].

Cette union eſt d'autant plus durable qu'elle eſt plus parfaite ; & elle eſt d'autant plus parfaite, qu'il y a plus d'*analogie* entre le ſujet & la greffe. Cette analogie conſiſte principalement dans le rapport de l'organiſation & des liqueurs. La greffe doit devenir une branche *naturelle* du ſujet ; ainſi plus elle aura de rapports avec les branches naturelles, & plus elle aura de diſpoſition à s'*unir* avec lui. Les rapports qui ſe rencontrent dans l'organiſation & dans les liqueurs, déterminent le temps où le ſujet & la greffe entrent en ſeve, & la quan-

[1] *Phyſique des arbres*, Liv. IV, Chap. IV, Art. VIII, ſeconde Partie, pag. 95, 96.

tité

tité de liquide que l'un & l'autre doivent tirer pour leur entretien & pour leur accroissement. Je ne citerai ici qu'un exemple. Si l'on greffe l'*Amandier* sur le *Prunier*, la greffe ne subsistera que peu d'années. D'abord elle grossira beaucoup : il se formera à son bout inférieur un bourlet considérable. Le sujet diminuera au contraire de grosseur, & cette diminution s'accroîtra à mesure que la greffe poussera davantage. Elle l'affamera enfin, & ils périront tous deux. L'Amandier plus vigoureux & plus hâtif que le Prunier, lui demande trop & trop tôt. On observera le contraire dans la greffe du Prunier sur l'Amandier, & cette observation achève de démontrer l'importance de l'*analogie* [1].

Il faut partir de ces principes pour juger de ces greffes extraordinaires ou monstrueuses, si vantées par des Auteurs peu Physiciens. Les unes meurent sans avoir fait aucune production : les autres semblent d'abord réussir & périssent ensuite. Une dissection délicate de celles-ci indique qu'elles avoient dû leurs foibles progrès à quelques fibres, qui s'étoient

[1] *Ibid.* Art. VII.

développées, & qui avoient tiré aſſez de ſeve pour fournir à de petites productions [1].

CE que le terrein eſt à la bouture, le ſujet l'eſt à la greffe. Et comme le terrein ne change point l'*eſpece* des boutures; le ſujet ne change point non plus l'*eſpece* des greffes. Ainſi que différentes plantes croiſſent ſur le même terrein, différentes greffes croiſſent ſur le même ſujet. Cela réſulte de la propriété qu'ont les Corps organiſés de s'*aſſimiler* les matieres alimentaires. Nous ignorons encore la méchanique de cette *aſſimilation* : mais nous ſavons qu'elle ne dépend pas d'une *imprégnation originelle* [2]. Elle dépendroit bien plutôt de la *nature* des élémens des fibres & des vaiſſeaux, & du *diametre* de leur calibre. De la premiere de ces choſes réſulteroit l'*affinité* & une ſorte d'attraction entre les élémens analogues [3]. De la ſeconde réſulteroit l'admiſſion des molécules proportionnelles, &c.

QUOIQU'IL en ſoit, il eſt très-certain que les organes appropriés aux *ſécrétions*, ſont ré-

[1] *Ibid.* pag. 88, 89.

[2] Voyez ci-deſſus, Art. CXLVII.

[3] Conſultez le Chap. VI.

pandus dans tout le corps de l'arbre, & jusques dans le pédicule des fruits. Un *citron* gros comme un pois, greffé par son pédicule sur un *Oranger*, y prend tout son accroissement, & y conserve tous les caracteres propres au citron [1].

MAIS il est des substances si étroitement liées aux matieres que l'Être organisé s'assimile, qu'elles n'en peuvent être séparées. De là le *goût de terroir*. J'ai parfumé des feuilles & des fleurs en plongeant le bout inférieur des tiges dans des liqueurs odoriférantes [2]. On parfume d'une maniere analogue les volailles [3]. On colore les os; & les végétaux admettent pareillement les injections colorées.

J'ÉVITE d'entrer ici dans un plus grand détail sur les sécrétions *végétales*, qui ne nous sont pas mieux connues que les sécrétions *animales*. Je renvoie sur ce sujet ténébreux à l'excellent Ouvrage de M. DUHAMEL, où j'ai

[1] *Physique des arbres*, seconde Partie, pag. 97, 208.

[2] *Recherches sur l'usage des feuilles*, Art. XIV, LXXXV, LXXXVI.

[3] *Art de faire éclorre les Poulets*, V.

puisé tant de faits également certains & intéressans. On peut consulter en particulier l'Article qui a pour titre : *Si toutes les plantes de différentes especes se nourrissent d'un même suc tiré de la terre* [1].

[1] *Phys. des arbres*, Liv. V, Chap. I, Art. IV, seconde Partie, pag. 207 & suiv.

FIN du cinquieme Volume.

TABLE

DES CHAPITRES ET ARTICLES

Contenus en ce cinquieme Volume.

SECOND SUPPLÉMENT

aux Recherches ſur l'uſage des feuilles, &c.

CONSIDÉRATIONS

Sur les Corps organisés.

CHAPITRE PREMIER.

Des germes, principes des Corps organisés.

CHAPITRE II.

De l'accroissement des Corps organisés en général.

CHAPITRE III.

De la génération des Corps organisés.

Des Monstres *&* *des* Mulets *en général.*

Principes & conjectures sur leur formation.

CHAPITRE IV.

De la multiplication de bouture *& de celle par* rejettons.

CHAPITRE V.

Nouvelles réflexions sur les germes *& sur l'économie* organique.

CHAPITRE VI.

De la nutrition, considérée relativement à la génération.

Conjecture sur la formation de la liqueur séminale.

CHAPITRE VII.

Obſervations microſcopiques ſur les liqueurs ſéminales & ſur les infuſions de différentes eſpeces.

Nouveau ſyſtême ſur la génération.

CHAPITRE VIII.

Examen du nouveau ſyſtême; comparaiſon de ce ſyſtême avec celui des germes.

CHAPITRE IX.

Nouvelles découvertes ſur la formation du Poulet dans l'œuf.

Conſéquences de ces découvertes. Comparaiſon des expériences de HARVEY *ſur la génération des Biches, avec celles ſur la formation du Poulet.*

CHAPITRE X.

Remarques sur les métamorphoses, *sur l'é*volution *&* *sur l'*accroissement.

CHAPITRE XI.

Que les observations sur la formation du Poulet achevent de détruire le systême des molécules organiques.

Faits qui concernent les graines *& les* boutons, *ainsi que les* greffes *& les* boutures, *soit végétales, soit animales, & la multiplication* par rejettons, *& celle par* division naturelle.

CHAPITRE XII.

FIN de la Table.

INDICATION

DES NOTES PRINCIPALES

Qui ont été ajoutées par l'Auteur, au Tome V de cette nouvelle Edition.

FIN de l'Indication des Notes.

AVIS AU RELIEUR.

Le Relieur placera la Planche XXXII, à la fin du ſecond Supplément.

Printed in Dunstable, United Kingdom

91220850R00268